高职高专计算机类专业"十二五"规划教材

软 件 工 程

杨志宏　　主　编
庄晋林　杨雅军　副主编

化学工业出版社

·北京·

本书从软件开发、维护和管理等方面，系统地介绍了软件工程的概念、原理、过程及主要方法，按照软件生存周期依次讲述了软件开发的可行性分析、项目计划、需求分析、系统设计、软件实现、软件测试与调试、软件运行与维护，对数据库、面向对象技术以及软件项目的管理进行了介绍。

　　本书采用案例式教学，理论与实践紧密结合，内容翔实，既注重基本知识的表述，又注重内容的先进性、科学性和系统性，反映软件工程、软件开发技术发展的最新成果，实用性、可操作性强。

　　本书可作为高职高专计算机类人才培养的专业教材，也可作为本科生的教学、参考用书，还可作为计算机爱好者的自学用书。

图书在版编目（CIP）数据

软件工程/杨志宏主编. —北京：化学工业出版社，2013.1（2018.2重印）
高职高专计算机类专业"十二五"规划教材
ISBN 978-7-122-16121-5

Ⅰ.①软… Ⅱ.①杨… Ⅲ.①软件工程-高等职业教育-教材 Ⅳ.①TP311.5

中国版本图书馆 CIP 数据核字（2012）第 304320 号

责任编辑：刘　哲　　　　　　　　　装帧设计：刘丽华
责任校对：宋　玮

出版发行：化学工业出版社（北京市东城区青年湖南街 13 号　邮政编码 100011）
印　　刷：三河市延风印装有限公司
装　　订：三河市宇新装订厂
787mm×1092mm　1/16　印张 17¾ 字数　447 千字　2018 年 2 月北京第 1 版第 2 次印刷

购书咨询：010-64518888（传真：010-64519686）　　售后服务：010-64518899
网　　址：http://www.cip.com.cn
凡购买本书，如有缺损质量问题，本社销售中心负责调换。

定　　价：39.00 元

前　言

2012年4月，工业和信息化部发布《软件和信息技术服务业"十二五"发展规划》。规划中提出：软件和信息技术服务业是关系国民经济和社会发展全局的基础性、战略性、先导性产业，具有技术更新快、产品附加值高、应用领域广、渗透能力强、资源消耗低、人力资源利用充分等突出特点，对经济社会发展具有重要的支撑和引领作用。发展和提升软件和信息技术服务业，对于推动信息化和工业化深度融合，培育和发展战略性新兴产业，建设创新型国家，加快经济发展方式转变和产业结构调整，提高国家信息安全保障能力和国际竞争力，具有重要意义。

目前，软件产业已经成为国际竞争的焦点和各国竞相发展的产业。要适应从工业社会到信息社会的转化，需要有一大批高素质、高水平的软件人才。软件开发的技术水平是决定整个软件产业发展的关键因素，软件生产至关重要。软件工程学是计算机学科领域中研究软件开发的一个重要分支学科，软件工程利用工程学的原理和方法来组织和管理软件生产，以保证软件产品的质量，提高软件生产率。我们编写本教材就是按照规划所提出的要求，在多年从事软件工程教学和软件工程科研实践的基础上进行的。

计算机软件技术发展非常快，目前越来越多的实用软件具有不同程度的自动编程功能。随着计算机硬件、软件技术的发展，软件工程各阶段的自动化程度也将越来越高。如何正确安排软件的结构，合理组织、管理软件的生产，不仅仅是专业从事软件开发人员的事，广大计算机应用人员也需掌握这方面的知识。本书吸取了国内外同类教材的优点，抓住软件工程理论中最基础的知识点组织编写，从实用、够用的角度出发，以医院门诊取药管理系统为主线，详细讲述了软件工程的基本原理、概念、技术和方法。

本书共分10章，内容包括：软件工程的时代背景、理论基础及软件开发的可行性分析；软件项目的需求分析；软件项目的总体设计和详细设计方法；软件项目的实现；软件项目的测试技术；软件的维护和软件项目管理等；以及如何书写整个软件项目的开发总结性材料。

全书编写工作分配如下：第1章由张瑞霞、杨志宏编写，第2章和第6章由杨雅军编写，第3章由张晓红、张瑞霞合编，第4章由张晓红、郭改文编写，第5章和第10章由杨志宏编写，第7章由庄晋林、石燕合编，第8章、第9章由郭改文编写，由杨志宏、庄晋林负责统稿。

由于编者水平有限，书中难免有不妥之处，恳请读者批评指正。

编　者

2012 年 11 月

目　录

第1章 软件及其可行性分析

为了高效率地开发一个软件项目,并确保软件使用和维护的便捷性,应该采用工程方法对其进行开发管理,即采用软件工程的系统思想、方法进行开发和管理。本章首先介绍软件的特点、软件的生命周期、软件过程的模型及软件工程的基本概念,使读者对软件工程的相关知识有一个初步了解。通过本书的项目案例"医院门诊取药管理系统"的可行性调研分析,使读者了解软件项目开发的第一个主要环节。

1.1 软件与软件危机

自第一台电子计算机问世以来,计算机技术日趋成熟,运算速度不断提高,存储容量不断扩大,从单机运行已经发展到网络环境。计算机硬件技术的每次突破,都为软件技术的发展提供了更加广阔的空间,开拓了更新、更广阔的应用领域。随着新的电子元器件的出现,计算机硬件的性能和质量逐年提高,并且价格大幅度下降,使得计算机的应用几乎遍及社会的各个领域,成为人们日常工作和生活不可缺少的工具。人们对软件的需求也急剧增加,软件系统也从简单发展到复杂,从小型发展到大型,由封闭系统发展到开放系统。在软件应用需求发展的过程中,软件开发方法也从注意技巧发展为注重管理,力图在可接受的性价比条件下,不断改进个人和软件开发组织的开发过程,强调在各自条件下追求软件过程的改进。

1.1.1 软件的特点

软件是计算机系统中与硬件相互依存的另一部分,它是包括程序、数据及相关文档的完整集合。其中,程序是按事先设计的功能和性能要求执行的指令序列;数据是使程序能正常操纵信息的数据结构;文档是与程序开发、维护和使用有关的图文材料。

软件具有以下特点。

① 软件是一种逻辑实体,而不是具体的物理实体,因而它具有抽象性。这个特点使它与计算机硬件、或其他工程对象有着明显的差别。人们可以把它记录在介质上,但却无法看到软件的形态,而必须通过测试、分析、思考、判断等行为去了解它的功能、性能及其他特性。

② 软件与硬件的生产方式不同,它没有明显的制造过程。对软件的质量控制,必须着重在软件开发方面下工夫。一旦某一软件项目研制成功,以后就可以大量地复制同一内容的副本。即其研制成本远远大于其生产成本。软件故障往往是在开发时产生而在测试时没有被发现的问题。所以要保证软件的质量,必须着重于软件开发过程,加强管理和减少故障。

③ 在软件的运行和使用期间,没有像硬件那样的机械磨损、老化问题。

④ 软件的开发和运行常常受到计算机系统的限制,对计算机系统有着不同程度的依赖性,在软件的开发和运行中必须以硬件提供的条件为基础。为了消除这种依赖关系,在软件开发中提出了软件移植的问题,并且把软件的可移植性作为衡量软件质量的因素之一。

⑤ 软件的开发尚未完全摆脱手工的开发方式。由于传统的手工开发方式仍然占据统治地位,软件开发的效率受到很大的限制。因此,应促进软件技术发展,提出和采用新的开发方法。例如近年来出现的充分利用现有软件的复用技术、自动生成技术和其他一些有效的软

件开发工具或软件开发环境，既方便了软件开发的质量控制，也提高了软件的开发效率。

⑥ 软件本身是复杂的。软件的复杂性可能来自它所反映的实际问题的复杂性，也可能来自程序逻辑结构的复杂性。

⑦ 软件成本相当昂贵。软件的研制工作需要投入大量的、复杂的、高强度的脑力劳动，它的成本是比较高的。

⑧ 相当多的软件工作涉及到社会因素。许多软件的开发和运行涉及机构、体制及管理方式等问题，甚至涉及到人们的观念和心理。它直接影响到项目的成败。

注意 软件不仅包括程序，还包括文档。所以软件的开发不仅仅是编程序，还包括编写相关的文档。下面先看一下软件发展的历史和一些相关的数据。

1.1.2 软件发展简史

（1）个体手工方式时期 这时的软件通常是规模较小的程序，编写者和使用者往往是同一个（或同一组）人，几乎没有什么系统化的标准方法可遵循。对软件的开发没有任何管理方法，一旦任务超时或者成本提高，程序员才开始弥补。这种个体化的软件开发方式，使得程序的开发结果，只有程序框图和源程序清单可以保留下来。同时因为硬件体积大，存储容量小，运算速度慢，所以特别讲究编程技巧，以解决计算机内存容量不足和运算速度太低的矛盾。由于过分追求编程技巧，开发出的程序除作者之外，其他人很难读懂。所以这个时期，也称为个体手工方式时期。

（2）软件作坊时期 计算机系统发展的第二阶段（20 世纪 60 年代中期到 70 年代末期）为软件作坊时期。这个时期，软件规模相当大，软件产业已经萌芽，软件产品广泛销售，软件数量急剧增加。

（3）软件工程时期 计算机系统发展的第三阶段始于 20 世纪 70 年代末期，并跨越了近20 年，称为软件工程阶段。在这一阶段，以软件的产品化、系列化、工程化、标准化为特征的软件产业发展起来，打破了软件生产的个体化特征，有了软件工程化的设计原则、方法、标准可以遵循。软件开发的成功率大大提高，软件的质量也有了很大的保证。

（4）现代软件工程时期 随着互联网的应用与普及，软件开发已经不再着重于单台计算机系统和程序，而是面向计算机和软件的综合影响。由复杂的操作系统控制的强大的桌面机、广域网络和局域网络，配以先进的软件应用已成为标准。计算机体系结构迅速地从集中的主机环境转变为分布的客户/服务器环境。随着第四阶段的发展，一些新技术开始出现，面向对象技术将在许多领域中迅速取代传统软件开发方法。

1.1.3 软件危机

软件危机是指在计算机软件的开发和维护过程中所遇到的一系列严重问题。这些问题绝不仅仅是不能正常运行的软件才具有的，实际上，几乎所有软件都不同程度地存在这些问题。这是因为软件本身是一个逻辑实体，开发过程是一个"渐进的"思考过程，很难进行管理。开发者根据自己的喜好和习惯来编写程序，没有统一的标准和规范可以遵循。

（1）软件危机的主要表现

① 软件的复杂度越来越高，传统的软件开发方式已无法满足要求。计算机软件系统的规模和复杂程度，已经不是程序员各自为战的"手工作坊"式的生产方式可以解决的。

② 对软件开发成本和进度的估计常常很不准确。实际成本比估计成本有可能高出一个数量级，实际进度比预期进度拖延几个月甚至几年的现象并不罕见。这种现象降低了软件开发组织的信誉。而为了赶进度和节约成本所采取的一些权宜之计又往往损害了软件产品的质

量，从而不可避免地会引起用户的不满。

③ 用户对软件的满意度差。软件开发人员常常在对用户的要求只有模糊的了解，甚至对所要解决的问题还没有确切认识的情况下，就匆忙着手编写程序。软件开发人员和用户之间的信息交流往往很不充分，"闭门造车"必然导致最终的产品不符合用户的实际需要。

④ 软件产品的质量往往靠不住。软件可靠性和质量保证的确切的定量概念刚刚出现不久，软件质量保证技术（审查、复审和测试）还没有坚持不懈地应用到软件开发的全过程中，这些都导致软件产品发生质量问题。

⑤ 软件常常是不可维护的。很多程序中的错误是非常难改正的，实际上不可能使这些程序适应新的硬件环境，也不能根据用户的需要在原有程序中增加一些新的功能。"可重用（或复用）的软件"还是一个没有完全做到的、正在努力追求的目标，人们仍然在重复开发类似的或基本类似的软件。

⑥ 软件通常没有适当的文档资料。计算机软件不仅仅是程序，还应该有一整套文档资料。这些文档资料应该是在软件开发过程中产生出来的，而且应该是"最新式的"（即和程序代码完全一致的）。软件开发组织的管理人员可以使用这些文档资料作为"里程碑"，来管理和评价软件开发工程的进展状况；软件开发人员可以利用它们作为通信工具，在软件开发过程中准确地交流信息；对于软件维护人员而言，这些文档资料更是必不可少的。缺乏必要的文档资料或者文档资料不合格，必然给软件开发和维护带来许多严重的困难和问题。

⑦ 软件成本在计算机系统总成本中所占比例持续上升。由于微电子学技术的进步和生产自动化程度不断提高，硬件成本逐年下降，然而软件开发需要大量人力，软件成本随着通货膨胀以及软件规模和数量的不断扩大而持续上升。

⑧ 软件开发生产率提高的速度，远远跟不上计算机应用迅速普及深入的趋势。软件产品"供不应求"的现象使人类不能充分利用现代计算机硬件提供的巨大潜力。

（2）软件危机产生的原因　在软件开发和维护的过程中存在这么多严重问题，一方面与软件本身的特点有关，另一方面也和软件开发与维护的方法不正确有关。

软件不同于硬件，它是计算机系统中的逻辑部件而不是物理部件；软件不会因使用时间过长而"老化"或"用坏"；软件具有可运行的行为特性，在写出程序代码并在计算机上试运行之前，软件开发过程的进展情况较难衡量，软件质量也较难评价，因此管理和控制软件开发过程十分困难；在运行时所出现的软件错误几乎都是在开发时期就存在而一直未被发现的，改正这类错误通常意味着改正或修改原来的设计，这就在客观上使得软件维护远比硬件维护困难；随着计算机应用领域的扩大，99％的软件应用需求已不再是定义良好的数值计算问题，而是难以精确描述且富于变化的非数值型应用问题。因此，当人们的应用需求变化发展的时候，往往要求通过改变软件来使计算机系统满足新的需求，维护用户业务的延续性。

危机原因来自于软件开发人员的如下弱点：其一，软件产品是人的思维结果，因此软件生产水平最终在相当程度上取决于软件人员的教育、训练和经验的积累；其二，对于大型软件，往往需要许多人合作开发，甚至要求软件开发人员深入应用领域的问题研究，这样就需要在用户与软件人员之间以及软件开发人员之间相互通讯，在此过程中难免发生理解的差异，从而导致后续错误的设计或实现，而要消除这些误解和错误往往需要付出巨大的代价；其三，由于计算机技术和应用发展迅速，知识更新周期加快，软件开发人员经常处在变化之中，不仅需要适应硬件更新的变化，而且还要涉及日益扩大的应用领域问题研究，软件开发人员所进行的每一项软件开发几乎都必须调整自身的知识结构以适应新的问题求解的需要，而这种调整是人所固有的学习行为，难以用工具来代替。

软件本身独有的特点确实给开发和维护带来一些客观困难，但是人们在开发和使用计算机系统的长期实践中，也确实积累和总结出了许多成功的经验。如果坚持不懈地使用经过实践检验证明是正确的方法，许多困难是完全可以克服的，过去也确实有一些成功的范例。但是，目前相当多的软件专业人员对软件开发和维护还有不少模糊观念，在实践过程中或多或少地采用了错误的方法和技术，这可能是使软件问题发展成软件危机的主要原因。

（3）消除软件危机的途径

首先，采用工程化方法和途径来开发与维护软件。软件开发是一种组织良好、管理严密、各类人员协同配合、共同完成的工程项目，必须充分吸取和借鉴人类长期以来从事各种工程项目积累的行之有效的原理、概念、技术和方法。应该推广使用在实践中总结出来的开发软件的成功技术和方法，并且研究探索更好更有效的技术和方法，尽快消除在计算机系统早期发展阶段形成的一些错误概念和做法。将软件的生成问题在时间上分成若干阶段以便于分步而有计划地分工合作，在结构上简化成若干逻辑模块。把软件作为工程产品来处理，按计划、分析、设计、实现、测试、维护的周期来进行生产。

其次，应该开发和使用更好的软件工具。在软件开发的每个阶段都有许多繁琐重复的工作需要做，在适当的软件工具辅助下，开发人员可以把这类工作做得既快又好。如果把各个阶段使用的软件工具有机地集合成一个整体，支持软件开发的全过程，则称为软件工程支撑环境。

最后，采取必要的管理措施。软件产品是把思维、概念、算法、组织、流程、效率、质量等多方面问题融为一体的产品。但它本身是无形的，所以有别于一般的工程项目的管理。它必须通过人员组织管理、项目计划管理、配置管理等来保证软件按时高质量完成。

总之，为了解决软件危机，既要有技术措施（包括方法和工具），又要有必要的组织管理措施。软件工程正是从管理和技术两方面研究如何更好地开发和维护计算机软件的一门学科。

1.2　软件生命周期

软件工程采用的生命周期方法就是从时间角度对软件的开发与维护这个复杂的问题进行分解，将软件漫长的生命时期分为若干阶段，每个阶段都有其相对独立的任务，然后逐步完成各个阶段的任务。概括地说，软件生命周期由软件定义、软件开发和软件维护（也称为运行维护）三个时期组成，每个时期又进一步划分成若干个阶段。

1.2.1　软件定义

软件定义时期的任务是：确定软件开发工程必须完成的总目标；确定工程的可行性；导出实现工程目标应该采用的策略及系统必须完成的功能；估计完成该项工程需要的资源和成本，并且制定工程进度表。这个时期的工作通常又称为系统分析，由系统分析员负责完成。软件定义时期通常进一步划分成四个阶段，即问题定义、可行性分析、开发计划和需求分析。

（1）问题定义　软件定义阶段必须考虑的问题是"做什么"。正确理解用户的真正需求，是系统开发成功的必要条件。通过对客户的访问调查，系统分析员扼要地写出关于问题性质、工程目标和工程规模的书面报告，经过讨论和必要的修改之后，这份报告应该得到客户的确认。问题定义阶段是软件生存周期中最短的阶段。

（2）可行性分析　可行性分析主要研究问题的范围，并探索这个问题是否值得去解决，以及是否有可行的解决方法。为了回答这些问题，系统分析员需要进行一次大大压缩和简化了的系统分析和设计过程，也就是在较抽象的高层次上进行的分析和设计过程。可行性研究应该比较简短，这个阶段的任务不是具体解决问题。

可行性分析的结果是使用部门负责人乃至高层领导者做出是否继续这项工程的重要依据。

（3）开发计划　开发计划是在对项目进行可行性分析之后，对项目的开发过程做一个整体规划，也称为实施计划，主要包括项目开发技术计划、资源计划、进度计划及管理计划，其是软件开发工作的方向标。

（4）需求分析　需求分析即系统分析，通常采用系统模型定义系统，该阶段的主要任务是确定目标系统必须具备的功能。用户了解他们所面对的问题，知道必须做什么，但通常不能完整准确地表达出他们的要求，更不知道怎样利用计算机解决他们的问题；软件开发人员知道怎样用软件实现人们的要求，但是对特定用户的具体要求并不完全清楚。因此，系统分析员在需求分析阶段必须和用户密切配合，充分交流信息，以得出经过用户确认的系统逻辑模型。通常用数据流图、数据字典和简要的算法表示系统的逻辑模型。

这个阶段的一项重要任务，是用正式文档准确地记录对目标系统的需求，这份文档通常称为需求规格说明书。

这一阶段，特别要注意克服急于着手进行具体设计的倾向。一旦分析员开始谈论程序设计的细节，就意味着他已脱离用户，并妨碍用户继续提出问题和建议。

需要注意的是，在实际从事软件开发工作时，软件规模、种类、开发环境及开发时使用的技术方法等因素，都影响阶段的划分。事实上，承担的软件项目不同，应该完成的任务也有差异，没有一个适用于所有软件项目的任务集合。适用于大型复杂项目的任务集合，对于小型简单项目而言往往就过于复杂了。

1.2.2　软件开发

开发时期具体设计和实现在前一个时期定义的软件，它通常由下述四个阶段组成：概要设计，详细设计，编码和单元测试，综合测试。其中，前两个阶段又称为系统设计，后两个阶段又称为系统实现。

（1）概要设计　概要设计，也叫总体设计或初步设计。概要设计的目标是将需求分析阶段定义的系统模型转换成相应的软件结构，用以规定软件的形态及各成分间的层次关系、界面及接口要求。应该设计出实现目标系统的几种可能的方案。通常至少应该设计出低成本、中等成本和高成本等三种方案。软件工程设计师应该用适当的表达工具描述每种方案，分析每种方案的优缺点，并在充分权衡各种方案的利弊的基础上，推荐一个最佳方案。此外，还应该制定出实现最佳方案的详细计划。

软件设计的一条基本原理就是，程序应该模块化，也就是说，一个程序应该由若干个规模适中的模块按合理的层次结构组织而成。因此，概要设计的另一项主要任务就是设计程序的体系结构，也就是确定程序由哪些模块组成以及模块间的关系。概要设计的结果通常以层次图或结构图来表示。

（2）详细设计　概要设计阶段以比较抽象、概括的方式提出了问题的解决方法。详细设计阶段的任务是把解决方法具体化，也就是应该怎样具体地实现这个系统。详细设计也称为模块设计，在这个阶段系统分析师将详细地设计每个模块，确定实现模块功能所需要的算法和数据结构。

这个阶段的任务还不是编写程序，而是设计出程序的详细规格说明。这种规格说明的作用类似于其他工程领域中工程师经常使用的工程蓝图，它们应该包含必要的细节，通常用程序流程图、盒图、PAD图或PDL语言来描述，程序员可以根据它们写出实际的程序代码。

（3）编码与单元测试　这个阶段的任务是根据详细设计的结果，选择一种适合的程序设计语言，把详细设计的结果翻译成正确的、容易理解的、容易维护的程序的源代码。

每编写完一个模块，都要对模块进行测试，即单元测试，以便尽早发现程序中的错误和缺陷。

（4）综合测试　模块编码及单元测试完成后，需要根据软件结构进行组装，并进行各种综合测试。通过对软件测试结果的分析可以预测软件的可靠性；反之，根据对软件可靠性的要求，也可以决定测试和调试（纠错）过程什么时候可以结束。

应该用正式的文档资料把测试计划、详细测试方案以及实际测试结果保存下来，作为软件配置的一个组成部分。

1.2.3　软件维护

软件产品必须经过不断地使用和维护，才能逐步地发现存在于产品中的错误和不完善的地方。只有不断地改正所发现的错误，并完善其功能，产品才能适应社会需求而得以生存和发展。具体地说，当软件在使用过程中发现错误时应该加以改正；当环境改变时应该修改软件以适应新的环境；当用户有新要求时应该及时改进软件以满足用户的新需要。

虽然没有把维护阶段进一步划分成更小的阶段，但是实际上每一项维护活动都应该经过提出维护要求（或报告问题）、分析维护要求、提出维护方案、审批维护方案、确定维护计划、修改软件设计、修改程序、测试程序、复查验收等一系列步骤，因此实质上是经历了一次压缩和简化了的软件定义和开发的全过程。

每一项维护都要以正式文档的形式记录下来，作为软件配置的一部分。

1.3　软件过程模型

软件过程是指制作软件产品的一组活动及其结果。这些活动主要由软件工程人员完成。软件过程模型是从一个特定角度提出的软件过程的简化描述，就是对被描述的实际过程的抽象，它包括构成软件过程的各种活动、软件产品以及软件工程参与人员的不同角色。

通用的软件过程模型是以软件生命周期各阶段为基础，为了反映软件生命周期内各种工作应如何组织及各个阶段应如何衔接而给出的直观的图示表达。软件过程模型是软件工程思想的具体化，是实施于过程模型中的软件开发方法和工具，是在软件开发实践中总结出来的软件开发方法和步骤。总的说来，软件过程模型是跨越整个软件生存周期的系统开发、运行、维护所实施的全部工作和任务的结构框架。

1.3.1　瀑布模型

瀑布（waterfallmodel）模型也称软件生存周期模型，由 W. Royce 于 1970 年首先提出。在 20 世纪 80 年代之前，瀑布模型一直是唯一被广泛采用的生命周期模型，现在它仍然是软件工程中应用得最广泛的过程模型。根据软件生存周期各个阶段的任务，瀑布模型从需求分析开始，逐步进行阶段性变换，直至通过确认测试并得到用户确认的软件产品为止。瀑布模型上一阶段的变换结果是下一阶段变换的输入，相邻两个阶段具有因果关系，紧密相连。一个阶段工作的失误将蔓延到以后的各个阶段，为了保障软件开发的正确性，每一阶段任务完成后，都必须对它的阶段性产品进行评审，确认之后再转入下一阶段的工作。传统软件工程方法学的软件过程，基本上可以用瀑布模型来描述。图 1-1 所示为传统的瀑布模型。

　　传统的瀑布模型过于理想化了，事实上，人在工作过程中不可能不犯错误。在设计阶段可能发现需求规格说明文档中的错误，而设计上的缺陷或错误可能在实现过程中显现出来，在综合测试阶段将发现需求分析、设计或编码阶段的许多错误。当在后续的评审过程中发现错误和疏漏后，应该反馈到前面的有关阶段修正错误、弥补疏漏，然后再重复前面的工作，直至某一阶段通过评审后再进入下一阶段。这种形式的瀑布模型是带有反馈的瀑布模型，如图 1-2 所示。当在后面阶段发现前面阶段的错误时，需要沿图中向上的反馈线返回前面的阶段，修正前面阶段的产品之后再回来继续完成后面阶段的任务。

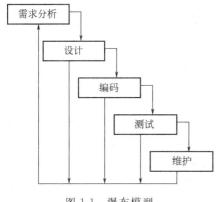

图 1-1　瀑布模型

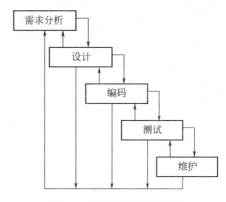

图 1-2　带反馈的瀑布模型

　　瀑布模型在支持结构化软件开发、控制软件开发的复杂性、促进软件开发工程化等方面起着显著作用，它有利于大型软件开发过程中人员的组织、管理，有利于软件开发方法和工具的研究与使用，从而提高了大型软件项目开发的质量和效率。与此同时，瀑布模型在大量软件开发实践中也逐渐暴露出它的缺点。其中主要缺点有以下两个方面。

　　① 在软件开发的初始阶段指明软件系统的全部需求是困难的，有时甚至是不现实的。而瀑布模型在需求分析阶段要求客户和系统分析人员必须做到这一点才能开始后续工作。

　　② 需求确定后，用户和软件项目负责人要等相当长的时间（经过设计、编码、测试、运行）才能得到一份软件的最初版本。如果用户对这个软件提出比较大的修改意见，那么整个软件项目将会蒙受巨大的人力、财力和时间方面的损失。

1.3.2　快速原型模型

　　常有这种情况，用户定义了软件的一组一般性目标，但不能标识出详细的输入、处理及输出需求；还有一些情况，开发者可能不能确定算法的有效性、操作系统的适应性或人机交互的形式。在这些及很多其他情况下，快速原型模型可能是最好的选择。

　　快速原型模型如图 1-3 所示，从需求分析开始，软件开发者和用户在一起定义软件的总目标、说明需求并规划出定义的区域，然后用快速设计软件中对用户/客

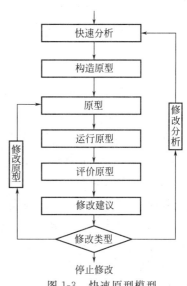

图 1-3　快速原型模型

户可见部分的表示，并设计原型，然后原型由用户/客户评估，并进一步求精待开发软件的需求，逐步调整原型使之满足用户需求，这个过程是迭代的。

原型系统的优点如下。

① 原型系统已经通过与用户交互得到验证，据此产生的规格说明文档正确地描述了用户需求，因此，在开发过程的后续阶段不会因为发现了规格说明文档的错误而进行较大的返工。

② 开发人员通过建立原型系统已经学到了许多东西（至少知道了"系统不应该做什么，以及怎样不去做不该做的事情"），因此，在设计和编码阶段发生错误的可能性也比较小，这自然减少了在后续阶段需要改正前面阶段所犯错误的可能性。

尽管原型模型具有以上的优点，但是原型仍存在问题。

① 用户似乎看到的是软件的工作版本，他们不知道为了使原型很快能够工作，没有考虑软件的总体质量和长期的可维护性。当被告知该产品必须重建，才能使其达到高质量时，用户叫苦连天，会要求做"一些修改"，使原型成为最终的工作产品。如此，软件开发管理常常就放松了。

② 开发者常常需要实现上的折中，以使原型能够尽快工作。一个不合适的操作系统或程序设计语言可能被采用，仅仅因为它是通用的和有名的；一个效率低的算法可能被使用，仅仅为了演示功能。经过一段时间之后，开发者可能对这些选择已经习惯了，忘记了它们不合适的所有原因。于是这些不理想的选择就成为了系统的组成部分。

虽然会出现问题，快速原型仍是软件工程的一个有效的过程模型。关键是如何定义一开始的游戏规则，即用户和开发者两方面必须达成一致：原型被建造仅是为了定义需求，之后就该被抛弃（或至少部分抛弃），实际的软件在充分考虑了质量和可维护性之后才被开发。

1.3.3 增量模型

增量模型也称为渐增模型，是遵循递增方式来进行软件开发的。如图 1-4 所示。使用增量模型开发软件时，把软件产品作为一系列的增量模块来设计、编码、集成和测试。每个模块由多个相互作用的子模块构成，并且能够完成特定的功能。

第一次集成	第一个模块				
第一次集成	第一个模块	第二个模块			
第一次集成	第一个模块	第二个模块	第三个模块		

⋮

第N次集成	第一个模块	第二个模块	第三个模块	…	第N个模块

图 1-4 增量模型

增量模型的基本思想是，要开发一个大的软件系统，先开发其中的一个核心模块或子系统，然后再开发其他模块或子系统，这样一个个地增加，就像搭积木一样，直到整个系统开发完毕为止。具体每个模块或子系统的开发，也同样要经历分析、设计、编码和测试，只有通过模块或子系统的测试，才能加入到系统中，再进行集成测试。

在增量模型中，整个软件产品被分解成许多个增量模块，开发人员一个模块接一个模块地向用户提交产品。每次用户都得到一个满足部分需求的可运行的产品，直到最后一次得到满足全部需求的完整产品。从第一个模块交付之日起，用户就能做一些有用的工作。显然，能在较短时间内向用户提交可完成一些有用的工作的产品，是增量模型的一个优点。

　　增量模型的另一个优点是，逐步增加产品功能，可以使用户有较充裕的时间学习和适应新产品，从而减少一个全新的软件可能给客户组织带来的冲击。

　　使用增量模型的困难是，在把每个新的增量模块集成到现有软件体系结构中时，必须不破坏原来已经开发出的产品。此外，必须把软件的体系结构设计得便于按这种方式进行扩充，向现有产品中加入新模块的过程必须简单、方便，也就是说，软件体系结构必须是开放的。但是，从长远观点看，具有开放结构的软件拥有真正的优势，这样，软件的可维护性明显好于封闭结构的软件。因此，尽管采用增量模型需要更精心的设计，但在设计阶段多付出的劳动将在维护阶段获得回报。如果一个设计非常灵活而且足够开放，足以支持增量模型，那么，这样的设计将允许在不破坏产品的情况下进行维护。事实上，使用增量模型时开发软件和扩充软件功能（完善性维护）并没有本质区别，都是向现有产品中加入新功能模块的过程。

1.3.4　螺旋模型

　　螺旋模型是一种风险驱动的模型。它将瀑布模型和增量模型结合起来，并加入了风险分析。如图 1-5 所示，螺旋模型沿着螺线旋转，每转一圈，表示开发出一个更完善的新的软件版本。它的四个象限上分别表达了四个方面的活动，即以下内容。

　　① 制定计划。确定软件目标，选定实施方案，弄清项目开发的限制条件。

　　② 风险分析。分析所选方案，考虑如何识别和消除风险。

　　③ 实施工程。实施软件开发。

　　④ 客户评估。评价开发工作，提出修正建议。

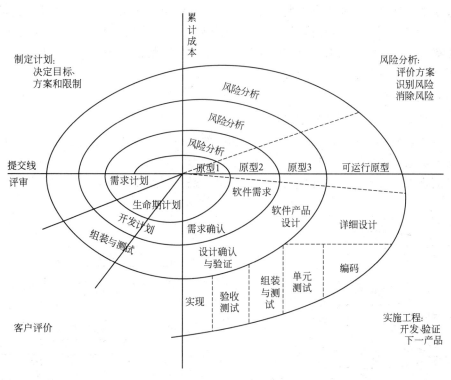

图 1-5　螺旋模型

　　螺旋模型的每一次迭代都包含了以下六个步骤。

　　① 决定目标、替代方案和约束。

② 识别和解决项目的风险。

③ 评估技术方案和替代解决方案。

④ 开发本次迭代的交付物和验证迭代产出的正确性。

⑤ 计划下一次迭代。

⑥ 提交下一次迭代的步骤和方案。

螺旋模型实现了随着项目成本投入不断增加，风险逐渐减小，以帮助加强项目的管理和跟踪，在每次迭代结束后都需要对产出物进行评估和验证，当发现无法继续进行下去时可以及早终止项目。

螺旋模型的每一次迭代只包含了瀑布模型的某一个或两个阶段。如第二次迭代重点是需求，第三次迭代是总体设计和后续设计开发计划等。对于每一次迭代，都要制定出清晰的目标，但分析出相关的关键风险及计划中可以验证并测试的交付物并不是一件容易的事情。

对于大型系统及软件的开发来说，螺旋模型是一个很现实的方法。因为软件随着过程的进展演化，开发者和用户能够更好地理解和对待每一个演化级别上的风险。螺旋模型使用原型作为降低风险的机制，但更重要的是，它使开发者在产品演化的任一阶段均可应用原型方法。它保持了传统生命周期模型中系统的、阶段性的方法，但将其并进了迭代框架，更加真实地反映了现实世界。螺旋模型要求在项目的所有阶段直接考虑技术风险，如果应用得当，能够在风险变成问题之前降低它的危害。

1.3.5　喷泉模型

喷泉模型对软件复用和生存周期中多项开发活动的集成提供了支持，主要支持面向对象的开发方法。"喷泉"一词本身体现了迭代和无间隙特性。系统某个部分常常重复工作多次，相关功能在每次迭代中随之加入演进的系统。所谓无间隙是指在开发活动，即分析、设计和编码之间不存在明显的边界。如图 1-6 所示。

1.3.6　构件组装模型

构件组装模型引入了软件的复用技术，提高了软件开发的效率。面向对象技术是软件工程的构件组装模型的基础，面向对象技术强调类的创建，类封装了数据和用来操纵该数据的算法。面向对象的类可以被复用。构件组装模型如图 1-7 所示，它融合了螺旋模型的特征，本质上是演化的并且支持软件开发的迭代方法，它是利用预先包装好的软件构件来构造应用程序。

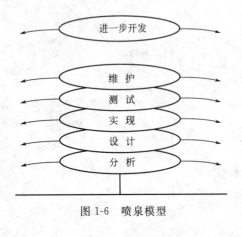

图 1-6　喷泉模型

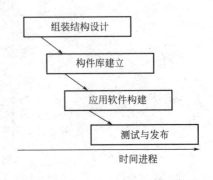

图 1-7　构件组装模型

软件的可复用性给软件工程师提供了大量的可见的益处。基于可复用性的研究，QSM联合公司的报告称：构件组装降低了 70% 的开发周期；84% 的项目成本；相对于产业平均指数 16.9，其生产率指数为 26.2。虽然这些结果依赖于构件库的健壮性，但毫无疑问构件组装模型给软件工程师提供了意义深远的好处。

1.3.7　第四代技术模型

术语"第四代技术"（4GT）包含了一系列的软件工具，它们都有一个共同点：能使软件工程师在较高级别上说明软件的某些特征。之后，工具根据开发者的说明自动生成源代码。毫无疑问软件在越高的级别上被说明，就能越快地建造出程序。软件工程的 4GT 模型的应用关键在于说明软件的能力——它用一种特定的语言来完成或者以一种用户可以理解的问题描述方法来描述待解决问题的图形来表示。

目前，一个支持第四代技术模型的软件开发环境及工具如下：数据库查询的非过程语言；报告生成器；数据操纵；屏幕交互及定义；代码生成；高级图形功能；电子表格功能。最初，上述的许多工具仅能用于特定应用领域，但今天，第四代技术模型的开发环境已经扩展，能够满足许多软件应用领域的需要。

像其他模型一样，第四代技术模型也是从需求分析开始。理想情况下，用户能够描述出需求，而且这些需求能被直接转换成可操作原型。但这是不现实的，因为用户可能不能确定需要什么；在说明已知的事实时，可能出现二义性；可能不能够或是不愿意采用一个第四代技术工具可以理解的形式来说明信息，因此，其他模型中所描述的用户对话方式在第四代技术模型中仍是一个必要的组成部分。

对于较小型的应用软件，使用一个非过程的第四代语言有可能直接从需求分析过渡到实现。但对于较大的应用软件，就有必要制定一个系统的设计策略。对于较大项目，如果没有很好地设计，即使使用第四代技术模型也会产生不用任何方法来开发软件所遇到的同样的问题，这些问题包括低质量、差的可维护性、难以被用户接受等。

应用第四代技术的生成功能使得软件开发者能够以一种方式表示期望的输出，这种方式使得可以自动生成产生该输出的代码。很显然，相关信息的数据结构必须已经存在，且能够被第四代技术模型访问。

要将一个第四代技术模型生成的功能变成最终产品，开发者还必须进行测试，写出有意义的文档，并完成其他软件工程模型中同样要求的所有集成活动。此外，采用第四代技术开发的软件还必须考虑维护是否能够迅速实现。

像其他所有软件工程模型一样，第四代技术模型也有优点和缺点。其优点是极大地降低了软件的开发时间，并显著提高了构造软件的生产率。缺点是目前的第四代技术并不比程序设计语言更容易使用，而且这类工具生成的结果源代码是"低效的"，使用第四代技术开发的大型软件系统的可维护性是令人怀疑的。

第四代技术已经成为软件开发的一个重要方法。当与构件组装方法结合起来时，4GT模型可能成为软件开发的主流方法。

1.4　软　件　工　程

1.4.1　软件工程的定义

软件工程是指导计算机软件开发和维护的一门工程学科。采用工程的概念、原理、技术和方法来开发与维护软件，把经过时间考验而证明正确的管理技术和当前能够得到的最好的技术方法结合起来，这就是软件工程。

Boehm 为软件工程下的定义："运用现代科学技术知识来设计并构造计算机程序及为开发、运行和维护这些程序所必需的相关文件资料。"

Fritz Bauer 曾经为软件工程下了定义："软件工程是为了经济地获得能够在实际机器上有效运行的可靠软件而建立和使用的一系列完善的工程化原则。"

1983 年 IEEE 给出的定义为："软件工程是开发、运行、维护和修复软件的系统方法"，其中，"软件"的定义为：计算机程序、方法、规则、相关的文档资料以及在计算机上运行时所必需的数据。

后来，尽管又有一些人提出了许多更为完善的定义，但主要思想都是强调在软件开发过程中需要应用工程化原则的重要性。

软件工程包括三个要素：方法、工具和过程。

软件工程方法为软件开发提供了"如何做"的技术。它包括了多方面的任务，如项目计划与估算、软件系统需求分析、数据结构、系统总体结构的设计、算法过程的设计、编码、测试以及维护等。

1.4.2　软件工程的基本策略

软件的开发是一个包含了比较、分类、推理、归纳、演绎、综合、分析的思考过程。人们就是在这种反复进行的自下而上的分解、演绎中，不断地认识客观世界、描述客观世界，并最终将其转化为计算机世界中的程序代码。软件开发中的基本策略，对于确保软件工程项目的顺利进行、确保软件目标系统的质量，是十分重要的。这些策略也是软件开发中众多具体方法的指导思想。

（1）抽象与模型策略　简言之，抽象就是归纳出事物的本质特性或者具有共同特性的信息而暂时不考虑它们的细节，并将这些特性用各种概念精确地加以描述。模型是描述抽象结果的一种简化的结构。对软件系统进行分析和设计时，可以有不同的抽象层次，既能够把握问题的整体，又能深入细节。在软件工程的生命周期中，从问题定义到系统实现，每进展一步都可以看作是对软件解决方法的抽象过程的一次细化。

（2）复用策略　复用指利用现成的东西。将具有一定集成度并可以重复使用的软件组成单元成为软构件。软件复用可以表述为：构建新的软件系统可以不必每次都从零做起，直接使用已有的软构件，即可组装（或加以合理修改）成新的系统。

（3）分解策略　分解是指把一个复杂的问题分解成若干个简单的问题，然后逐个解决。软件人员在执行分解的时候，应该着重考虑：复杂问题分解后，每个问题能否用程序实现？所用程序最终能否集成为一个软件系统并有效解决原始的复杂问题。

（4）优化策略　软件的优化是指优化软件的各个质量要素，如提高运行速度，提高对内存资源的利用率，使用户界面更加友好，使三维图形的真实感更强等。优化策略的复杂之处在于很多目标存在千丝万缕的关系，不可能使所有目标都得到优化，只能通过"折中"来协调各个质量要素，实现整体质量的最优。

1.4.3　软件工程应遵循的原则

1968 年，在联邦德国召开的国际会议上正式提出并使用了软件工程这个术语，运用工程学的基本原理和方法来组织和管理软件生产。后来还发展了与软件有关的心理学、生理学和经济学等方面的学科。在这期间，研究软件工程的专家学者们陆续提出了 100 多条关于软件工程的准则。这 100 多条软件工程准则可以概括为下述 7 条基本原则。

（1）用分阶段的生命周期计划严格管理　有人经统计发现，在不成功的软件项目中有一半左右是由于计划不周造成的，可见把建立完善的计划作为第一条基本原理是吸取了前人的教训而提出来的。

一个软件从定义、开发、使用和维护，直到最终被废弃，要经历一个漫长的时期，通常把软件经历的这个漫长的时期称为生命周期。在软件开发与维护的漫长过程中，需要完成许多不同性质的工作，所以应把软件生命周期划分为若干个阶段，并相应地制定出可行的计划，然后按照这个计划对软件的开发与维护工作进行管理。不同层次的管理人员都必须严格按照计划各尽其职地管理软件开发与维护工作，绝不能受客户或上级人员的影响而擅自背离预定计划。

（2）坚持进行阶段评审　软件的质量保证工作不能等到编码阶段结束之后再进行。这样说至少有两个理由：第一，大部分错误是在编码之前造成的，例如，根据 Boehm 等人的统计，设计错误占软件错误的 63%，编码错误仅占 37%；第二，错误发现与改正得越晚，所需付出的代价也越高（参见图 1-8）。因此，在每个阶段都进行严格的评审，以便尽早发现在软件开发过程中所犯的错误，这是一条必须遵循的重要原则。

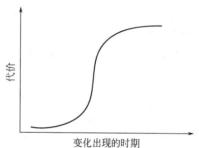

图 1-8　同一变动所付出的代价随时间变化的趋势图

（3）实行严格的产品控制　在软件开发过程中不应随意改变需求，因为改变一项需求往往需要付出较高的代价。但是，在软件开发过程中改变需求又是难免的，由于外部环境的变化，相应地改变用户需求是一种客观需要，显然不能硬性禁止客户提出改变需求的要求，而只能依靠科学的产品控制技术来顺应这种要求。也就是说，当客户改变需求时，为了保持软件各个配置成分的一致性，必须实行严格的产品控制，其中主要是实行基准配置管理。所谓基准配置又称为基线配置，它们是经过阶段评审后的软件配置成分（各个阶段产生的文档或程序代码）。基准配置管理也称为变动控制：一切有关修改软件的建议，特别是涉及到对基准配置的修改建议，都必须按照严格的规程进行评审，获得批准以后才能实施修改，绝对不能随意进行修改。

（4）采用现代程序设计技术　从提出软件工程的概念开始，人们一直把主要精力用于研究各种新的程序设计技术，并进一步研究各种先进的软件开发与维护技术。实践表明，采用先进的技术不仅可以提高软件开发和维护的效率，而且可以提高软件产品的质量。

（5）结果应能清楚地审查　软件产品不同于一般的物理产品，它是看不见摸不着的逻辑产品。软件开发人员（或开发小组）的工作进展情况可见性差，难以准确度量，从而使得软件产品的开发过程比一般产品的开发过程更难评价和管理。为了提高软件开发过程的可见性，更好地进行管理，应该根据软件开发项目的总目标及完成期限，规定开发组织的责任和产品标准，从而使得所得到的结果能够清楚地审查。

（6）开发小组的人员应该少而精　软件开发小组的人员合理构成的原则是应该少而精，即小组成员的素质应该好，而人数不应过多。高素质的人员会大大提高软件的开发效率，且明显减少软件中的错误。此外，随着开发小组人员数目的增加，因交流问题和讨论情况而造成的通信开销也急剧增加，所以要保证软件开发小组人员少而精。

（7）承认不断改进软件工程实践的必要性　遵循上述 6 条基本原理，就能够按照当代软件工程基本原理实现软件的工程化生产，但是，仅有上述 6 条原理并不能保证软件开发与维护的过程能赶上时代前进的步伐，能跟上技术的不断进步。因此，Boehm 提出应把承认不断改进软件工程实践的必要性作为软件工程的第 7 条基本原理。按照这条原理，不仅要积极主动地采纳新的软件技术，而且要注意不断总结经验。

1.5　可行性调研分析

本书将结合案例"医院门诊取药管理系统"来阐述利用软件工程方法如何去开发项目。本任务主要介绍软件开发的第一个环节，即对软件项目进行调研分析，主要包括根据项目开发背景确定项目的问题定义、根据实际情况进行可行性分析及制定项目开发计划。

1.5.1　项目开发背景

医院门诊取药是医院运营的一个重要环节，它关系着病人的切身利益、关系着医院的公众形象。随着医院规模的扩大和业务的扩展，传统的管理模式和运营手段已经远远不能满足新的发展需要，主要体现在以下三方面。

（1）效率低、易于出错　在传统的收费管理中，所有药物信息查询都采用手工方式，这种方式效率较低，主要因为药物种类繁多，不便于查询；所有费用均采用人工计算，这种方式效率也不高；此外，取药记录、发票开具等均需人工操作，工作效率也低。再者，由于药物数量繁多、取药流量较大，人工的取药管理易于出错。

（2）数据更新不够及时　在传统的收费管理中，所有工作都是人工处理，这种方式不利于数据更新。因为手工的记录信息方式、记录信息存在于不同地方，所以在数据更新上，需要各个部门的工作人员分层、分级逐步完成更新，因此任务量繁重，数据信息难以及时更新。如取药后，关于库存药品种类和数量的信息，难以及时更新。

（3）信息数据不规范　因为没有一个统一完善的管理系统，所以数据信息存放不规范，如药品信息的记录、药方的记录、发票的开具，这些因为是手工方式，所以会产生不一致性，因而影响管理。

基于以上因素，传统的以手工方式对医院门诊取药进行管理，不仅效率低下，而且容易出错，不便管理，不能适应医院的发展。随着计算机网络的发展，采用先进的信息管理系统对相关数据进行科学化和网络化的管理，已经成为医院发展的趋势。

1.5.2　问题定义

问题定义的主要任务是根据软件项目的最基本情况形成问题定义报告，报告内容主要包括待开发软件项目的类型、性质、目标、规模、负责人、经费等问题。"医院门诊取药管理系统"的问题定义报告主要内容如下。

- ◆　项目名称：医院门诊取药管理系统
- ◆　使用单位或部门：医院门诊取药处
- ◆　开发单位：××软件开发公司
- ◆　目标：提高医院门诊取药的效率，增加取药管理的科学性和规范性
- ◆　规模：适用于各类医院门诊取药的通用软件
- ◆　开发的起始和交付时间：2 个月
- ◆　可能投入经费：5 万元
- ◆　使用方和开发单位双方的公章

◆　使用方和开发单位双方负责人签字

◆　问题定义报告的时间

1.5.3　可行性分析

可行性分析是在明确了问题定义的基础上，从经济、技术、社会、风险对策等方面对软件项目进行研究和分析，得出项目是否具有可行性结论的过程。可行性分析最终是需要以文档形式写出可行性分析报告，主要包括引言、可行性研究的前提、对现有系统的分析、所建议的系统、可选择的其他技术方案、投资及收益分析、社会方面的可行性分析及结论，其读者对象是软件开发的主管部门和用户。

其中，在可行性研究的前提中需要在软件问题定义的基础上进一步分析系统的要求、目标等。"医院门诊取药管理系统"的要求可在系统功能、性能、输入、输出、安全、完成期限等方面进一步细化。如该项目的功能是完成医院门诊取药管理，主要包括划价管理、收费管理、取药管理三部分功能；性能：由于医院病人较多，人流量大，必须保证系统的可靠性和快速响应时间；安全性：因为涉及医院和病人的切身利益，所以系统要保证有较高的安全性。

对现有系统的分析，主要说明现有系统具有的功能及存在的问题以及需要开发新的系统的原因，系统分析员可以在对现有系统的分析的基础上添加用户的新功能，从而快速确定新系统功能。所建议的系统部分主要是对欲建系统的改进、影响、技术可行性及局限性进行说明，其中改进和技术可行性应重点分析。技术可行性主要包括分析系统所需的技术目前在项目组内是否可行，或者说分析项目组是否具有完成该项目的实力。

在可选择的其他系统方案部分，系统分析员可从给出的系统模型出发，设计出若干个具有较高层次的物理实现方案，供有关人员进行分析比较。投资和效益分析即分析该软件项目的经济可行性，也就是通过投资和效益的对比，分析该项目对于软件公司来说的主要经济花销，分析该软件项目对于用户来说是否值得投资。社会方面的可行性分析主要是系统在开发的过程中可能出现或涉及的法律问题，如合同、责任、知识产权和专利等问题。

最后给出可行性分析的结论，即软件项目是否可以进行设计、开发。

1.5.4　开发计划的制定

经过可行性分析，得知软件项目的开发是可行的，接着就要制定软件项目的开发计划。开发计划是一个综合性的计划，主要包括引言、项目概述、实施计划、人员组织及分工、交付期限、专题计划要点等，其读者对象是软件开发的主管部门、软件技术人员和用户。

开发计划中的关键部分是实施计划，主要包括任务分解、进度、预算及关键问题。其中任务分解部分包括主要任务的划分及负责人。如"医院门诊取药管理系统"可以按软件生命周期进行阶段划分，分为需求分析任务、设计任务、编码任务、测试任务、维护任务；也可以按软件的功能来分，分为"划价管理"功能模块、"收费管理"功能模块、"取药管理"功能模块。进度计划主要是以图表形式列出各个时期的主要任务及起始时间。预算就是估计总的开发成本，并将其合理分配到开发的各个阶段中。关键问题即逐项列出能够影响整个项目成败的关键问题、技术难点和风险，指出这些问题对项目的影响。

开发计划中的人员组织及分工部分也比较重要，因为它影响着软件开发过程中人员的组织、分配与管理工作，关系着项目开发的成败。这里应该给出项目组所有成员组织情况和分工安排，如项目的总负责人、主要管理人员、高级技术人员、初级技术人员等情况，各主要管理人员的职责及下属、各高级技术人员主要负责的关键技术等。

1.6　实　验　实　训

本书中的实验实训任务中所进行的实训项目均以"图书借阅管理系统"展开。

1. 实训目的

① 培养学生对开发项目进行调查研究、可行性分析及制订开发计划的能力。

② 了解软件工程在软件开发过程中的指导作用。

③ 培养学生团队协作的能力。

2. 实训内容

① 到学校图书馆流通部了解图书借阅现状。

② 进行"图书馆借阅管理系统"的可行性分析研究，写出可行性分析报告。

③ 制订软件开发计划，写出开发计划书。

3. 实训要求

① 深入到学校的图书馆，深入了解现阶段图书借阅情况。

② 实训最终成果是完成可行性分析报告及开发计划书。

小　　结

本章介绍了软件的特点，软件生产发展的四个阶段，软件危机以及软件危机产生的原因和解决途径；同时介绍了软件生命周期的概念，以及它对软件生产管理的重要作用；接着介绍了软件过程模型以及软件工程的相关概念。最后结合本书的项目案例"医院门诊取药管理系统"，介绍了软性可行性调研分析及开发计划制定的有关事项，从而拉开了软件项目开发的序幕。

习　题　一

一、选择题

1. 软件是一种（　　）产品。

A. 有形　　　　　　　　　B. 逻辑　　　　　　　C. 物质　　　　　　　D. 消耗

2. 软件工程学科出现的主要原因是（　　）。

A. 计算机的发展　　　　　　　　　　　B. 其他工程科学的影响

C. 软件危机的出现　　　　　　　　　　D. 程序设计方法学的出现

3. 软件工程与计算机科学性质不同，软件工程着重于（　　）。

A. 原理探讨　　　　　　　　　　　　　B. 理论研究

C. 建造软件系统　　　　　　　　　　　D. 原理的理论

4. 下列哪个阶段不是软件生存期三个阶段的内容（　　）。

A. 定义阶段　　　　　　　　　　　　　B. 开发阶段

C. 统计阶段　　　　　　　　　　　　　D. 维护阶段

5. 下列关于瀑布模型的描述正确的是（　　）。

A. 瀑布模型的核心是按照软件开发的时间顺序将问题简化

B. 瀑布模型具有良好的灵活性

C. 瀑布模型采用结构化的分析与设计方法，将逻辑实现与物理实现分开

D. 利用瀑布模型，如果发现问题则修改的代价很低

6. 由于软件生产的复杂性和高成本性，出现了软件危机，下列（　　）选项不是软件危机的表现。

A. 生产成本过高　　　　　　　　　B. 进度难以控制

C. 质量难以保证　　　　　　　　　D. 需求越来越多

7. 软件工程的目的是使软件生产规范化和工程化，而软件工程得以实施的主要保证是（　　）。

A. 硬件环境　　　　　　　　　　　B. 开发人员的素质

C. 软件开发的环境　　　　　　　　D. 软件开发工具和软件开发环境

二、名词解释

1. 软件

2. 软件生命周期

3. 软件过程

4. 软件工程

三、问答题

1. 什么是软件危机？软件危机表现在哪些方面？

2. 软件产品具有哪些特点？

3. 软件生产的发展迄今为止经历了哪几个阶段？各阶段有何特征？

4. 简要叙述软件工程目标和内容。

5. 软件工程应遵循哪些基本原则？

6. 可行性分析的主要内容是什么？

7. 软件开发计划的主要内容是什么？

第2章 需求分析

为了保证软件项目开发目标更好地实现，一个软件开发工程项目经过深入细致的可行性研究后，需要对目标系统提出完整、准确、清晰、具体的要求，这就是本项目需求分析要做的工作。

需求分析的结果是整个系统开发的基础，后面的每个阶段都要根据它来实施，因此，需求分析是否良好关系到整个项目的成败和软件产品的质量，需求分析是软件生命周期的关键性阶段。

本章主要介绍需求分析的内容及需求分析的过程，说明需求建模的方法——结构化分析方法，并通过实例使读者更详细地了解和认识需求分析。

2.1 需求分析基础

需求分析是软件开发过程中非常重要的一个阶段，是一个不断认识问题、分析问题、逐步细化系统"做什么"的过程，其基本任务就是回答系统必须"做什么"这个问题。理解软件需求对软件开发工作的成功是至关重要的。

大量实践表明，信息系统产生的许多错误都是由于需求定义不准确导致的，而且，如果在需求定义阶段发生错误，而在系统开发后期才发现，那么修改这些错误的代价是非常大的。许多成本分析表明，随着软件开发生命周期的进展，改正前期的错误或在改错时引入附加错误的代价是按指数级增长的。研究表明，60%～70%的错误来源于需求定义，由此可见，需求定义的正确性对整个软件开发产生多大的影响。良好的分析活动有助于避免或尽早剔除早期错误，从而提高软件生产率，降低开发成本，改进软件质量。如果系统需求定义错误，那么不论以后的各阶段质量如何，都必然导致系统开发的失败。因此，要使整个软件的开发周期更顺利，必须更严格地保证需求分析的质量，这就需要我们了解需求分析的任务和步骤。

2.1.1 需求分析的任务

在需求分析阶段，要深入描述软件的功能和性能，确定软件设计的约束，确定软件同其他系统元素的接口细节，定义软件的其他有效性需求，借助于当前系统的逻辑模型导出目标系统逻辑模型，从而进行分析建模，解决目标系统"做什么"的问题，其实现如图 2-1 所示。

(1) 获得当前系统的物理模型　通过分析当前系统的运行情况，了解其组织机构、输入输出、资源利用情况及日常事务处理，并用具体模型来反映所了解的信息，该模型应客观反映实际情况。

(2) 抽象出当前系统的逻辑模型　在了解当前系统"怎么做"的基础上，明确其"做什么"的本质，即从当前系统的具体模型抽象出其逻辑模型。在对当前具体系统的具体模型分析时，区分出本质的和非本质的因素，当前系统的逻辑模型要反映出系统的本质因素。

(3) 建立目标系统的逻辑模型　这是需求分析建模中最重要的一步，目标系统是当前系统的改进，通过分析两者的差别，明确目标系统"做什么"，从当前系统的逻辑模型导

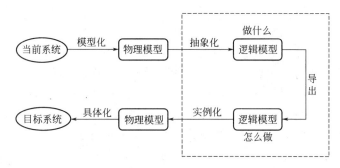

图 2-1　分析建模

出目标系统的逻辑模型。

（4）为了对目标系统做完整的描述，还需要考虑人机界面和其他一些问题　另外，需要注意的是，软件需求分析主要是解决系统"做什么"的问题，因此需求分析中建立的模型也应该表现系统的功能是什么，而不应给出功能是怎样实现的。

从软件开发的角度，软件需求主要分为功能性需求和非功能性需求。功能性需求是最主要的需求，规定了系统必须执行的功能，而非功能性需求是对系统的一些限制性要求，例如性能需求、可靠性需求、安全需求等。

下面介绍医院门诊取药管理系统的软件需求。

（1）系统的功能需求

门诊取药管理系统主要是完成医院门诊取药管理，其功能需求包括以下几个方面。

① 划价管理。其主要功能是系统验证药方有效性，生成药方编号，并根据药方检索出所需药品的价格，计算出药方中药品的总价，并把相关信息写入药方文件和患者事务文件中。

② 收费管理。其主要功能是根据药方编号检索药方总价，收取相应费用，打印收费单据，并写入相应的文件中。

③ 取药管理。其主要功能是工作人员根据交费后的药方取出药品交给病人，并把相关信息写入相应文件中。

（2）系统的非功能需求　门诊取药管理系统的非功能性需求主要体现在系统的安全性、可靠性、高速性、可扩展性等方面。系统要保护患者信息，安全性很重要，同时由于医院病人较多、人流量大，还要保证系统的可靠性和快速响应时间，并为未来形势发展提供良好的可扩展性。

2.1.2　需求分析的步骤

需求分析的实现主要通过四个步骤来完成：需求获取、需求分析建模、需求描述和需求验证。

（1）需求获取　需求获取就是采用某种方法导出系统需求的过程，可以通过对现有系统分析、与用户讨论等进行系统任务分析，也可以根据需要研究类似系统，开发系统原型。

需求获取是在问题与最终解决方案之间架设桥梁的第一步，也是软件开发中最困难、最关键、最易出错及最需要交流的阶段，它是一个需要高度合作的活动，分析人员必须通过用户所提出的问题的表面需求了解他们的真正需求。及早并经常进行座谈讨论是需求获取成功的一个关键途径，分析员对问题进行收集和分析以消除任何冲突或不一致性，尽量理解用户提出需求的思维过程。充分研究用户执行任务时做出决策的过程，并挖掘出潜在的逻辑关系。

需求获取采用的方法有访谈、观察用户日常工作、问卷调查、开讨论会等。

（2）需求分析建模 模型是形成需求说明的重要工具，通过模型可以更清楚地记录用户对需求的表达，更方便与用户交流，以便帮助分析人员发现用户需求中的不一致性，排除不合理的部分，挖掘出潜在的用户需求，确定系统的运行环境、功能和性能要求。建立模型是描述软件需求的很好的手段，常用的图形模型有实体-关系图、数据流图和状态转换图等。

（3）需求描述 需求描述的主要体现就是编写需求规格说明书。软件需求规格说明必须用同一格式的文档进行描述，可以采用已有的并且可以满足项目需要的模板，如软件开发标准中给出的模板，也可以根据项目本身特点和软件开发小组的习惯对标准进行适当的改动，形成自己的模板。

在进行需求描述时应注意以下几点。

① 在进行文档书写时，可以使用自然语言，也可以使用形式化语言和图表的形式。

② 语句和段落尽量简短，语句要书写完整。

③ 使用的术语要与词汇表中的定义保持一致。

④ 避免模糊的主观的术语。

⑤ 避免使用比较性的词汇，尽量给出定量的说明，否则含糊的语句表达将引起需求的不确定性和不可验证性。

（4）需求验证 需求规格说明提交之前，要进行需求验证，确保需求规格说明能够成为软件设计和最终系统验收的依据。如果规格说明中存在错误和缺陷，应重新进行相应的初步需求分析，修改需求规格说明，并重新验证。

2.1.3 需求获取技术

需求获取就是发现需求及形式化需求的过程，通过某种手段了解系统用户、系统环境，明确系统任务，获取系统需求。

需求获取比较理想的步骤是先导出系统的总体目标，接着导出当前工作及当前问题的信息，然后是系统应处理的详细问题，之后考虑可能的解决方案，最后将这些问题及可能性转变为系统需求。

需求获取是一个非常困难的过程，经常会出现各种各样的问题。

•用户往往难于描述他们的实际需求，也可能会坚持要求一个并不符合他们需求的解决方案。

•用户可能会提出互相矛盾的要求。

•用户难于设想出新的工作方法，也无法预见他们的要求会有什么后果。例如，用户经常认为所得系统没有满足他们的期望，尽管系统已经实现了所指定的要求。

•用户对产品的要求可能会随着环境、时间变化而变化。当用户在某处看到一个更好的系统时，他也许会意识到自己也需要类似的系统。同时，外部因素也在变化，例如发布了更好的操作系统或颁布了新法律，那么新的产品要求也会随之出现。

软件需求获取的方法非常多，通常用的有以下几种。

（1）访谈 系统分析人员可以与用户进行必要的访谈，以便了解系统的当前工作及要解决的问题，访谈还能够导出一些关系到未来系统的构想。

在访谈之前，分析员要制定访问计划，准备好问题清单，并为每项问题留出足够的空间以便在访谈中做出注释。

对关键问题，分析员应询问在什么情况下用户感到有压力，在什么情况下需要保证

100％的正确性，也要询问为什么执行这些任务。在确定了关键问题之后，分析员可以提出更详细的问题，如数据量、任务时间、详细工作程序等。在访谈中，分析员应该跟随被访问人的思路，并时常参考清单发问。也要留意访谈时候出现的新问题，但不要因此而转移重点。

（2）观察用户日常工作　在进行访谈时，用户可能并不能想起具体所做的任务或某项任务具体怎样做，有时候可能会给出合乎逻辑但却错误的解释。分析员可以花一些时间观察用户的日常工作。在有些情况下，分析员也使用摄像机（但须征得用户同意）以延伸观察时间，过后可以与用户一起检查录像带，并询问确实的任务。

观察能大大增加分析员对当前工作部分相关问题的了解，也能作为其他信息的检查。但分析员不可能天天跟着用户观察工作，并且在观察时也不能保证系统正好执行到关键任务，这时候可以让用户进行任务示范。

任务示范是要求用户示范如何执行特定的任务。在许多情况下，用户无法解释日常工作的具体情况，但他们能够进行任务示范，演示如何执行特定任务。如果分析员问某项具体特定任务是如何执行的，用户会根据以前处理情况而进行解释了。

（3）问卷调查　当需要从比较多的用户那里搜集信息时，分析员可以采取问卷调查的方式来搜集某项假设的统计依据或者搜集意见建议。

在向许多人发出问卷之前，应该在目标组中进行小范围的问卷测试，以便发现并修改可能造成误解的地方，定稿后再向大家发出问卷。

（4）开会讨论　分析员可以召集系统相关人员开会讨论，以会议的形式获取需求。开会时应创建一种积极专注的氛围，让大家大胆地提出构想，主持人记录所有想法。要注意的规则是，不要批评任何一个想法，当时认为普通的、愚蠢的或大有希望的想法以后可能都有价值。

除了可以采用以上方法获取需求外，还可以使用原型进行小规模试验。参考其他公司处理类似问题的方法等技术来获取系统需求。

2.1.4　需求分析模型

在需求分析中建立的分析模型如图 2-2 所示。

通过数据模型、功能模型和行为模型来描述必须被建立的要素。

分析模型要达到三个主要目标：逐步细化对软件的要求，描述软件要处理的数据域；建立软件设计的基础；定义软件完成后可被确认的一组需求。

模型的核心是数据字典（DD，Data Dictionary），它是系统所涉及的各种数据对象的总和，从数据字典出发可构建三种图。

（1）实体-关系图（Entity-Relation Diagram，E-R 图）　用以描述数据对象及数据对象间的关系。它代表软件的数据模型。图 2-3 为实体-关系图示例。

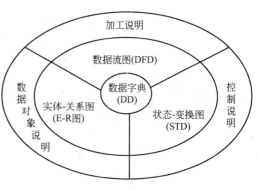

图 2-2　需求分析模型

（2）数据流图（Data Flow Diagram，DFD）　其主要是指明系统中数据是如何流动和变换的，以及描述使数据流进行变换的功能。在数据流图中出现的每个功能的描述均写在加工说明中（PSPEC），它们一起构成了软件的功能模型。

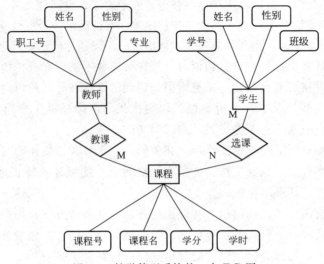

图 2-3　教学管理系统的一个 E-R 图

（3）状态-变换图（Status Transfer Diagram，STD）　用于指明系统在外部事件的作用下将会如何响应、如何动作，表明了系统的各种状态以及各种状态间的变化，从而构成行为模型的基础。关于软件控制（CSPEC）方面的附加信息则包含在控制说明中。图 2-4 为状态-变换图示例。

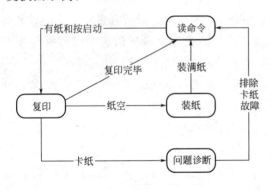

图 2-4　复印机软件的状态-变换图

需求分析中，建立的模型可以起到很多重要的作用。

① 分析建模可以帮助分析人员更好地了解系统的信息、功能和行为，从而使分析更容易和系统化。

在建模的过程中，要求分析员必须认真向和系统开发、应用相关领域的专家学习。对于专业性很强的系统，在建模时需要一定的专业知识，分析员需要有相关专业的专家的密切配合才能更合理地建立专业模型。

② 模型是需求验证的焦点，分析阶段结束时，系统分析员、用户、软件设计人员需要验证需求，就要对模型进行验证审查，以确定系统需求分析符合标准。

③ 模型是设计的基础，能给软件设计人员提供一种软件的基本表达式，可以转换为软件的设计结构，如结构化分析中得到的数据流图可以映射为设计中的软件结构图。

2.2　结构化分析方法

为了更好地理解要研究的对象，在进行软件项目开发时，常需要进行建模，模拟软件变换的信息，使变换的功能（和子功能）作为变换系统的行为发生。在软件需求分析过程中就需要进行分析建模，可以用图形符号加文字来描述系统需求。

人们曾提出许多种分析建模的方法，其中有两种在分析建模领域占有主导地位。一种方法是"结构化分析方法"，这是传统的建模方法，将在本节中描述。另一种方法是"面向对象分析方法",将在后面的项目中进行介绍。

2.2.1 结构化开发方法

结构化开发方法(Structured Developing Method)是"结构化分析"(Structured Analysis,SA)和"结构化设计"(Structured Design,SD)的总称。结构化方法是目前最成熟、应用最广泛的信息系统开发方法之一,是强调开发方法的结构合理性以及所开发软件的结构合理性的软件开发方法。结构化系统开发方法的基本思想是:用系统工程的思想和工程化的方法,按用户至上的原则,结构化、模块化、自顶向下地对系统进行分析与设计。结构是指系统内各个组成要素之间的相互联系、相互作用的框架。

结构化系统开发方法主要强调以下特点。

(1)自顶向下整体性的分析与设计和自底向上逐步实施的系统开发过程 即在系统分析与设计时要从整体全局考虑,要自顶向下地工作(从全局到局部,从领导到普通管理者)。而在系统实现时,则要根据设计的要求先编制一个个具体的功能模块,然后自底向上逐步实现整个系统。

(2)用户至上 用户对系统开发的成败是至关重要的,故在系统开发过程中要面向用户,充分了解用户的需求和愿望。

(3)深入调查研究 即强调在设计系统之前,深入实际单位,详细地调查研究,努力弄清实际业务处理过程的每一个细节,然后分析研究,制定出科学合理的新系统设计方案。

(4)严格区分工作阶段 把整个系统开发过程划分为若干个工作阶段,每个阶段都有其明确的任务和目标。在实际开发过程中要求严格按照划分的工作阶段,一步步地展开工作,如遇到较小、较简单的问题,可跳过某些步骤,但不可打乱或颠倒之。

(5)充分预料可能发生的变化 系统开发是一项耗费人力、财力、物力且周期很长的工作,一旦周围环境(组织的内、外部环境、信息处理模式、用户需求等)发生变化,都会直接影响到系统的开发工作,所以结构化开发方法强调在系统调查和分析时对将来可能发生的变化给予充分的重视,强调所设计的系统对环境的变化具有一定的适应能力。

(6)开发过程工程化 要求开发过程的每一步都按工程标准规范化,文档资料标准化。

结构化开发方法提出了一组提高软件结构合理性的准则,如分解与抽象、模块独立性、信息隐蔽等。它的优点是有一套严格的开发程序,各开发阶段都要求有完整的文档记录。针对软件生存周期各个不同的阶段,结构化开发方法有结构化分析(SA)、结构化设计(SD)和结构化程序设计(SP)等方法。

2.2.2 结构化分析方法

结构化分析方法是由美国 Yourdon 公司在 20 世纪 70 年代提出的,它将软件系统看成一个工程项目,按照工程的方法有计划、有步骤地进行开发,是一种应用很广的开发方法,适用于分析大型信息系统。

结构化分析是一种需求建模的方法,基本思想是用抽象模型的概念,按照软件内部的数据流动变换关系,是面向数据流进行需求分析的方法,采用自顶向下、逐步求精的技术对系统进行划分,分层次描述,建立系统的处理流程,以数据流图和数据字典为主要工具,直到找到满足所有功能要求的可以在后续阶段被实现的软件模型为止。

(1)描述工具 结构化分析方法给出一组帮助系统分析人员产生功能规格说明的原理与技术。它一般利用图形等半形式化的描述方式表达用户需求,简明易懂,用它们形成需求说明书中的主要部分。描述工具有以下几种。

① 数据流图　描述系统由哪几部分组成，各部分之间有什么联系等。

② 数据字典　定义了数据流图中每一个图形元素。

③ 描述加工逻辑的结构化语言、判定表、判定树　详细描述数据流图中不能被再分解的每一个加工。

（2）结构化分析步骤

① 分析当前的情况，画出反映当前物理模型的数据流程图。

② 推导出等价的逻辑模型的数据流图。

③ 根据用户和分析人员提出的功能要求，设计新的逻辑系统，生成数据字典和数据描述。

④ 建立人机接口，提出可供选择的目标系统物理模型的数据流图。

⑤ 确定各种方案的成本和风险等级，据此对各种方案进行分析。

⑥ 选择一种方案。

⑦ 建立完整的需求规格说明。

（3）结构化分析策略　在结构化分析方法中，常采用自顶向下逐层分解的分析策略。面对一个复杂的问题，分析人员不可能一开始就考虑到问题的所有方面以及全部细节，采用的策略往往是分解，把一个复杂的问题划分成若干小问题，然后再分别解决，将问题的复杂性降低到人可以掌握的程度。逐层分解的分析策略主要表现为数据流图的分解，如图 2-5 所示。

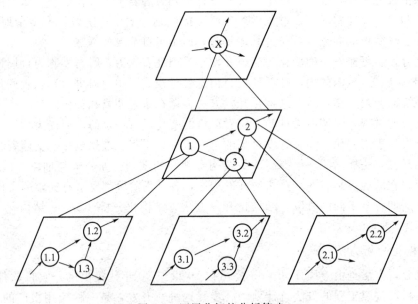

图 2-5　逐层分解的分析策略

2.3　数据流图

数据流图（Data Flow Diagram，DFD）是描述数据处理过程的工具，它标识了一个系统的逻辑输入和逻辑输出，从数据传递和加工的角度，以图形的方式刻画数据流从输入到输出的移动变换过程。因为它只反映系统必须完成的逻辑功能，所以它是一种功能模型。

设计数据流图时只需考虑系统必须完成的基本逻辑功能，不需要考虑如何实现这些功能，图中没有任何具体的物理元素，只是描绘信息在系统中流动和处理的情况，是软件设计很好的出发点。

2.3.1　数据流图的符号

通常，数据流图有四种基本符号，如图 2-6 所示。

图 2-6　数据流图的基本符号

下面通过一些简单的例子来了解数据流图中各种元素的含义和用法。

例　图 2-7 是一个简单的数据流图，它表示数据 X 从数据源点 S 流出，经 P1 加工转换成 Y，接着经 P2 加工转换为 Z，在 P1 加工过程中把数据写入数据存储 D1 中，在 P2 加工过程中从数据存储 D2 中读取数据。

（1）数据源点和数据终点　正方形或立方体表示数据的源点或数据终点，表明数据处理过程的数据来源或数据去向，通常指存在软件系统之外的人员或组织，统称为外部实体。一般只出现在数据流图的顶层图中。在数据流图中，数据源点或数据终点要在方框内命名。如果数据源点和终点相同，可以用同一符号表示，或者用两个同样的符号表示，或者在源（终）点符号的右下方画小斜线，以示重复，如图 2-8 所示。

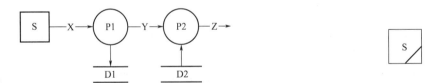

图 2-7　数据流图示例　　　　　　　　图 2-8　重复的源点、终点

（2）加工处理　圆角矩形或圆形表示数据所进行的加工或变换处理。数据流图中也要在图形内注上加工的名字，通常是动词短语，简明地描述完成什么加工。在分层的数据流图中，加工还应有编号。

对数据加工转换的方式有两种。

① 改变数据的结构，例如将数组中各数据重新排序。

② 产生新的数据，例如对原来的数据统计求和、求平均值等。

（3）数据存储　开口矩形或两条平行线表示数据存储，矩形内或平行线上注明数据存储的名字。数据存储是存放数据的地方，可以对它进行必要的读/写（取/存）。它可以是数据库文件或任何形式的数据组织。流向数据存储的数据流可理解为写入文件或查询文件，从数据存储流出的数据可理解为从文件读数据或得到查询结果。

如果是读文件，则数据流的方向应从文件流出，写文件时则相反；如果是又读又写，则数据流是双向的。在修改文件时，虽然必须首先读文件，但其本质是写文件，因此数据流应流向文件，而不是双向。

（4）数据流　箭头表示数据流，即特定数据的流动方向，是数据在系统内传播的路径，由一组固定的数据项组成。除了与数据存储（文件）相连的数据流不用命名外，其余数据流都应该用名词或名词短语命名。数据流可以从加工流向加工，也可以从加工流向文件或从文件流向加工，也可以从源点流向加工或从加工流向终点。多个数据流可以指向同个加工，也可以从一个加工散发出许多数据流。

对数据流的表示有以下约定。

① 对流进或流出文件（数据存储）的数据流不需标注名字，因为文件本身就足以说明数据流。而别的数据流则必须标出名字，名字应能反映数据流的含义。

② 两个数据流在结构上相同是允许的，但必须体现人们对数据流的不同理解，因此要有不同名字。例如图 2-9（a）中的有效药方与药方两个数据流，它们的结构相同，但前者增加了有效性这一信息。

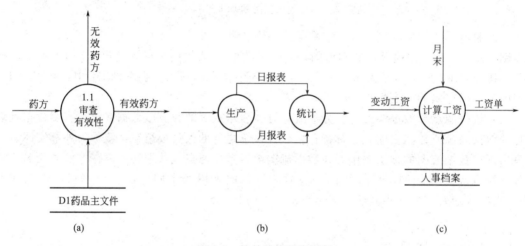

图 2-9　简单数据流图举例

③ 两个加工之间可以有几股不同的数据流，这是由于它们的用途不同，或它们的流动时间不同，如图 2-9（b）所示。生产加工和统计加工之间有日报表和月报表两股数据流，这两股数据流的流动时间是不同的。

④ 数据流图描述的是数据流而不是控制流。如图 2-9（c）中，"月末"只是为了激发加工"计算工资"，是一个控制流而不是数据流，所以应从图中删去。

数据流和数据存储都是数据，不过存在的形态不同。数据流是处于运动状态的数据，而数据存储是处于静止状态的数据，对其存取的数据流可以不带名字。

在数据流图中，如果有两个以上的数据流指向一个加工，或是从一个加工中引出两个以上的数据流，这些数据流之间往往存在一定的关系，否则应考虑数据流图的分解设计是否合理。

数据流图中除上述基本符号外，有时也会使用几种附加符号，如图 2-10 所示。

数据流图是软件工程史上最流行的建模技术之一，其基础是功能分解。功能分解是一种为系统定义功能过程的方法，这种自顶向下的活动开始于顶层数据流图，结束于模块规格说明。

为了表达数据处理过程的数据加工情况，通常情况下，用一个数据流图是不够的。为表达稍为复杂的实际问题，需要按照问题的层次结构进行逐步分解，并以分层的数据流图反映这种结构关系。

由前面例图可见，数据流图可通过基本符号直观地表示系统的数据流程、加工、存储等过程。但它不能表达每个数据和加工的具体、详细的含义，这些信息需要在"数据字典"和"加工说明"中表达。

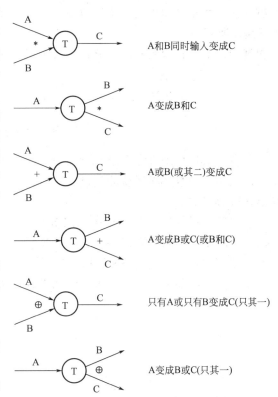

A和B同时输入变成C

A变成B和C

A或B(或其二)变成C

A变成B或C(或B和C)

只有A或只有B变成C(只其一)

A变成B或C(只其一)

图 2-10　数据流图的附加符号

2.3.2 数据流图的画法

画分层数据流图的一般原则是："先全局后局部，先整体后细节，先抽象后具体。"即：

① 识别系统的输入和输出；

② 从输入端至输出端画数据流和加工，并同时加上文件；

③ 加工的分解采用"由外向内"分解的方法；

④ 数据流的命名，名字要确切，能反映整体；

⑤ 各种符号布置要合理，分布均匀，尽量避免交叉线；

⑥ 先考虑稳定态，后考虑瞬间态，如系统启动后在正常工作状态，稍后再考虑系统的启动和终止状态。

对于不同的问题，数据流图可以有不同的画法。一般情况下，通常画分层数据流图，将这种分层的数据流图分为顶层、中间层、底层。顶层图说明了系统的边界，即系统的输入和输出数据流，顶层图只有一张。底层图由一些不能再分解的加工组成，这些加工都已足够简单，称为基本加工。在顶层和底层之间的是中间层。中间层的数据流图描述了某个加工的分解，而它的组成部分又要进一步分解，所以可能会由多张图形组成，因此，为数据流图加上编号非常重要。概括地说，画数据流图的基本步骤就是由外向内，自顶向下，逐层细化，完善求精。

（1）确定系统的输入输出　由于在最初进行分析时，系统究竟包括哪些功能可能一时难于弄清楚，可使范围尽量大一些，把可能有的内容全部都包括进去。此时，应该向用户了解"系统从外界接受什么数据"、"系统向外界送出什么数据"等信息，然后，根据用户的答复画出数据流图的外围。

门诊取药管理系统主要从病人处接收药方和反馈给病人信息，因此确定其数据源点和数据终点均为病人，输入信息有初始的药方，输出信息有无效药方（某种药品缺货等情况导致）、发票、取药单等。

（2）画顶层数据流图　画顶层数据流图通常是对整个系统进行加工，标出系统的输入、输出、数据源点及终点。顶层流图只包含一个加工，用以表示被开发的系统，然后考虑该系统有哪些输入数据、输出数据流。顶层图的作用在于表明被开发系统的范围以及它和周围环境的数据交换关系。

根据门诊取药管理系统需求分析，可画出系统的顶层数据流图（图 2-11）。

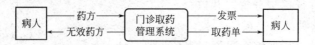

图 2-11 门诊取药管理系统顶层数据流图

先把整个数据处理过程看成一个加工，通常情况为整个系统，它的输入数据和输出数据实际上反映了系统与外界环境的接口。这就是分层数据流图的顶层。相对来说，画顶层数据流图是比较容易的。

（3）画第二层数据流图 画第二层数据流图时，分解顶层数据流图的系统为若干子系统，决定每个子系统间的数据接口和活动关系。

在本案例中，将图 2-11 中"门诊取药管理系统"这个大的加工分解成三个较小的子加工，即划价、收费和取药，并对每个子加工进行编号，如图 2-12 所示。

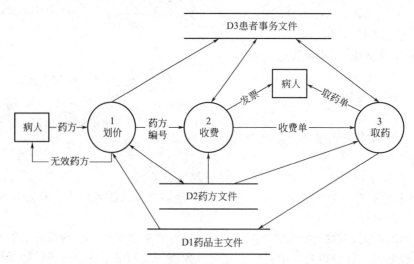

图 2-12 门诊取药管理系统二层数据流图

划价子加工是从病人处接收初始药方，从药品主文件（数据存储）中查询药方中药品价格，经过处理后把相关信息写入药方文件和患者事务文件。

收费子加工是根据划价后的药方文件收取费用，并把结果写入患者事务文件中，并打印发票和收费单。

取药子加工根据患者事务文件和药方文件取出药品，并把处理结果写入患者事务文件，同时更新药品清单。

（4）画第三层数据流图 只有明确了功能，精确地描绘了各个数据流，才可认为分析工作结束。一般情况下，第二层数据流图中的加工细节还不够清晰，需要把可以分解的加工继续分解成更小的加工。

划价子加工分解后如图 2-13 所示。

在图 2-11 中，划价加工被分解为 6 个子加工，编号从 1.1 至 1.6。审查有效性时，主要审查对应药品的库存是否足量，若库存不足，则发出无效药方。加工 1.5 从药品主文件中检索出药品单价后，把单价写入药方文件。加工 1.6 根据药方文件中的药品单价和数量计算出

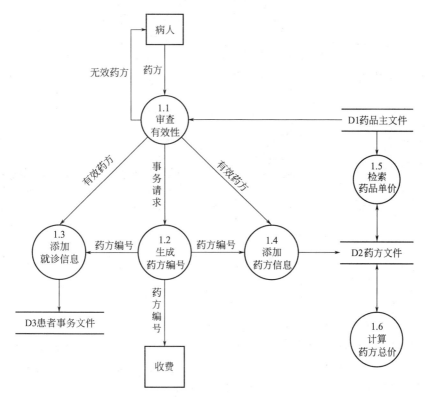

图 2-13 第三层数据流图——划价子加工

药方总价，并写入药方文件。

需要注意的是，在上一层数据流图中，收费是系统内部的一个加工，但在本图中，"收费"却是处于划价之外的一个外部项，因此在画图的时候，分析员把"收费"当作是划价子加工的数据终点。当然，也有些系统分析员会省略掉"收费"这个数据终点，只画出一个流出的数据流，读者根据各层的数据流图也可以看出这个数据流是流向哪里的。

收费子加工分解后如图 2-14 所示。

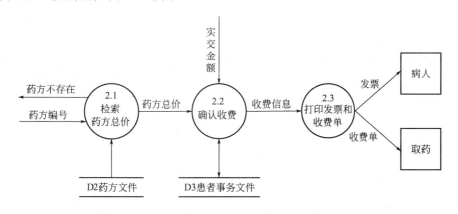

图 2-14 第三层数据流图——收费子加工

取药子加工分解后如图 2-15 所示。

如果加工细节还不够清晰，可以根据实际需要，把每个加工继续分解成更小的加工，如第四层、第五层等，否则就可以结束分解。

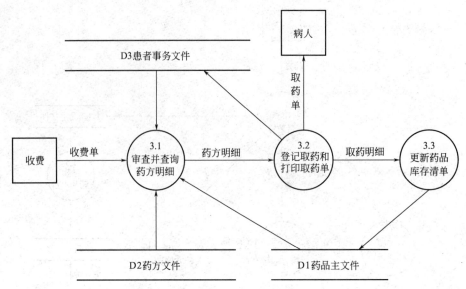

图 2-15　第三层数据流图——取药子加工

在一个系统中用多个数据流图来表示比较复杂的系统功能，即分别显示数据加工的细节，按照系统的层次结构对数据流图逐步分解细化，可以更清楚地表达整个系统。逐层分解的方式不是一下子引进太多的细节，而是有控制地逐步增加细节，实现从抽象到具体的逐步过渡。分层画数据流图的方法有助于理解和解决复杂的问题。

2.3.3　检查和修改数据流图的原则

检查和修改数据流图时应注意以下原则。

① 图上每个元素都必须有名字，表明数据流和数据文件是什么数据，加工做什么事情。

② 数据流图上所有图形符号均属于前述介绍常用符号。数据流的主图必须包括前述四种基本元素，缺一不可。

③ 数据流图的主图上的数据流必须封闭在外部实体之间，外部实体可以不止一个。

④ 每个加工至少有一个输入数据流和一个输出数据流。

⑤ 在数据流图中，需按层给加工框编号。编号表明该加工处在哪一层，以及上下层的父图与子图的对应关系。

⑥ 任何一个数据流子图必须与它上一层的一个加工对应，两者的输入数据流和输出数据流必须一致。即父图与子图的平衡，它表明了在细化过程中输入与输出不能有丢失和添加，如图 2-16 所示。

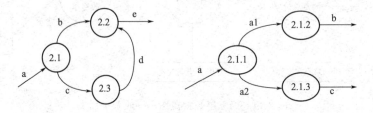

图 2-16　父图与子图的平衡

⑦ 数据流图中不可夹带控制流。因为数据流图是实际业务流程的客观映像，说明系统"做什么"而不是要表明系统"如何做"，因此不是系统的执行顺序，不是程序流程图。

⑧ 图中一般不画物质流。数据流反映能用计算机处理的数据，并不是实物，因此对目标系统的数据流图一般不要画物质流。

⑨ 初画时可以忽略琐碎的细节，以集中精力于主要数据流。

⑩ 提高数据流图的易懂性。注意合理分解，要把一个加工分解成几个功能相对独立的子加工，这样可以减少加工之间输入、输出数据流的数目，增加数据流图的可理解性。

在需求分析期间，有时会要求修改系统的某些方面。使用数据流图可以很容易地把需要修改的区域分离出来。只要清楚地了解穿过要修改区域边界的数据流，就可以为将来的修改做好充分的准备，而且在修改时能够不打乱系统的其他部分。

2.3.4　确定数据定义与加工策略

分层数据流图为整个系统描绘了一个概貌，接下来应该考虑系统的一些细节，例如定义系统的数据，确定加工的策略等问题。一般从底层数据流图的终点开始定义数据和加工，因为终点的数据代表系统的输出，要求明确。从终点开始，沿着数据流图一步步向数据源点回溯，较易看清楚数据流中每一个数据项的来龙去脉，有利于减少错误和遗漏。

定义系统的数据时，对数据流图中的每个名字都要严格定义，形成规范，这是以后软件设计的基础。数据流图提供了软件结构设计方面的依据，而数据流图上的数据及数据存储提供了程序数据结构定义方面的依据，数据流和数据存储的定义构成数据字典，它描述每个数据流和数据存储的组成元素及含义。

画数据流图是一项艰巨的工作，要做好重画的思想准备。重画是为了消除隐患，有必要不断改进。

因为作为顶层加工处理的改变域是确定的，所以改变域的分解是严格的自顶向下分解的。由于目标系统目前还不存在，分解时开发人员还需凭经验进行，这是一项创造性的劳动。同时，在建立目标系统数据流图时，还应充分利用本章讲过的各种方法和技术，例如：分解时尽量减少各加工之间的数据流；数据流图中各个成分的命名要恰当；父图与子图间要注意平衡等。

当画出分层数据流图，并为数据流图中各个成分编写词典条目或加工说明后，就获得了目标系统的初步逻辑模型。

分层数据流图产生了系统的全部数据流图和加工，通过对这些数据和加工的定义，常常对分析员提出一些新问题，促使他进行新的调查研究，并可能导致对数据流图的修改。画数据流图，定义加工和数据，再画，再定义，形成了一个循环的过程，直至产生一个为用户和分析员一致同意的文档——需求规格说明书。

2.4　数　据　字　典

分层数据流图只是表达了系统的"分解"，为了完整地描述这个系统，还需借助"数据字典"（data dictionary）和"加工说明"对图中的每个数据和加工给出解释。对数据流图中包含的所有元素的定义的集合构成了数据字典。

数据字典是所有与系统相关的数据元素含义的有组织的列表。数据字典有以下四类条目：数据流、数据项、数据存储、基本加工。数据定义严谨精确，使得系统相关人员对于输入、输出、存储构件甚至中间计算结果有共同的理解。

2.4.1　数据字典的符号及其含义

数据字典中可能出现的符号及其含义如表 2-1 所示。

表 2-1　数据字典符号表示

符号	含义	说　　明
=	定义为	用于对"="左边的条目确切定义
+	和,与	$x=a+b$ 表示 x 由 a 和 b 构成
[|]	或	$x=[a\|b]$ 表示 x 由 a 或 b 构成
( )	可选项	$x=(a)$ 表示 a 在 x 中可出现也可不出现
{ }	重复	$x=\{a\}$ 表示 x 由 0 个或多个重复的 a 构成
$^m_n\{$　$\}$或 $m\{\}n$	规定次数的重复	$m\leqslant n, x=^m_n\{a\}$ 表示 a 在 x 中重复 m 到 n 次
"　"	基本数据元素	表示不可再分的数据元素
..	连续符	$m=1,\cdots,12$ 表示 m 可取 1 到 12 中任意值
* *	注释	* 号之间内容为注释信息

2.4.2　实例

下面通过实例来说明数据字典的应用。

（1）数据流条目　数据流条目给出了 DFD 中数据流的定义，通常列出该数据流的各组成数据项。

本例中的有效药方数据流可定义如下。

```
编号：
数据流名：有效药方
别名：无
组成：药方编号＋姓名＋性别＋年龄＋〔药品名称＋规格＋数量＋用法用量〕
来源：加工 1.1
去向：加工 1.2，1.3，1.4
简要说明：
```

2. 数据存储条目

本例中的患者事务文件数据存储可定义如下。

```
编号：
数据存储名：患者事务文件
别名：
组成：患者姓名＋性别＋年龄＋药方编号＋就诊日期＋应交金额＋实交金额＋是否缴费＋是否取药
由谁建立或修改：加工 1.2，1.3，2.2，3.2
由谁使用：加工 3.1
简要说明：
```

3. 加工条目

例如，加工"登记就诊信息"定义如下。

```
编号：
加工名：登记就诊信息
输入数据：有效药方
输出数据：患者事务文件
加工逻辑说明：登记药方中的患者信息到患者事务文件中
```

数据字典主要是用作需求分析阶段的工具，在数据字典中建立严密一致的定义，有助于改进分析员、用户之间的通信，要求所有开发人员都要根据公共的数据字典描述数据和设计模块。

数据字典的实现有三种途径：人工方法、自动化方法和人工与自动化混合的方法。

（1）人工方法　采用人工方法实现时，把每一个数据字典条目（即每一个数据定义或每一个加工逻辑说明）写在一张卡片上，由专人管理和维护。为了便于搜索，所有卡片按数据名称排序。人工方法的优点是容易实现。

（2）自动方法　把数据字典存在计算机中，用计算机对它搜索和维护。现有多种"字典管理程序"，如 PSL/PSA。用计算机管理数据字典质量高，搜索、维护方便。

一个"字典管理程序"应具有下列基本功能：

- 规定一套字典条目的格式，即为数据流、数据存储、数据结构、数据项、加工等几种类型的条目各规定一组语法；
- 具有编辑的手段，如对字典条目进行插入、删除、修改等；
- 具有一定的一致性、完整性检查能力，即能发现并报告一些错误，如语法不正确、重复定义、循环定义等；
- 能够产生各类查阅报告、字典清单等。

（3）人工和自动混合的方法　在人工过程中可使用正文编写程序、报告生成程序等帮助完成。

分析员应为数据流图的每个数据和加工逐一定义说明，并汇编成数据字典。

2.5　加工说明

在数据字典中，对加工说明的解释比较简单，这显然不能表达加工的全部内容。随着自顶向下逐层细化，功能越来越具体，加工逻辑也越来越精细。到最底一层，加工逻辑详细到可以转化为实现的程序，因此称为"原子加工"或"基本加工"。如果能够写出每一个基本加工的全部详细逻辑功能，再自底向上综合，就能完成全部逻辑加工。在写基本加工逻辑的说明时，应满足如下的要求：

- 对数据流图的每一个基本加工，必须有一个加工逻辑说明；
- 加工逻辑说明必须描述基本加工如何把输入数据流变换为输出数据流的加工规则；
- 加工逻辑说明必须描述实现加工的策略而不是实现加工的细节。

目前用于写加工逻辑说明的工具有结构化语言、判定表和判定树。下面分别介绍。

2.5.1　结构化语言

结构化语言也称为 PDL，是一种介于自然语言和形式化语言之间的半形式化语言。它在自然语言的基础上加了一些语法限制，使用有限的词汇和语句来描述加工逻辑。结构化语言的结构和程序结构一样，主要有顺序、选择和循环结构，其语法结构关键词主要有 IF-THEN-ELSE、WHILE-DO、REPEAT-UNTIL、CASE-OF 等组成。结构化语言使用了自然语言中有限简单易懂的词汇，具有程序设计语言的结构，但没有严格的语法规定。

下面通过一个例子来说明结构化语言的用法。

如对加工"2.1"可用结构化语言描述如下。

Input 药方编号

Open 药方文件

If 文件中无此药方编号

    Then 把编号写到出错通知上

Else

    根据药方编号检索出患者姓名、药方总价

Close 药方文件

Output 药方总价至"加工 2.2"中

这是选择结构的结构化语言描述，外部用到控制结构，内部用自然语言描述。

在使用结构化语言描述加工时，应注意所用语言尽可能精确，避免二义性，尽可能简单，使用户易于理解。

2.5.2　判定表

在某些数据处理问题中，数据流图的一些加工需要依赖于多个逻辑条件的取值，就是说完成这一加工的一组动作是由于某一组条件取值的组合而引发的，这时使用判定表来描述比较合适。

一张判定表有四部分组成，结构如表 2-2 所示。

表 2-2　判定表的组成部分

条件行	条件组合
处理行	各种条件组合对应的处理

表格的左上部分列出所有条件，左下部分列出不同的条件组合下所有可能出现的处理，右上部分给出各种可能的条件组合，右下部分标出每种条件组合相对应的处理。

构造一张判定表，可采用以下步骤。

① 提取问题中的条件。

② 标出条件的取值。

③ 计算所有条件的组合数 N。

④ 提取可能采用的动作或措施。

⑤ 制作判定表。

⑥ 完善判定表。

下面通过实例来详细说明。

例　假设某学校规定教师课时津贴如下：若是专职教师，根据其职称不同，课时津贴分别为：教授 50 元，副教授 45 元，讲师 40 元，助教 35 元，同样职称的兼职教师课时津贴比专职教师少 5 元。其判定表如表 2-3 所示。

判定表右上部分的"1"〔取值为"真（TRUE）"，或用"T"表示〕表示左边对应的条件成立，"0"〔取值为"假（FALSE）"，或用"F"表示〕表示条件不成立，有时用空白表示此条件成立与否不影响对处理的选择。判定表右下部分的"√"表示这一列对应的条件组合下选择左边对应项的处理，空白表示不做此项处理。

在实际使用判定表时，常常先把它化简。如果表中有两条或更多的规则具有相同的动作，并且其条件项之间存在着某些关系，就可设法将它们合并。就是说要执行的动作与第三条件的取值无关，这样，便可将这两条规则合并，合并后的第三条件取值用"—"表示，即与取值无关。类似地，无关条件项"—"，在逻辑上又可包含其他项值，具有相同动作的规则还可以进一步合并。判定表能够把在什么条件下，系统应完成哪些操作，表达得十分清楚、准确、一目了然。这是用语言说明难以准确、清楚表达的，但是用判定表描述循环比较困难。有时，判定表可以和结构化语言结合起来使用。

表 2-3 教师课时津贴判定表

教授	1	0	0	0	1	0	0	0
副教授	0	1	0	0	0	1	0	0
讲师	0	0	1	0	0	0	1	0
助教	0	0	0	1	0	0	0	1
兼职	1	1	1	1	0	0	0	0
50 元	✓							
45 元		✓			✓			
40 元			✓			✓		
35 元				✓			✓	
30 元								✓

2.5.3 判定树

判定树也是用来表达加工逻辑的一种工具。有时候它比判定表更直观，用它来描述加工，很容易为用户接受。例如关于上述教师津贴的判定表可用判定树表示为图 2-17。

在表达一个基本加工逻辑时，结构化语言、判定表和判定树常常交替使用，互相补充。因为这三种手段各有优缺点。对于顺序执行和循环执行的动作，用结构化语言描述。对于存在多个条件复杂组合的判断问题，用判定表和判定树。判定树较判定表直观易读，而判定表在进行逻辑验证时更严格，能把所有可能性全部都考虑到，可将两种工具结合起来，先用判定表列出所有条件及处理，再在此基础上产生判定树。

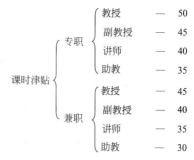

图 2-17 教师津贴的判定树表示

总之，加工逻辑说明是结构化分析方法的一个组成部分，对每个加工都要加以说明。使用的手段，应当以结构化语言为主，对存在复杂判断问题的加工逻辑，可辅之以判定表和判定树。

2.6 软件需求规格说明与需求验证

在需求分析阶段后期，还应该写出软件需求规格说明书，它是需求分析阶段得出的最主要的文档。通过建立完整的信息描述，分析详细的功能和行为需求、性能需求和设计约束，制定合适的验收标准，给出其他和需求相关的数据等，来提出对目标系统的各种要求。通常用自然语言完整、准确、具体地描述系统的各项需求及约束，自然语言的规格说明具有容易书写、容易理解的优点，为大多数人所欢迎和采用。需求验证主要是对软件需求分析阶段成果进行的验证，即对软件需求模型及需求规格说明来验证。

2.6.1 需求规格说明

软件需求规格说明必须便于用户、软件分析人员和软件设计人员进行理解和交流。用户通过需求规格说明在分析阶段即可初步判定目标系统是否满足其原先期望，设计人员则将需求规格说明作为软件设计的基本出发点，由其导出系统软件结构。需求规格说明控制系统进化过程，若需求分析完成后，用户需增加或变更需求，开发人员须针对新需求进行需求分析，并要补充需求规格说明，所做变动要显示在需求规格说明中。

需求规格说明中的功能和行为描述说明系统的输入、输出和相互关系，性能需求和设计约束包括系统效率、可靠性、安全性、可维护性、可移植性等。为使需求规格说明简洁，其他内容不应写入需求规格说明中，如人员需求、成本预算、进度安排、软件设计方案、质量控制方案等等，这些内容可单独形成其他文档。

在美国 IEEE830-1998 号标准和我国国家标准 GB 8567—88《计算机软件产品开发文件编制指南》以及 GB 9385—88《计算机软件需求说明编制指南》中，都提出了关于软件需求规格说明的建议内容，以下给出了一个简化的框架：

$$
\text{需求规格说明书}\begin{cases}\text{引言}\\\text{信息描述}\\\text{功能描述}\\\text{行为描述}\\\text{质量描述}\\\text{接口描述}\\\text{其他描述}\end{cases}
$$

引言主要叙述在问题定义阶段确定的关于软件的目标与范围，简要介绍系统背景、概貌、软件项目约束和参考资料等。

需求规格说明书的主体描述软件系统的分析建模，包括信息描述、功能描述和行为描述。这部分内容除了可用文字描述外，也可以附上 DFD、ER 图等各种图形模型。

信息描述给出对软件所含信息的详细描述，包括信息的内容、关系、数据流向、控制流向和结构等。根据系统所选用的不同分析方法（结构化分析或面向对象分析），可以用不同工具描述软件涉及到的数据的定义和系统的信息逻辑模型。

功能描述是对软件功能要求的说明，包括系统功能划分、每个功能的处理说明、限制和控制描述等。对软件性能的需求，包括软件的处理速度、响应时间和安全限制等内容，通常也在此叙述。

行为描述包括对系统状态变化以及事件和动作的叙述，据此可以检查事件和软件内部的控制特征。

质量保证阐明在软件交付使用前需要进行的功能测试和性能测试，并且规定源程序和文档应该遵守的各种标准。

接口描述包括系统的用户界面、硬件接口、软件接口和通信接口等的说明。

其他描述阐述系统设计和实现上的限制，系统的假设和依赖等其他需要说明的内容。

软件需求规格说明书的内容及一般格式如下，分析人员书写规格说明时可据此制定自己的格式。

1. 引言

1.1 编写目的：阐明编写需求说明书的目的，指明读者对象。

1.2 背景说明：给出待开发软件产品的名称；说明本项目的提出者、开发者及用户；说明该软件产品将做什么。

1.3 术语定义：列出文档中所用到的专门术语的定义和缩写词的原文。

1.4 参考资料：列出本文档中所用到的全部资料，如项目的计划任务书、合同或上级机关的批文；项目开发计划；文档所引用的资料、标准和规范。

2. 项目概述

2.1　项目的目的。

2.2　用户特征。

2.3　运行环境：描述软件的运行环境，包括硬件平台、硬件要求、操作系统和版本，以及其他的软件或与其共存的应用程序等。

2.4　条件与限制：给出开发人员在设计软件时的约束条件。如必须使用或避免使用的特定技术、工具、编程语言和数据库；硬件限制；所要求的开发规范或标准。

3. 功能需求

3.1　功能划分：列出所开发的软件能实现的全部功能。可采用文字、层次方框图、数据流图等多种方法进行描述。

3.2　功能描述：对各个功能进行详细地描述。

3.2.1　功能 1

引言

输入

处理过程描述

输出

3.2.2　功能 2

引言

输入

处理过程描述

输出

…

4. 数据描述

4.1　静态数据。

4.2　动态数据：包括输入数据和输出数据。

4.3　数据库描述：给出所用数据库的名称和类型。

4.4　数据字典：数据流图中出现的所有图形元素都要在数据字典中作为一个词条加以定义，使每一个图形元素都有唯一的清晰明确的解释。数据字典中的所有定义必须是严密的、精确的，不可有二义性。

4.5　数据采集：列出提供输入数据的机构、设备和人员；列出数据输入的手段、介质和设备；列出数据生成的方法、介质和设备。

5. 性能需求

5.1　数据精确度：逐项说明各项输入数据和输出数据应达到的精度，包括传输中的精度要求。

5.2　时间特性：定量地说明本软件的时间特性，如响应时间、数据传输、转换时间、计算时间等。

5.3　适应性：说明本软件所具有的适应性，即当用户变化某些要求（如对操作方式、运行环境、结果精度、时间特性等方面的要求）时，本软件所具有的适应能力。

6. 运行需求

6.1　用户接口：说明人机界面的需求，包括屏幕格式、报表或菜单的页面打印格式及内容、可用的功能键及鼠标。

6.2　软件接口：说明该软件产品与其他软件之间的接口。对于每个需要的软件产品，应包括名称、规格说明、版本等。

6.3　硬件接口：说明该软件产品与硬件之间各接口的逻辑特点及运行该软件的硬件设备特征。

6.4　故障处理：对可能的软件、硬件故障以及对各项性能所产生的后果进行处理。

7. 其他需求

7.1　可使用性：规定某些需求，如检查点、恢复方法和重启动性以确保软件可使用。

7.2 保密性：定义用户身份确认或授权需求，明确软件必须满足的安全性或保密性要求。

7.3 可维护性：规定确保软件是可维护的需求。

7.4 可移植性。

2.6.2 需求验证

软件开发的任何阶段都需要经过严格的审查和验证。一旦对目标系统提出完整具体的要求，并写出软件需求规格说明之后，就必须严格验证这些需求。通常从以下几个方面进行验证。

(1) 正确性 由分析得出的每项需求都是正确的，反映了客户的需求或期望，需求规格说明中的功能、行为、性能描述必须与用户对目标软件产品的期望相吻合。

(2) 完整性 需求必须是完整的，软件需求规格说明应该包含用户对软件产品的每一项需求，具体地说，目标软件产品的每一项功能、行为、性能约束及它在所有可能情况下的预期行为，均应完整地包含在需求规格说明中。

(3) 无歧义 对于软件系统开发涉及的各方而言，需求规格说明中陈述的各项需求都只有唯一解释，需求规格说明必须使用标准化术语，有时也可采用数学表示法。

(4) 一致性 需求规格说明的各部分间应相互符合，没有冲突。

实践中，规格说明的不同部分重复说明同一件事项时，就有可能产生不一致，出现这种情况时，更好的方法是重复经过简写的需求，并用括号标注引用出处，若开发人员发现用户对需求描述有任何不一致处，可以要求用户澄清。

(5) 可修改性 规格说明的结构和组织方式应该保证任何对需求的必要的修改易于进行，而且修改后能保证一致性。

为增加需求规格说明的可修改性，可以为需求编号，使用一致的术语，建立索引，在需求之间相互引用，而不是重新定义。

(6) 可理解性

(7) 可验证性 对于规格说明中的任意需求，均应存在技术上和经济上可行的手段进行验证。

(8) 可追踪性 需求规格说明必须将分析后获得的每项需求与用户的原始需求联系起来，并能够确定将用于设计和代码的哪些方面。

如果在需求验证过程中发现规格说明中存在错误或缺陷，可按以下步骤处理。

① 对于规格说明中的简单错误，改正即可。

② 规格说明中遗漏了重要信息，需加以弥补，做进一步的分析。

③ 遗漏了非该项目所必须的一些信息，可注明出于什么原因而有意略去或忽略。

④ 虽然遗漏了一些信息，但以其他形式做了说明，忽略即可。

⑤ 规格说明的不同部分冲突，原因可能是出现错误或遗漏了信息，需进一步分析修改规格说明，并处理完出现问题之后，需再行验证。

需求验证通常以会议形式进行，由客户、分析人员和系统设计人员共同参与，分析人员要说明软件产品的总体目标，功能性和性能需求，再由客户和系统设计人员配合需求规格说明按照上述标准进行审核，说明该说明书能否构成良好的软件设计基础，经过验证的需求规格说明要由客户和开发者双方签字，成为软件开发的合同，当然，定稿后的规格说明不能排除因需求需要而进行的改变，但是，用户应该明白，事后的每一次改变都是对软件范围的一次扩展，都可能会增加成本或推迟进度。

2.7　实验实训

1. 实训目的

① 培养学生利用所学软件项目分析掌握需求分析的理论知识和技能，以及分析并解决实际工作问题的能力。

② 培养学生面向客户进行调查研究的能力，获得客户对软件的功能和性能要求，并写出需求规格说明书。

③ 培养学生团结协作的能力。

2. 实训内容

① 完成图书借阅管理系统的需求分析。

② 用结构化分析方法完成图书借阅管理系统的分层数据流图。

③ 完成图书借阅管理系统的需求规格说明书。

3. 实训要求

① 能深入到学校的图书馆，了解图书管理人员的工作需求，了解现阶段图书借阅情况。

② 实训完成后，根据需求分析的结果，完成系统的需求规格说明书。

小　结

需求分析是软件生命周期中非常最重要的一个阶段，是后续阶段的基础。需求分析的根本任务是解决系统做什么的问题，确定用户对软件系统的需求，主要是通过需求建模来完成。目前需求分析使用的主要有结构化分析方法和面向对象分析两种方法。

传统的需求分析常用的方法是结构化分析方法，利用实体-联系图、数据流图、数据字典、结构化语言、判定表、判定树等工具来描述系统需求，用直观的图表和简洁的语言来描述软件系统的模型，获得了广泛的承认和应用。数据字典和数据流图共同构成系统的逻辑模型。

需求分析是软件开发的第一阶段。但在软件工程的形成过程中，首先提出的是结构化程序设计，然后是结构化设计，最后才出现结构化分析。在分析中使用的许多方法和原则，包括逐步细化等思想都是从设计中借用过来的。

需求分析阶段要产生需求规格说明书，是需求分析阶段的正式文档，用作为开发者与用户的合同，及软件设计及实现的出发点。

需求验证是软件需求分析中重要的部分，要经过专家用户开发人员的评审，验证需求模型及规格说明，通常从以下几个方面进行验证：正确性、完整性、无歧义性、一致性、可修改性、可理解性、可验证性、可追踪性等。

习　题　二

一．选择题

1. 需求规格说明书的作用不应包括（　　）。

A. 软件设计的依据

B. 用户与开发人员对软件要做什么的共同理解

C. 软件验收的依据

D. 软件可行性研究的依据

2. 结构化分析方法使用的描述工具"（　　）"定义了数据流图中每一个图形元素。

A. 数据流图
B. 数据字典
C. 判定表
D. 判定树

3. 通过（　　）可以完成数据流图的细化。

A. 结构分解
B. 功能分解
C. 数据分解
D. 系统分解

4. 分层 DFD 是一种比较严格又易于理解的描述方式，它的顶层图描述了系统的（　　）。

A. 细节
B. 输入与输出
C. 软件的作者
D. 绘制的时间

5. 数据字典中，一般不包括下列选项中的（　　）条目。

A. 数据流
B. 数据存储
C. 加工
D. 源点与终点

6. 判定表由四部分组成：左上部列出（　　）。

A. 条件组合与动作之间的对应关系
B. 所有条件
C. 所有可能的动作
D. 可能的条件组合

7. 结构化分析方法使用的描述工具"（　　）"，描述系统由哪几部分组成？各部分之间有什么联系等？

A. 数据流图
B. 数据字典
C. 判定表
D. 判定树

8. 需求分析的任务不包括（　　）。

A. 问题分析
B. 系统设计
C. 需求描述
D. 需求评审

9. SA 方法的基本思想是（　　）。

A. 自底向上逐步抽象
B. 自底向上逐步分解
C. 自顶向下逐步分解
D. 自顶向下逐步抽象

10. 结构化分析方法（SA）最为常见的图形工具是（　　）。

A. 程序流程图
B. 实体联系图
C. 数据流图
D. 结构图

11. 需求分析过程中，对算法的简单描述记录在（　　）中。

A. 层次图
B. 数据字典
C. 数据流图
D. IPO 图

12. 分层 DFD 是一种比较严格又易于理解的描述方式，它的顶层图描述了系统的（　　）。

A. 细节
B. 输入与输出
C. 软件的作者
D. 绘制的时间

13. 数据存储和数据流都是（　　），仅仅所处状态不同。

A. 分析结果
B. 事件
C. 动作
D. 数据

14. 需求分析最终结果是产生（　　）。

A. 项目开发计划
B. 可行性分析报告
C. 需求规格说明书
D. 设计说明书

15. SA 方法的分析步骤是首先调查了解当前系统的工作流程，然后（　　）。

A. 获得当前系统的物理模型，抽象出当前系统的逻辑模型，建立目标系统的逻辑模型
B. 获得当前系统的物理模型，抽象出目标系统的逻辑模型，建立目标系统的物理模型
C. 获得当前系统的逻辑模型，建立当前系统的物理模型，抽象出目标系统的逻辑模型

D. 获得当前系统的逻辑模型，建立当前系统的物理模型，建立目标系统的物理模型

16. 需求分析阶段不适于描述加工逻辑的工具是（　　　）。

A. 结构化语言　　　　　　　　　　　　B. 判定表

C. 判定树　　　　　　　　　　　　　　D. 流程图

二．填空题

1. 数据流图有四种基本图形符号：箭头表示_____；圆或椭圆表示_____；开口矩形表示_____；方框表示_____。

2. 由于数据流是流动中的数据，所以必须有流向。除了与_____之间的数据流不用命名外，数据流应该命名。

3. 结构化语言是介于_____语言和_____语言之间的一种半形式语言，它是在自然语言和形式语言之间的一种半形式语言，它是在自然语言基础上加了一些限定，使用有限的词汇和有限的语句来描述加工逻辑，它的结构可分为外层和内层两层。

三．名词解释

1. 数据流图

2. 数据字典

3. 加工说明

4. 需求建模

5. 需求验证

四．问答题

1. 需求分析阶段的基本任务是什么？需求分析的步骤有哪些？

2. 怎样获取软件需求？

3. 结构化分析方法通过哪些步骤来实现？

4. 什么是数据字典？其作用是什么？它有哪些条目？

5. 画分层数据流图应注意哪些问题？

第3章 软件设计

在软件的需求分析阶段获得需求规格说明书以后，就进入软件的开发阶段，这一阶段包括设计、编码和测试三个步骤。设计往往是软件开发活动的第一步，是对系统结构、数据结构和过程细节的逐步细化、复审并编制相关文档的过程。

软件设计同其他领域的工程设计一样，也要有好的方法与分析策略。过去，人们狭隘地认为软件设计仅仅是程序设计或者编写程序，这是很片面的。实际上，程序设计只是软件设计的实现。

3.1 软件设计概述

3.1.1 软件设计在开发阶段中的重要性

在需求分析阶段已经弄清楚了软件的各种需求，较好地了解所开发的软件需要"做什么"的问题，并已在需求规格说明书中详细和充分地阐明了这些需求，这是软件设计的基础。

在设计中根据需求分析的软件需求及功能、性能需求，采用某种设计方法进行数据设计，系统结构设计和过程设计。数据设计侧重于数据结构的定义；系统结构设计定义软件系统各主要成分之间的关系；过程设计则是把结构成分转换成软件的过程性描述。在下一阶段，根据这种过程性描述，生成源程序代码，并通过测试最终得到完整有效的软件。

软件设计在整个开发阶段占有非常重要的地位，在这个阶段做出的决策将最终影响软件实现的成功与否，同时，还将影响到软件维护的难易程度。只有通过设计，才能将用户的需求准确地转换为符合用户要求的软件产品或系统。如果没有设计阶段而直接编码，将冒险构造一个不稳定的系统。因此，设计是软件开发中质量得以保证的关键步骤。

3.1.2 软件设计的任务

软件设计是一个把软件需求变换为软件表示的过程，换句话说，设计就是在明确了系统必须"做什么"之后，来明确系统"怎么做"的问题，并最终通过"设计规格说明书"来反映设计的结果。

从工程管理的角度来看，软件设计分为两个阶段：概要（preliminary）设计和详细（detail）设计，它们是软件开发时期中十分重要的阶段。概要设计是将软件需求转化为数据结构和软件的系统结构，它确定软件的结构以及各组成成分（子系统或模块）之间的相互关系。详细设计即过程设计，是进一步将结构进行细化，确定各模块内部的算法和详细的数据结构，产生描述各模块程序过程的详细文档。

1. 概要设计

概要设计又称为总体设计，它的基本任务就是将需求转换为数据结构和软件的系统结构，其中软件的系统结构为设计重点。具体来讲概要设计阶段的主要任务有如下四点。

（1）软件系统结构（简称软件结构）的设计 为了实现目标系统，必须设计出组成这个系统的所有程序和数据库（文件）。对于程序要首先进行结构设计，具体方法如下：

① 采用某种设计方法，将一个复杂的软件系统按功能划分成由若干个模块组成的层次结构；

② 确定每个模块的功能，建立与已确定软件需求的对应关系；

③ 确定模块之间的调用关系；

④ 确定模块之间的接口，即模块之间传递的信息；

⑤ 评价模块结构的质量。

从以上内容看，软件结构的设计是以模块为基础的。在需求分析阶段，系统被逐步分解成层次结构。在设计阶段，以需求分析的结果为依据，从实现的角度划分模块，并确定模块之间的调用关系及其接口，最终组成模块的层次结构。

软件结构的设计是概要设计关键的一步，直接影响到详细设计及编码阶段的工作。软件系统的质量及一些整体特性都要在软件结构的设计中确定，因此，应由经验丰富的设计人员负责，采用合适的设计方法，选取合理的设计方案。

（2）数据结构及数据库的设计　对于大型数据处理的软件系统，除了软件结构的设计外，数据结构与数据库的设计也很重要。

① 数据结构的设计。数据结构对程序结构和过程复杂程度的影响使得数据设计将对软件的质量产生重要的影响。数据结构的设计中我们也采用逐步细化的方法。在需求分析阶段，可通过数据字典对数据的组成、操作约束和数据之间的关系等方面进行描述，确定数据的结构特性；而在概要设计阶段要加以细化，宜使用抽象的数据类型来描述；详细设计阶段则规定具体的实现细节。比如在概要设计中，"栈"是数据结构的概念模型，在详细设计中可采用线性表或链表来实现"栈"。设计有效的数据结构，将大大简化系统中模块处理过程的设计。

② 数据库的设计。数据库的设计是指数据存储文件的设计，主要包括以下几个方面的设计。

a. 概念设计。在数据分析的基础上，从用户的角度进行视图设计，一般采用 E-R 模型表示概念数据模型。E-R 模型既是设计数据库的基础，也是进行设计结构设计的基础。

b. 逻辑设计。逻辑数据模型是用户从数据库所看到的数据模型。用概念数据模型表示的数据必须转化为逻辑数据模型表示的数据，才能在数据库管理系统（DBMS）中实现。即 E-R 模型是独立于 DBMS 的，要结合具体的 DBMS 特征来建立数据库的逻辑结构。

目前较常用的逻辑数据模型是关系数据模型，如文件、记录、字段等，它反映了数据的逻辑结构。

c. 物理设计。对于不同的 DBMS，物理环境不同，提供的存储结构与存取方法也各不相同。物理设计就是设计数据模式的一些物理细节，如数据项存储要求、存取方式和索引的建立等。物理设计不但与 DBMS 有关，还与硬件和具体的操作系统相关。

在软件工程中，数据库的"概念设计"和"逻辑设计"分别对应于软件开发中的"需求分析"与"概要设计"，而数据库的"物理设计"则与"详细设计"相对应。数据库技术是一项专门的技术，本书不做详细讨论，详情请参阅相关书籍。

（3）编写概要设计文档　概要设计阶段完成后，应编写以下文档。

① 概要设计说明书：主要是系统的目标、概要设计、数据设计、处理方式设计、运行设计和出错设计等。

② 数据库设计说明书：主要给出所使用数据库的简介，数据库的概念模型、逻辑设计和物理设计等。

③ 用户手册：对需求分析阶段编写的初步用户手册进行补充。

④ 制定初步的测试计划：对测试策略、方法和步骤提出明确要求。

（4）评审　在该阶段，对概要设计部分是否完整地描述了需求中规定的功能、性能等要求，设计方案的可行性，模块间接口定义的正确性、有效性及各部分之间的一致性，各个文档等，都要一一进行评审。

2. 详细设计

详细设计主要完成的工作有以下内容。

① 确定软件各个组成部分内的算法及各部分的内部数据组织。

② 选定某种过程的表达形式来描述各种算法。

③ 进行详细设计阶段的评审。

软件设计的最终目的是要取得最佳方案，以节省开发经费，降低资源消耗，缩短开发周期，选择能够赢得较高的生产率、较高的可靠性和可维护性的方案。在整个设计过程中，各个时期的设计结果都需要经过一系列的设计质量评审，以便及时发现和解决设计中出现的问题，以免把问题遗留到开发的最后阶段，造成后患。

3.2　软件设计的基本原理

3.2.1　模块化

模块是数据说明、可执行语句等程序对象的集合，可以对模块单独命名，并且可通过名字进行访问。例如高级语言中的过程、函数、子程序等都可作为模块；面向对象方法学中的对象及对象内的方法也是模块。在软件的体系结构中，模块是可组合、分解和更换的单元。

模块化是指解决一个复杂问题时自顶向下逐层把软件系统划分成若干模块的过程。每个模块具有一个确定的子功能，把这些模块按某种方式组装起来，构成一个整体，完成整个系统所要求的功能以满足用户的需求。

模块化增强了对复杂的大型程序的可理解性与可管理性，在软件开发过程中，它是人们解决软件复杂问题所具备的手段。为了说明这一点，可将问题的复杂性和工作量的关系进行推算。

设问题 x，函数 $C(x)$ 定义为问题 x 的复杂程度，函数 $E(x)$ 为解决问题 x 所需要的工作量（时间）。

规律一：如果 P1 的复杂程度大于 P2，则解决 P1 需要的工作量大于解决 P2 需要的工作量。即，

$$C(P1) > C(P2)$$

显然
$$E(P1) > E(P2)$$

规律二：根据人类解决问题的经验，另一个有趣的特性是

$$C(P1 + P2) > C(P1) + C(P2)$$

也就是说，如果一个问题由两个问题组合而成，那么它的复杂程度大于分别考虑每个问题时的复杂程度之和。这样可以得出下面的不等式：

$$E(P1 + P2) > E(P1) + E(P2)$$

这种"分而治之"的思想提供了模块化的根据：如果把复杂的问题分解成许多容易解决的小问题，原来的问题也就容易解决了。

由以上分析可知，对于一个复杂的大型软件系统，应该将它进行适当的分解，这样不但

可以降低软件开发的复杂性，也可以降低软件的开发成本，提高软件生产率。但是否可以将系统无限制地分割，从而使所需要的工作量越来越少呢？事实上模块划分的越多，每个模块内的工作量虽减少了，但模块之间接口的工作量却增加了，如图 3-1 所示，存在着一个使软件的开发成本最小区域的的模块数目 M，因此在划分模块时，应避免数目过多或过少。如何保证模块数在 M 附近呢？这不仅取决于实际系统的功能和用途等，还涉及到信息隐藏、耦合与内聚的概念。

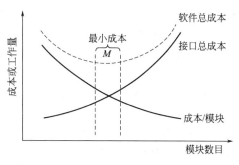

图 3-1　模块与软件成本

3.2.2　抽象

抽象就是抽出事物的本质特性而暂时不考虑它们的细节。抽象可以控制问题的复杂性，在考虑问题时，应集中考虑和当前问题有关的方面，而忽略无关的方面。

软件工程过程的每一步都可以看作是对软件抽象层次的一次细化。在可行性研究阶段，软件作为整个计算机系统的一个元素对待；在需求分析阶段，软件的解决方案是使用问题环境中熟悉的术语来描述；当从概要设计到详细设计过渡时，抽象的层次逐步降低，将面向问题的术语与面向实现的术语结合起来描述问题的解决方法；最后，当源程序写出来时，也就达到了抽象的最低层。这是软件工程整个过程的抽象层次。

在进行软件设计时，抽象与逐步求精、模块化是密切相关的。软件结构每一层中的模块，都表示了对软件抽象层次的一次精化。层次结构中上一层是下一层的抽象，下一层是上一层的求精。事实上，软件结构中的顶层模块控制了系统的主要功能并且影响全局，而底层模块完成对数据的一个具体处理。用自顶向下、由抽象到具体的方式分析和构造出软件的层次结构，简化了软件的设计和实现，提高了软件的可理解性和可测试性，使软件更易于维护。

3.2.3　信息隐蔽

所谓信息隐蔽，是指在设计和确定模块时，使得一个模块内包含的信息（过程和数据），对于不需要这些信息的模块来说，是不可见或不能访问的。通过抽象，可以确定组成软件系统的过程实体。通过信息隐蔽，可以定义和实施对模块的过程细节和局部数据结构的存取限制。

实际上，应该隐蔽的不是有关模块的一切信息，而主要是模块的实现细节。"隐蔽"的含义是，有效的模块化可以通过定义一组相对独立的模块来实现，每个模块完成特定的功能，模块之间仅仅交换那些为了完成系统功能必须交换的信息，而将自身的实现细节和数据"隐蔽"起来。

由于一个软件系统在整个生存周期中要经过多次修改，信息隐蔽对于软件测试与维护都有很大的好处。因此，在划分模块时要采取措施，如采用局部数据结构，使得大多数过程（或实现细节）和数据对于软件的其他部分来说是隐蔽的。这样，在修改软件时因疏忽而引入的错误所造成的影响就可以局限在一个或几个模块内部，而不至于波及软件的其他部分。此外，如果系统需要扩充新功能，只需再"插入"模块，原有的多数模块则无需改动。

3.2.4　模块独立性

为了降低软件系统的复杂性，提高可理解性和可维护性，必须把软件系统划分成为多个模块，但模块不能随意划分，应尽量保持其独立性。模块的独立性是指软件系统中的每个模块只完成系统要求的具体子功能，而与其他模块的接口是简单的。开发具有独立功能而且和其他模块之间没有过多的相互作用的模块，就可以做到模块独立。

模块独立性的概念是模块化、抽象及信息隐蔽这些软件设计基本原理的直接结果。具有独立模块的软件容易开发，独立的模块容易测试和维护。由于模块独立性高，信息隐蔽性能好，并完成独立的功能，模块的可理解性、可测试性及可维护性好，必然导致开发的软件具有较高的质量。另外，接口简单、功能独立的模块易开发，也有效地提高了软件的开发效率。总之，模块独立是优秀设计的关键，而设计又是决定软件质量的关键。

根据模块的外部特征和内部特征，模块的独立程度可以由两个定性标准度量，即耦合性和内聚性。耦合衡量不同模块之间互相连接的紧密程度；内聚衡量一个模块内部各个元素彼此结合的紧密程度。通常一个软件系统要获得较高的模块独立性，就必须做到低耦合和高内聚，为设计高质量的软件结构奠定基础。

（1）耦合　耦合是对软件系统结构中各个模块之间相互联系紧密程度的一种度量。它体现了模块的外部特征。模块之间联系越紧密，耦合性就越强，而模块的独立性则越差。耦合的强弱取决于模块间接口的复杂程度、调用模块的方式以及通过接口的信息。

在设计软件时应追求尽可能松散耦合的系统。因为在松散耦合的系统中测试或维护任何一个模块时，由于模块间联系简单，在一处发生的错误传播到整个系统的可能性就很小。因此，模块间的耦合程度直接影响系统的可理解性、可测试性、可靠性及可维护性。

具体区分模块间耦合程度的强弱有以下几种类型。

① 非直接耦合（Nondirect Coupling）。非直接耦合是指两个模块彼此独立工作，没有直接的关系，它们之间的联系仅通过主模块的控制与调用来实现，它们之间不传递任何信息。因此模块间的这种耦合性最弱，独立性最高。但实际上在一个软件系统中不可能所有模块之间都没有任何联系，因为模块之间的联系是通过模块的控制和调用来实现的。

② 数据耦合（Data Coupling）。数据耦合是指一个模块访问另一个模块时，彼此间是通过简单数据参数（不是控制参数、公共数据结构或外部变量）来交换输入、输出信息的，而且交换的信息仅限于数据。

例如，在图 3-2 中，"计算水电费"模块把"用水量"与"用电量"分别传递给两个模块"计算水费"与"计算电费"，然后从它们处取得"水费"和"电费"信息，上、下层模块间存在的耦合便是数据耦合。

在软件系统中必须存在这种耦合，因为只有当某些模块的输出数据作为另一些模块的输入数据时，系统才能完成有意义的功能。由于限制了只通过参数表传递数据，数据耦合是低耦合，模块之间的独立性较强。一般来说，系统内可以只包含数据耦合，但要尽量减少两个模块之间不必要的数据传输，从而使模块之间的接口尽量简单。

③ 标记耦合（Stamp Coupling）。标记耦合是指当两个模块之间传递的参数是数据结构，而被调用的模块只需使用其中一部分数据元素。如高级语言中的数组名、记录名和文件名等这些名字即为标记。

例如在图 3-3 中，事先定义如下数据结构：

用户情况＝用户名＋用水量＋用电量

并把这一数据结构直接传递给"计算水费"与"计算电费"两个模块，在上、下层之间的模块就构成了标记耦合。

在这种情况下，不仅在模块之间传递的数据量要增加，而且使得本身无关的两个模块由

图 3-2　数据耦合　　　　　　　　　　　　　　　图 3-3　标记耦合

于引用了此数据结构变为有关，耦合程度显然比数据耦合要高。所以在标记耦合中，这些模块必须清楚该数据结构，并按结构要求对其进行操作，这就降低了可理解性，而且被调用的模块可以使用的数据多于它实际需要的数据，这将导致对数据的访问失去控制，从而给计算机犯罪提供了机会。在设计中应尽量避免这种耦合，它使在数据结构的操作复杂化了，可以采取"信息隐蔽"的方法，把在数据结构上的操作全部集中在一个模块中，就可以消除这种耦合。

④ 控制耦合（Control Coupling）。控制耦合是指一个模块调用另一个模块时，传送的不是数据参数，而是控制变量（如开关、标志、名字等），用来控制被调用模块的功能。被调用模块通过控制变量的值有选择地执行块内的某一功能，因此被调用模块内具有多个功能，哪个功能起作用受其调用模块的控制。

如图 3-4 所示，当调用模块 A 时，控制模块 M 必须先把一个控制信号 flag 传递给它，以便被控模块 A 通过该值有选择地执行块内某一功能 B1、B2 等。

控制耦合是中等程度的耦合。控制模块必须知道被控模块的内部逻辑才能调用，从而增加了模块间的依赖程度，也增加了理解和编程的复杂性。在大多数情况下，模块间的控制耦合并不是必需的，在把模块适当分解之后通常可以用数据耦合代替它。例如：可以将被调模块内的判定上移到调用模块中，同时将被调模块按其功能分解成若干单一功能的模块，这时就可将控制耦合改变为数据耦合。

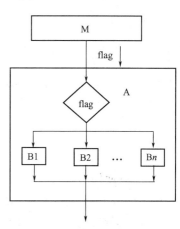

图 3-4　控制耦合

⑤ 外部耦合（External Coupling）。当一组模块均与外部环境相联系时，如 I/O 处理将所有 I/O 模块与特定的设备、格式和通信相关联，它们之间便存在外部耦合。对于一个复杂的软件系统，外部耦合有时是不可避免的，但应将其限制在少数几个模块上。

⑥ 公共耦合（Common Coupling）。公共耦合是指当两个或多个模块都访问同一个公共数据环境。公共数据环境可以是全程变量或数据结构、共享的通信区、内存的公共覆盖区等。

公共耦合的复杂程度随耦合模块的个数增加而增加。如果只有两个模块间有公共数据环境，则公共耦合就有两种情况。

一种是：一个模块只是给公共环境传送数据，另一个模块只从公共环境中取数据，这是数据耦合的一种情形，是比较松散的耦合，叫做松散的公共耦合，如图 3-5(a) 所示。

另一种是：两个模块都是既往公共环境中送数据，又从里面取数据，这种耦合比较紧密，叫做紧密的公共耦合，如图 3-5(b) 所示。

如果在模块之间共享的数据很多，且通过参数传递不方便时，才使用公共耦合，因为公共耦合会引起以下问题。

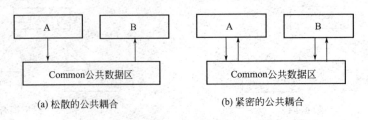

图 3-5　公共耦合

a. 降低软件的可靠性。因为公共数据区没有任何保护措施，无法控制各个模块对公共数据的存取，若某个模块有错，可通过公共区将错误延伸到其他模块，影响软件的可靠性。

b. 使软件的可维护性变差。如若某一模块修改了公共环境的数据，则会影响到与此有关的所有其他模块。

c. 降低软件的可理解性。因为多个模块使用公共环境的数据，使用的方式往往是隐含的，某些数据被哪些模块共享，某个模块究竟用了哪些数据，不容易很快搞清。

⑦ 内容耦合（Content Coupling）。如果在程序中出现下列情况之一，则两个模块之间便发生了内容耦合，如图 3-6 所示：

a. 一个模块直接访问另一个模块的内部数据；

b. 一个模块不通过正常入口而转到另一模块的内部；

c. 两个模块有一部分程序代码重叠（只可能出现在汇编程序中）；

d. 一个模块有多个入口（这意味着一个模块有多种功能）。

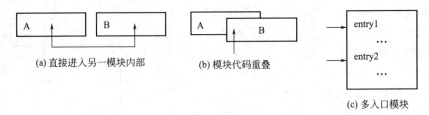

图 3-6　内容耦合

应避免使用内容耦合。事实上许多高级程序设计语言已经设计成不允许出现任何形式的内容耦合了，它一般出现在汇编语言程序中。内容耦合是最高程度的耦合。

模块之间的耦合一般分为七种类型，如图 3-7 所示，它为软件设计及模块划分提供了决策原则。耦合是影响软件复杂程度的一个重要因素，在设计中应尽量提高模块的独立性，追求尽可能松散的耦合系统。

总之，应当采取的原则是：尽量使用数据耦合，少用控制耦合，限制公共耦合的范围，完全不用内容耦合。

图 3-7　七种耦合类型的关系

（2）内聚　内聚标志着一个模块内部各个元素彼此结合的紧密程度。如果一个模块内各个元素（语句之间、程序段之间）联系得越紧密，则它的内聚性就越高，模块的独立性就越强。

内聚和耦合是密切相关的，模块内的高内聚往往意味着模块之间的松耦合。内聚和耦合都是进行模块化设计的手段，软件总体设计的目标是力求增加模块的内聚，尽量减少模块间的耦合，但实践表明增加内聚比减少耦合更重要。内聚也是信息隐蔽和局部化概念的自然扩展，简单地说，理想内聚的模块只做一件事情。内聚性有以下几种类型。

① 偶然内聚（Coincidental Cohesion）。偶然内聚指一个模块内的各处理元素之间没有任何联系。它是内聚程度最低的模块。

常见的偶然内聚情形是，有时程序员在写完一个程序之后，发现一组语句多处出现，为了节省存储空间，把它们抽出来组成一个新的模块，这个模块就属于偶然内聚，如图 3-8 所示，模块 P、Q 和 R 都包含三个相同的语句，为节省空间将它们放在模块 M 中。这样的模块不易理解也不易修改，是最差的内聚情况。例如，如果模块 P 由于应用上的需要，要把语句 READ 修改为 READ OTHERFILE，但模块 Q 和 R 却不允许修改，这样可能会陷入困境。通常情况下应避免偶然内聚这类情况。

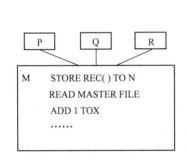

图 3-8　偶然内聚

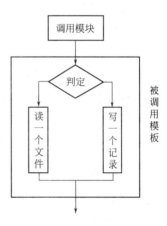

图 3-9　逻辑内聚

② 逻辑内聚（logical Cohesion）。逻辑内聚指一个模块内执行几个逻辑上相似的功能，通过参数确定该模块完成哪一个功能。这种模块把几种相关的功能组合在一起，每次调用时，由传送给模块的判定参数来确定该模块应执行哪一种功能。

如图 3-9 所示，根据传送给模块的判定参数，或者从文件中读出一个数据，或者往文件中写入一个数据。这是一个单入口多功能模块。类似的还有错误处理模块，根据接收的出错信号，对不同种类的错误打印不同的出错信息。

逻辑内聚模块的内聚程度有所提高，各部分之间在功能上有相关关系，但不易修改，因为它执行的不是一种功能，而是若干功能中的一种。另外，调用时需要进行控制参数的传递，造成模块间的控制耦合。调用此模块时，将未用的部分也调入内存，降低了系统的效率。

③ 时间内聚（Classical Cohesion）。时间内聚是指一个模块包含的任务必须在同一时间段内执行。如初始化一组变量，同时打开若干个文件或同时关闭若干个文件等，都要求所有功能必须在同一时间内执行。时间内聚比逻辑内聚程度稍高一些，因为时间内聚模块中的各部分都要在同一时间段内完成。但是这样的模块会影响到其他模块的运行，如初始化模块，因此和其他模块的耦合程度较高，可维护性比较低。

④ 过程内聚（Procedural Cohesion）。过程内聚是指一个模块内的处理元素是相关的，

并且以特定的次序执行。

使用程序流程图作为工具设计软件时，常常通过研究流程图来确定模块的划分，这样得到的往往就是过程内聚的模块。假设有一个学生信息管理系统，它首先读取学生的学号，然后是名字，最后是班级。这种过程之所以这样，只是用户希望按照这种顺序进行输入。

过程内聚是属于中等程度的内聚。过程内聚模块仅包括完整功能的一部分，所以它的内聚程度仍然比较低，模块间的耦合程度还比较高。

⑤ 通信内聚（Communicational Cohesion）。通信内聚是指一个模块内所有处理元素都使用了相同的输入数据或者产生了相同的输出数据，或都在同一个数据结构上操作。如图 3-10 所示，模块 M 完成了生产日产量、周产量和月产量，都使用同一数据——日产量。又如一个模块完成"建表"、"查表"两部分功能，都使用同一数据结构——名字表。

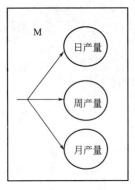

图 3-10　通信内聚

通信内聚属于中等程度的内聚。因为通信内聚模块的各部分都紧密相关于同一数据或同一数据结构，所以内聚性要高于前几种类型。在通信内聚模块中包括了许多独立的功能，但模块中的各功能部分都使用了相同的输入/输出缓冲区，所以它降低了整个系统的运行效率。

⑥ 顺序内聚（Sequential Cohesion）。顺序内聚是指一个模块内的各个处理元素均与同一个功能相关且必须顺序执行，即前一功能元素的输出就是下一功能元素的输入。

顺序内聚属于高内聚。例如，某一个模块要完成求学生成绩的功能，前面部分功能元素求学生总成绩，随后的部分功能元素就可求平均成绩，显然，该模块内的两部分紧密相关。

⑦ 功能内聚（Functional Cohesion）。功能内聚是指一个模块内的所有处理元素形成一个整体，共同完成一个的功能。

功能内聚是最高程度的内聚，模块不可再分割，如"打印日报表"这样单一功能的一个模块。功能内聚模块就像一个"黑盒子"，其他模块不必了解其内部结构，就可以使用。因为它的功能是明确的、单一的，与其他模块间的耦合是弱的，所以容易修改和维护。功能内聚的模块有利于实现软件的重用，提高软件开发的效率。

以上七种内聚的情况如图 3-11 所示。耦合和内聚的概念是 Constantine、Yourdon、Myers 和 Stevens 等人提出来的。在设计中要努力提高模块内各个元素的内聚性，降低模块之间的耦合性，从而获得较高独立性的模块，为设计高质量的软件结构奠定基础。

图 3-11　内聚的七种类型

3.3　软件设计的准则

软件概要设计的主要任务就是软件结构的设计。为了提高设计的质量，得到高内聚低耦合的模块，必须根据软件设计的准则来改进设计。下面介绍一些与模块划分有关的、用于软件结构的设计优化准则。

设计出软件的初步结构以后，应仔细审查分析这个结构，尽量做到高内聚低耦合，保持模块的相对独立性，并以此为准则优化软件的初始结构。例如，如果多个模块之间联系过强，而每个模块的功能并不复杂，则可以将它们合并，以减少信息的传递和对公共区的引用；而有时若多个模块在结构上相似，可能只是数据类型不一致，则可以合并，只需在数据类型的描述和变量的定义上改进即可。如图 3-12 所示，多个模块公有的一个子功能可以独立成一个模块，由这些模块调用，也可以通过分解或合并模块，以提高模块的独立性。

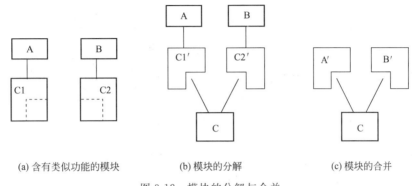

(a) 含有类似功能的模块　　　(b) 模块的分解　　　(c) 模块的合并

图 3-12　模块的分解与合并

（1）模块的规模要适中　在保持模块独立性的同时，为了增加可理解性，一个模块的规模要适中，最好在 50～150 条语句左右，可以打印在 1～2 页纸上，以便人们阅读与研究。

实际上，过大的模块往往是由分解不充分造成的，因此可以对功能进一步分解，生成一些下级模块或产生同层模块。模块进一步分解时必须符合问题结构，分解后不应降低模块的独立性。

反之，过小的模块也可以考虑能否与调用它的上级模块合并，因为模块数目过多将使系统接口复杂而增大开销，所以过小的模块有时不值得单独存在，特别是只有一个模块调用。但同时也要注意，有时尽管这个模块过小，但有多个模块调用，则不应将它与其他模块合并。

（2）深度、宽度、扇出及扇入要适当　深度表示软件结构中控制的层数，它往往反映了一个系统的规模和复杂程度。如果层数过多，则应该考虑是否模块划分的过分简单，能否进行适当的合并。

宽度表示控制分布，指软件结构中同一层次上的最大模块总数。一般来说，宽度越大系统越复杂，对宽度影响最大的因素是模块的扇出。

扇出是一个模块直接控制（调用）的子模块数目，扇出过大或过小都不太好。扇出过大意味着该模块太复杂，需要控制和协调过多的下级模块，缺少中间层，应适当增加中间层次的控制模块。扇出过小也不好，此时可以把它的下级模块进一步分解成若干个子功能模块，或者合并到它的上级模块中去。当然，分解模块或合并模块必须符合问题结构，保持模块的独立性。一般来说，一个设计得好的系统平均扇出以 3～4 个为宜。

一个模块的扇入表明有多少个上级模块直接调用它，扇入越大表明共享该模块的上级模块数目越多，这时模块的重用程度高。但是，不能违背模块独立性而单纯追求高扇入。

观察大量的软件系统后发现，一个设计优秀的软件结构，从形态上看，通常是顶层扇出比较多，中间层扇出较少，底层扇入到有公共的实用模块中，即底层扇入较高一些，如图 3-13 所示。

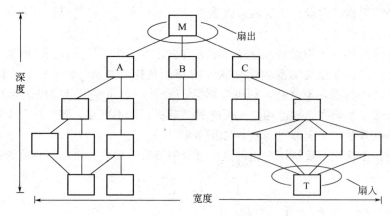

图 3-13　软件的结构图

（3）模块的作用范围应该在控制范围之内　模块的作用范围是指受该模块内一个判定影响的所有模块的集合。模块的控制范围指这个模块本身以及所有直接或间接从属于它的模块的集合。

一个设计得好的系统模块结构图，模块的作用范围应该在其控制范围之内，且条件判定所在模块与受其影响的模块应在层次上尽量靠近，最好局限于做出判定的那个模块本身及它的直属下级模块。

如图 3-14(a) 所示，符号◇表示模块内有判定功能，阴影表示模块的作用范围，模块 D 的作用范围是 C、D、E 和 F，控制范围是 D、E、F，显然作用范围超过了控制范围，这样的结构最差。因为模块 D 做出一个判定后，若需要模块 C 工作，则必须有控制信息通过上层模块 B 传递到 C，这样就增加了数据的传送量和模块间的耦合。如果修改 D 模块的内容，则会影响到不受它控制的 C 模块，这样不易理解与维护。

再看图 3-14(b)，模块 M 的作用范围在控制范围之内，但是判定所在模块 M 所处层次太高，与受判定影响的模块 C 和 F 的位置太远，这样就存在着额外的数据传递，即模块 B、D 并不需要这些数据，从而增加了数据的传送量、接口的复杂性及模块间的耦合强度。这种结构虽然符合设计原则，但并不理想。

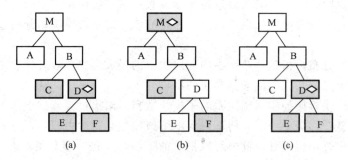

图 3-14　模块的作用范围与控制范围的关系

图 3-14(c) 是最理想的结构图，它消除了额外的数据传递。

如果在设计过程中，发现模块的作用范围不在其控制范围之内，可以用如下方法加以改进。

① 上移判定点，即将判定上移到层次中较高的位置，或者将判定所在模块合并到它的上层模块中，使判定处于较高层次。如图 3-14(a) 所示，将模块 D 中的判定点上移到它的

上层模块 B 中，也可将模块 D 合并到模块 B 中，使该判断的层次升高。

②下移受判断影响的模块，即将受判定影响的模块下移到判定所在模块的控制范围内。如图 3-14(a) 所示，将模块 C 下移到模块 D 的下层。

到底采用哪种方法来改进软件结构，需要根据具体问题具体考虑。

(4) 降低模块间接口的复杂性　模块接口复杂是软件容易发生错误的主要原因之一。接口复杂或者模块间传递的数据之间没有联系，是高耦合或低内聚的征兆，应重新分析这个模块的独立性，仔细设计模块接口，使得信息传递简单并且和模块的功能一致。

例如，一元二次方程的根的模块 QUAD _ ROOT（TBL，X），其中用数组 TBI 传送方程的系数，用数组 X 送回求得的根。这种传递信息的方法不利于对这个模块的理解，不易维护，而且容易发生错误。下面这种接口可能是比较简单的。

QUAD _ ROOT（A，B，C，ROOTI，ROOT2），其中 A、B、C 表示方程的系数，ROOTI 和 ROOTZ 表示算出的两个根。

接口简单的模块，便于理解，易于实现、测试和维护。

(5) 设计单入口单出口的模块　模块设计过程中应将所有模块均设计成单入口单出口的模块。因为多入口的模块容易出现内容耦合，而从顶部进入、底部退出的单入口单出口的模块，容易理解、易于维护。

(6) 模块功能可以预测　模块的功能应该可以预测，但也要避免其功能过分受限制。一个功能可预测的模块可以被看成是一个"黑盒子"，也就是说，不论内部处理细节如何，只要输入相同的数据就可以产生同样的输出。

带有内部"存储器"的模块的功能可能是不可预测的，因为它的输出可能取决于内部存储器的一个标记状态。因为这个内部标记对于调用者而言是不可见的，所以这样的模块既不易理解又难于测试和维护。

如果一个模块只处理一个单一功能，则它具有高度的内聚性。但如果限制死了一个模块的局部数据结构的大小、控制流的选择或者外部接口的模式，那么这种模块的功能就过分局限，很难适应用户的新要求或环境的变化，给将来的维护造成极大的困难。

根据软件设计准则，可以得到门诊取药管理系统的功能模块划分的设计，如图 3-15 所示。

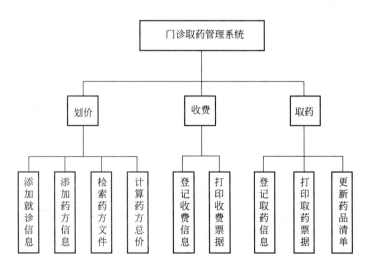

图 3-15　门诊取药管理系统功能模块划分

以上列出的软件设计准则多数是经验规律，对改进软件设计、提高软件质量，有着重要的参考价值，但它们既不是设计的目标，也不是设计时应该普遍遵循的准则。

3.4 用户界面设计

用户界面通常也称为人机界面（Human Computer Interface，简称为 HCI），是接口设计的重要组成部分，是交互式应用软件系统的门面。对于交互式系统，用户界面设计和数据设计、体系结构设计及过程设计同样重要。随着计算机应用技术的日益普及，用户界面作为人机接口部分起着非常重要的作用，界面设计质量的好与坏，直接影响用户对软件产品的评价，从而影响其竞争力和寿命。设计用户界面不仅要充分考虑到人的因素，如用户的特点、用户的心理、用户如何学会与系统交互工作、用户如何理解系统产生的输出信息以及用户对系统有什么期望等，还要考虑界面的风格、可用到的软硬件技术及应用本身产生的影响。

3.4.1 界面设计的基本类型

如果从用户与计算机交互的角度来看，用户界面设计的类型主要有问题描述语言、数据表格、图形与图标、菜单、对话以及窗口等。每一种类型都有不同的特点和性能。

菜单，是由系统预先设置好的、显示于屏幕上的一组或几组可供用户选用的命令。

对话，也称对话框，是系统在必要时显示于屏幕上的一个矩形区域内的图形和正文信息。通过对话，可以实现用户和系统之间的通信，分为必须回答式、无需回答式、警告式（又根据警告的内容，可以必须回答，也可以无需回答）。

窗口，指屏幕上的一个矩形区域，在图形学中叫做视图区。用户可以通过窗口显示，观察其工作领域内的全部或部分内容，并可以对所显示的内容进行各种系统预先规定好的正文或图形操作。

在选用界面形式的时候，应当考虑每种类型的优点和限制。综合考察如下所述。

① 使用的难易程度：对于没有经验或经验少的用户，该界面使用的难度有多大？

② 学习的难易程度：学习该界面的命令和功能的难度有多大？

③ 操作速度：在完成一个指定操作时，该界面在操作步骤、击键和反应时间等方面的效率有多高？

④ 复杂程度：该界面提供了哪些功能、能否使用新的方式组合这些功能以增强界面功能？

⑤ 控制：人机交互时，是由计算机还是由人发起和控制对话？

⑥ 开发的难易程度：该界面设计是否有很大难度？开发的工作量有多大？

3.4.2 界面设计的一般问题

设计任何一个用户界面，一般必须考虑下述四个问题：系统响应时间、用户帮助机制、错误信息处理和命令交互。在设计初期就应该把这些问题作为重要的设计问题来考虑，以免到后期出现不必要的设计反复、项目延期和用户产生挫败感等。

（1）系统响应时间 系统响应时间指当用户执行了某个控制动作后（例如，按回车键或点击鼠标等）系统做出反应的时间（指输出所期望的信息或执行相应的动作）。系统响应时间过长是交互式系统中用户抱怨最多的问题，当几个应用系统分时运行时尤甚。如果系统响应时间过长，用户就会感到紧张和沮丧。系统响应时间过短也不好，会造成用户加快操作步伐，可能会犯错误。另外，用户对不同命令在响应时间上的差别也很在意，若过于悬殊，用户将难以接受。

（2）用户帮助机制　几乎每一位交互式系统的用户都需要得到联机帮助，也就是在不切换环境的情况下解决有疑惑的问题，当遇到复杂问题时可以通过查看用户手册以寻找答案。

目前流行的联机帮助系统有两类：集成式和附加式。集成式帮助一开始都与软件设计同时考虑，通常，它对用户工作内容是敏感的，即可供用户选择的求助词与正在执行的操作密切相关，这样可以缩短用户获得帮助的时间，增加界面的友好性。

附加式求助一般是系统完成后再添加到软件中的，在大多数情况下它实际上是一种查询能力有限的联机用户手册。显然集成式的帮助机制优于附加式的帮助机制。除此之外，设计帮助子系统时，还要考虑诸如帮助范围（仅考虑部分还是全部功能）、用户求助的途径、帮助信息的显示、用户如何返回正常交互工作及帮助信息本身如何组织等一系列问题。

（3）错误信息处理　有效的错误信息能提高交互式系统的质量，减轻用户的挫折感。而任何错误和警告信息对用户来说是一个"坏消息"，若此类错误信息设计得不好，不能很清楚地表明含义甚至误导，用户接到后只会增加其挫败感。试想，当用户看到这样一行显示：

Server system failure－14A

一定会满腹牢骚，原因是尽管用户能从某个地方查出 14A 的含义，但设计者为什么不就在此处指明呢？一般来说，错误信息应选用户明了、含义准确的术语描述，同时还应尽可能提供一些有关错误恢复的建议，尽可能指出错误可能导致哪些后果。此外，显示错误信息时，若辅助以听觉（如铃声）、视觉（专用颜色）刺激，则效果更佳。

（4）命令交互　命令行曾经是用户和软件系统之间交互的最通用的方式。随着面向窗口的点选界面的出现，用户已经减少了对命令行的依赖。但是，许多高级用户仍然偏爱面向命令行的交互方式。更多的情形是菜单与键盘命令并存，供用户选用。除此之外，许多软件系统都提供了"命令宏机制"，用户可设计并存储一个常用的命令序列，供日后多次使用。

在理想的情况下，所有应用软件都应该有一致的命令使用方法。如果在一个应用软件中命令 Ctrl＋C 表示复制一个对象，而在另一个应用软件中 Ctrl＋C 命令的含义是删除一个对象，显然用户会感到困惑，导致用错命令。

3.4.3　用户界面设计指南

用户界面设计的好坏主要依靠设计者的经验，好的设计经验有助于设计者设计出友好、高效的用户界面。下面从一般可交互性、数据输入和信息显示三个方面简单介绍一些界面设计的经验。

（1）一般交互性设计　一般交互设计包括信息显示、数据输入和系统整体控制，这类设计是全局性的，要给予足够的重视。一般交互性的设计主要有以下几方面。

① 保持一致性。在同一用户界面中，所有的菜单选择、命令输入、数据显示以及其他功能应使用同一种形式和风格。

② 提供有意义的反馈。通过向用户提供视觉的和听觉的反馈，保证在用户和界面之间建立有效的双向通信。

③ 在执行有较大破坏性的操作之前，坚持要求用户确认。例如用户要删除一个文件、或覆盖一些重要信息、或终止正在运行的程序，应该给出警告，以请求用户确认其命令。

④ 对绝大多数操作应允许取消。每个交互式系统都应能方便地允许用户取消已完成的操作，Undo 或 Reverse 功能已使很多用户避免浪费大量的时间。

⑤ 减少在两次操作之间必须记忆的信息量。不应期望用户能记住在下一步操作中要使

用的一大串数字或标识符，尽量减少用户记忆上的负担。

⑥ 提高对话、移动和思考的效率。即最大可能地减少击键次数，尽量减小鼠标移动的距离，避免使用户产生无所适从的感觉。

⑦ 用户出错时应采取宽容的态度。同时系统也应能保护自己不受严重错误的破坏。

⑧ 按功能对动作分类，并据此设计界面上的布局。下拉式菜单的一个主要优点就是能按动作类型组织命令。

⑨ 提供对用户工作内容敏感的帮助机制。

⑩ 用简单动词或动词短语提示命令。过长的命令名难于记忆和识别，也会占用过多的菜单空间。

（2）数据输入界面设计　数据输入是指所有供计算机处理的数据的输入。数据输入界面是系统的一个重要组成部分，它占用了用户的绝大部分使用时间。数据输入界面的目标是尽量简化用户的工作，并尽可能减少输入的出错率。下面是数据输入界面设计的指南，在具体应用时还应当考虑设计的环境。

① 尽量减少用户输入的动作。特别是要减少击键次数，通常可以通过下列方法实现：用鼠标从预定义的一组输入中选中一个；用"滑动标尺"在给定的值域中指定输入值；利用宏把一次击键转变为更复杂的输入数据集合。

② 保持信息显示方式和数据输入方式之间的协调一致。显示的视觉特征应该与输入域一致。

③ 允许用户自定义输入的格式。高级用户可能希望定义自己专用的命令或略去某些类型的警告信息和动作确认，用户界面设计时应该考虑这些用户的要求。

④ 采用灵活多样的交互方式，允许用户选择自己喜欢的输入方式。用户类型与喜好的输入方式有关，例如，秘书可能喜欢键盘输入，而经理可能更喜欢使用鼠标之类的点击设备。

⑤ 隐藏当前状态下不可选用的命令。这可使得用户避免去做那些可能会导致错误的操作。

⑥ 允许用户控制交互过程。用户应该能够跳过不必要的操作，在应用环境允许的前提下改变所要做操作的顺序，以及在不退出程序的情况下从错误的状态中恢复正常。

⑦ 对所有输入动作都提供帮助信息。

⑧ 消除冗余的输入。除非可能发生误解，否则不能要求用户指定输入数据的单位，要尽可能提供默认值；绝对不能要求用户提供程序可以自动获得或计算出来的信息。

（3）信息显示界面设计　如果用户界面显示的信息是不完整的、有歧义性或难于理解的，则该应用系统肯定不能满足用户的要求。信息显示的形式和方式可以有多种多样：用文字、图形和声音；使用颜色、分辨率和省略等。下面是关于信息显示界面的设计指南。

① 仅显示与当前工作内容有关的信息。用户在获得相关系统特定功能的信息时，不必看到与之无关的数据、菜单和图形信息。

② 避免因数据过于费解而造成用户烦恼，应当使用便于用户迅速吸取信息的方式来显示数据，比如可以用图形或图表来代替庞大的表格。

③ 使用统一的标记、标准的缩写和预先定义好的颜色。显示的含义应该明确明了，用户无须通过参考其他信息源就能理解。

④ 允许用户对可视环境进行维护，如放大、缩小、隐藏图像。

⑤ 只显示有意义的出错信息。

⑥ 使用大小写、缩进和文本分组等方法以提高可理解性。用户界面显示的信息大部分是文字，因此文字的布局和形式对用户从中提取信息的难易程度有很大影响。

⑦ 在适当的情况下使用窗口分隔不同种类的信息。通过窗口，用户能够方便地"保存"多种不同类型的信息。

⑧ 用"类比"的手法，生动形象地表示信息，以使其更容易被用户提取。

⑨ 合理划分并高效使用显示屏。当使用多窗口时，应该有足够大的空间使得每个窗口至少都能显示出一部分。

3.5　软件设计工具

3.5.1　层次图和 HIPO 图

（1）层次图　层次图用于描绘软件的层次结构。虽然层次图与需求分析阶段中介绍的描绘数据结构的层次方框图形式上相同，但是表现的内容却完全不同。层次图中的一个矩形框表示一个模块，方框之间的连线表示模块间的调用关系，而不是层次方框图中的组成关系。

如图 3-16 所示，最顶层的方框代表正文加工系统的主控模块，它调用下层模块完成正文加工系统的全部功能；第二层的每个模块控制完成正文加工的一个主要功能，比如"编辑"模块，通过调用它的下属模块可以完成六种编辑功能中的任何一种。

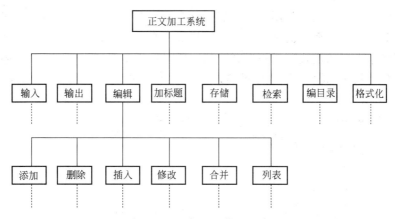

图 3-16　正文加工系统的层次图

层次图特别适用于自顶向下逐步分解的软件结构设计。

（2）HIPO 图　HIPO（Hierarchy Plus Input/Processing/Out put）图，即"层次图加输入/处理/输出图"的英文缩写，是美国 IBM 公司在 20 世纪 70 年代发展起来的用于描绘软件系统结构的图形工具。它实际上是在描述软件总体模块结构的层次图的基础上，又加入了用于描述每个模块输入/输出数据、处理功能及模块调用的 IPO 图。

为了能使 HIPO 图具有可追踪性，在 H 图（即层次图）中除了最顶层的方框之外，其余的每个方框都加了编号，其编号规则与数据流图中的编号规则相同。例如，图 3-16 加了编号后得到图 3-17。

与层次图中每个方框相对应，应该有一张 IPO 图描述这个方框所代表模块的处理过程，作为对层次图中模块的补充说明。但是，HIPO 图中的每张 IPO 图内也应该明显地标出它所描绘模块在 H 图中的编号，以便追踪了解该模块在软件结构中的位置。

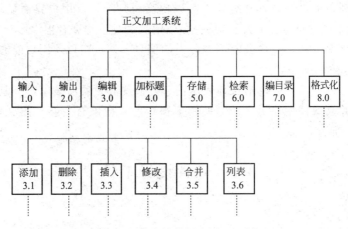

图 3-17　带编号的层次图（H 图）

3.5.2　结构图

软件结构图表示软件系统的模块层次结构，它反映程序中各个模块之间的调用关系和联系，即以特定的符号表示系统中各个模块、模块间的调用关系和模块间信息的传递。在软件工程中，一般采用 20 世纪 70 年代中期美国 Yourdon 等人提出的结构图（SC，Structure Chart）来表示软件结构。

结构图的主要内容如下。

（1）模块　用方框表示，并用名字来标识该模块，名字应当体现该模块的功能。

（2）模块间的调用关系　两个模块之间用箭头或直线连接表示它们的调用关系。按照惯例，总是位于图中上层的模块调用下层的模块，所以不用箭头也不会产生二义性，为了简单起见，可以只用直线表示模块之间的调用关系。如图 3-18（a）所示，表示模块 A 调用了模块 B。

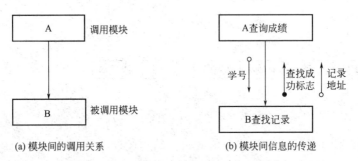

(a) 模块间的调用关系　　　　　(b) 模块间信息的传递

图 3-18　模块间的调用关系及信息传递

（3）模块间的信息传递　模块间还经常用带注释的箭头表示模块调用过程中来回传递的信息。如果希望进一步标明在模块之间传递的是数据信息还是控制信息，则可以这样标明：箭头尾部为空心圆表示传递的是数据信息，实心圆则表示传递的是控制信息。如图 3-18（b）所示，模块 A 与模块 B 之间的信息传递。

（4）两个附加符号　除了结构图中的基本符号，有时也需要使用附加符号表示模块的选择或循环调用关系。在结构图中，条件调用所依赖的条件和循环调用所依赖的循环控制条件，通常都无需标明。如图 3-19 所示，图（a）表示当模块 M 中某个判定为真时调用模块 A，为假时调用模块 B；图（b）则表示模块 M 循环调用模块 A、B 和 C。

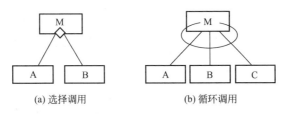

(a) 选择调用　　　　　　　　　　(b) 循环调用

图 3-19　模块间选择调用及循环调用的表示

　　画结构图与层次图时都要注意同一名字的模块在结构图中只能出现一次，模块间的调用关系只能从上到下。但结构图与层次图一样，并没有指明什么时候调用下层模块，也没有严格表明模块间的调用次序，人们习惯于按调用次序从左到右画模块，但有时为了减少连线的交叉，保持结构图的清晰性，也可以适当地调整同一层模块左右的位置，完全可以不按这种左右次序画。

　　结构图与 HIPO 图中的层次图在反映软件结构的层次关系方面优点是一样的。因为 HIPO图中没有过多的符号，显得较为清晰易读，所以通常作为描绘软件结构的文档。结构图作为文档并不很适合，因为图中包含的信息太多，从而降低了清晰程度。在反映软件结构的控制关系方面，如重复调用、选择调用、模块间的信息传递等，则使用结构图较好，也有利于评价软件系统的结构质量。

3.6　面向数据流的设计方法

　　这一节介绍一种应用最广泛、技术上也比较完善的系统设计方法——结构化设计方法，它是在模块化、自顶向下逐步细化、结构化程序设计等基础上发展起来的，是美国 IBM 公司的 L. Constantine & E. Yourdon 等人于 1974 年首先提出的。

　　在需求分析阶段，利用结构化分析方法得到用数据流图和数据字典描述的需求规格说明书，那么在概要设计阶段，将利用结构化设计方法得到软件的模块结构。SA 与 SD 相衔接，构成一个完整的结构化分析设计技术，是目前使用最广泛的软件设计方法之一。

　　面向数据流的设计方法的目标是给出设计软件结构的一个系统化的途径。

　　结构化设计方法属于面向数据流的设计方法。在需求分析阶段，信息流是首先要考虑的一个关键问题，通常用数据流图描绘信息在系统中加工和流动的情况。面向数据流的设计方法定义了一些不同的"映射"，利用这些映射可以把数据流图变换成软件结构，软件的结构将用系统结构图来描述。因为任何软件系统都可以用数据流图表示，所以面向数据流的设计方法理论上也可以设计任何软件的结构。通常所说的结构化设计方法（简称 SD 方法），也就是基于数据流的设计方法。

3.6.1　基本概念

　　面向数据流的设计方法把信息流映射成软件结构，而信息流的类型决定了映射的方法。根据信息流的特性，一般可分为变换流和事物流两类。

　　（1）变换流（transform flow）　根据基本系统模型，信息通常以"外部世界"的形式进入软件系统，经过处理以后再以"外部世界"的形式离开系统。

　　如图 3-20 所示，外部的数据信息沿输入通路进入系统，同时由外部形式变换成内部形式，进入系统的信息通过变换中心，经加工处理以后，再沿输出通路变换成外部形式离开软件系统。当信息流具有这些特征时，称为变换流。

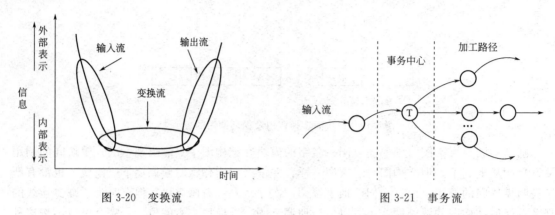

图 3-20 变换流 图 3-21 事务流

相应地，变换流的数据流图由输入、变换和输出三部分组成，其中变换是系统的变换中心。

（2）事务流 基本系统模型意味着变换流，因此，原则上所有信息流都可以归结为这一类。但当数据是"以事务为中心的"，也就是说，数据沿输入通路到达一个处理（或加工）T，这个处理根据输入数据的类型在若干个动作序列中选出一个来执行，这类数据流就称为事务流。如图 3-21 所示。

这种类型的数据流图所描述的加工过程为：输入流在进入系统后，被送往事务中心；事务中心接收输入数据并分析确定其类型；然后根据所确定类型为数据选择其中的一条加工路径来执行。

通常一个大型软件系统的数据流图，可能既具有变换流的特征，又具有事务流的特征，例如事务型数据流图中的某个加工路径就有可能是变换型的。

3.6.2 设计过程

基于面向数据流方法的设计过程如图 3-22 所示，其设计过程为：首先对需求分析阶段

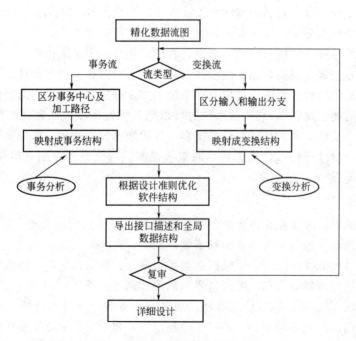

图 3-22 面向数据流的设计过程

得到的数据流图进行审查，必要时进行修改和精化；接着在仔细分析数据流图的基础上，确定数据流图的类型：是变换型的还是事务型的？并根据相应类型的设计步骤将数据流图映射为软件结构；最后还要根据软件设计的准则，对得到的软件结构进行优化和改进。

3.6.3　变换分析

变换分析是一系列结构化设计步骤的总结，经过这些步骤把具有变换流特点的数据流图按一定的模式映射成软件结构。变换分析设计分为以下几步：精化数据流图；确定逻辑输入、逻辑输出和变换中心部分；进行一级分解，设计上层模块；进行二级分解，设计中、下层模块；优化软件结构。具体过程如下。

① 复查基本系统模型并精化数据流图。复查的目的是确保系统的输入数据和输出数据是否符合实际，应该对需求分析阶段得出的数据流图认真复查，并且在必要时进行精化。

② 确定数据流图具有变换特性还是事务特性。一般来说，一个系统中的所有信息流都可以认为是变换流，但是，当遇到有明显事务特性的信息流时，建议采用事务分析方法进行设计。

③ 确定数据流图中输入流和输出流的边界，从而孤立出变换中心。如果设计人员经验丰富，对要设计系统的软件规格说明书又很熟悉，则比较容易确定系统的变换中心，比如几股数据流汇集的地方往往是系统的变换中心部分。

而输入流和输出流的边界和对它们的解释有关，也就是说，不同设计人员可能会在流内选取稍微不同的点作为边界的位置。当然，在确定边界时应该仔细认真，但是把边界沿着数据流通路移动一个处理框的距离，通常对最后的软件结构只有很小的影响。

如图 3-23 所示，在数据流图中用虚线表示的两条分界线，标出了输入、变换中心、输出的边界。

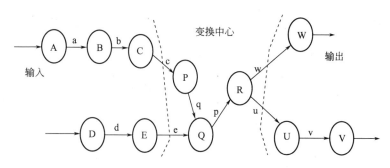

图 3-23　变换型分析

④ 完成第一级分解，设计软件结构的顶层模块和第一层模块。这一步要画出系统的初始结构图，主要是画出它最上面的两层模块，即顶层模块和第一层模块。

首先设计一个主模块，并用系统的名字为它命名，作为系统的顶层，它的功能是调用下一层模块，完成系统所要做的各项工作。

主模块确定好之后，设计软件结构的第一层。第一层一般包括输入、变换和输出三种功能模块，即对于输入、变换中心和输出部分，分别设计三个模块称为 M_I、M_T 和 M_O。

M_I 是"输入控制模块"，其功能是协调对所有输入数据的接收和预加工，并向主模块传送所需数据，由主模块转发给变换中心。

M_T 是"变换控制模块"，其功能是负责系统内部数据的变换和加工，把输入数据变成输出数据。

M_O 是"输出控制模块"，其功能是负责输出数据的加工和实现物理输出。

图 3-24 显示了图 3-23 的数据流图在第一级分解后导出的系统结构图，沿调用线标注了在模块间输送的数据流的名称。

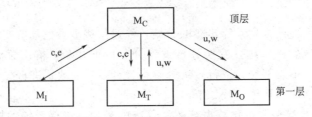

图 3-24　第一层系统结构图

⑤ 进行第二级分解，设计中、下层模块。这一步的工作是自顶向下，逐层细化，为第一层的每个输入、输出及变换模块设计它们的从属模块。设计下层模块的顺序是任意的，但一般是先设计输入模块的下层模块。

所谓第二级分解就是把数据流图中的每个加工映射成软件结构中一个适当的模块。方法是：从变换中心的边界开始沿着输入通路向外移动，把输入通路中每个加工映射成软件结构中输入控制模块 M_I 控制下的一个低层模块；然后再沿输出通路向外移动，把输出通路中每个加工映射成输出控制模块 M_O 控制下的一个低层模块；最后把变换中心内的每个加工映射成变换控制模块 M_T 控制下的一个低层模块。

完成第二级分解后，就得到软件的结构图，如图 3-25 所示。

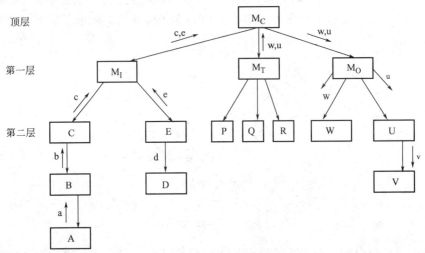

图 3-25　软件结构图

⑥ 根据设计准则对得到的软件结构进行优化。以上步骤设计出的仅仅是初始结构图，还必须根据软件设计的准则来改进系统的初始结构图，直到得到符合用户要求的结构图为止。

软件结构的优化，往往带有很大的经验性。总之要根据设计准则，对初步分割得到的模块进行调整或合并，以求设计出由独立性高的模块组成的软件结构。

3.6.4　事务分析设计

事务一词来源于商业数据处理系统，例如一笔账目或一次交易，都可以称为一次事务。事务可以引发一个或多个处理，这些处理能完成其相应要求的功能。虽然在任何情况下都可以使用变换分析方法设计软件结构，但在数据流具有明显的事务特点时，也就是有一个明显的"发射中心"（事务中心）时，还是以采用事务分析方法为宜。

与变换分析类似，事务分析也是从分析数据流图开始，自顶向下，逐步分解，建立系统的结构图，所不同的是由数据流图到软件结构的映射方法不同。

（1）确定数据流图中的事务中心和加工路径　当数据流图中的某个加工具有明显的将一个输入数据流分解成多个发散的输出数据流时，该加工就是事务中心。从事务中心辐射出去的数据流为各个加工路径。

（2）设计软件结构的顶层和第一层　设计一个顶层模块，它是一个主模块，有两个功能，一是接收数据，二是根据事务类型调度相应的处理模块。事务型软件结构应包括接收分支和发送分支两个部分。

接收分支负责接收数据，它的设计与变换型 DFD 的输入部分设计方法相同。

发送分支通常包含一个调度模块，它控制管理所有下层事务处理模块。当事务类型不多时，调度模块可以和主模块合并。

（3）事务结构中下层模块的设计、优化等工作同变换设计方法完全相同　图 3-26 说明了上述映射过程。

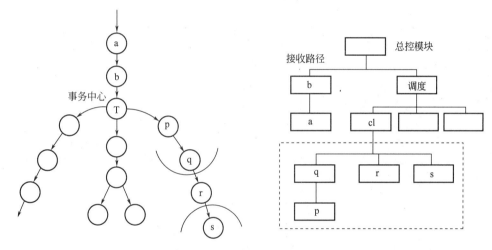

图 3-26　事务型分析

3.6.5　综合设计

一般来说，变换分析是软件结构设计的主要方法，大部分软件系统都可以应用变换分析进行设计，但有些情况下还需要使用事务分析作为补充，尤其是在一些数据处理系统中。在实际的系统设计中，一个大型系统的数据流图往往是变换型和事务型的混合结构，这时就要采用综合设计的方法，通常以变换分析为主，事务分析为辅的方式进行软件结构设计。

对于一个大型系统，在系统结构设计时，常常把变换分析和事务分析应用到数据流图的不同部分，首先利用变换分析把软件系统分为输入、变换和输出三个部分，设计上层模块，即主模块和第一层模块。然后根据数据流图各部分的结构特点，适当地利用变换分析或事务分析，就可以得到软件的初始系统结构图。但是，机械地遵循变换分析或事务分析的映射规则，很有可能会得到一些不必要的控制模块，应该把它们合并或调整以进行结构优化。

3.6.6　结构化设计应用示例

在第 2 章的案例分析中，已经用结构化分析法详细分析了门诊取药管理系统，获得系统的第三层的数据流图，下面用结构化设计方法导出门诊取药管理系统的结构图。

第一步：细化并修改数据流图。

经过审查，划价子加工不需要再细化。为方便系统的结构化设计，把划价子加工显示如图 3-27 所示。

考察图 2-14 的收费子加工，其中加工 2.3 包含打印发票和收费单。为了提高模块独立性，可将它分解为两个加工：加工 2.3 打印发票和加工 2.4 打印收费单。

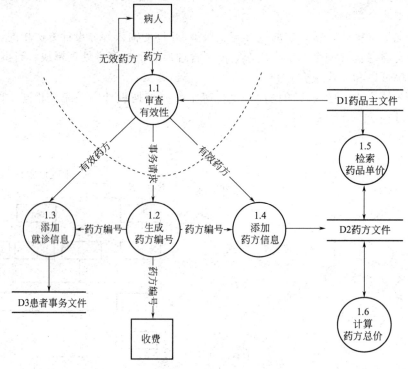

图 3-27　划价子加工

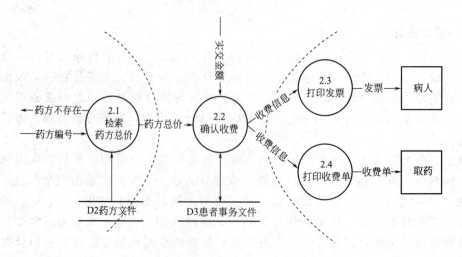

图 3-28　修改后的收费子加工

考察图 2-15 的取药子加工，其中加工 3.2 包含登记取药和打印取药单，同样，可把它分解为加工 3.2 登记取药和加工 3.4 打印取药单。

经过上述的细化和修改，可以获得两张新的数据流图，即图 3-28 和图 3-29。当然，为使父图和子图保持一致，也要注意相应修改父图。

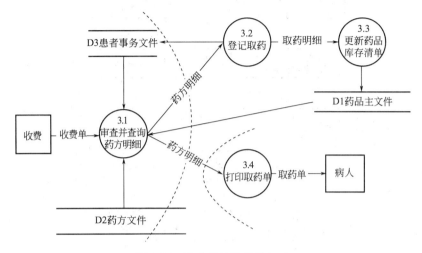

图 3-29　修改后的取药子加工

第二步：鉴别数据流图的类型，并确定输入输出边界。

经过分析，划价子加工数据流图整体上属于事务型结构，事务中心为加工审查有效性，内部分支具有变换型结构。收费子加工和取药子加工属于变换型结构，边界线如图中虚线所示。

第三步：确定系统的总体结构框架，如图 3-30 所示。

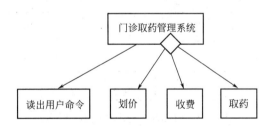

图 3-30　门诊取药管理系统的高层结构

第四步：进行第二级分解，如图 3-31 所示。

第五步：优化系统结构图。

对于划价子加工，在审查有效性时，其实是比较药品库存清单，查询该药品是否足量，因此该分支可以改进为如图 3-32 所示的结构。

3.6.7　设计的后处理

在经过变换分析或事务分析设计，形成软件结构并经过优化之后，还必须做好以下工作。

（1）为每个模块写一份加工说明　加工说明是关于一个模块内部的处理描述，应当是清晰、无二义性的。该说明以需求分析阶段产生的加工逻辑的描述为参考，描述了模块的主要处理任务、条件抉择等。这时的加工说明可作为初始的模块说明，在详细设计阶段还将进一步具体化。

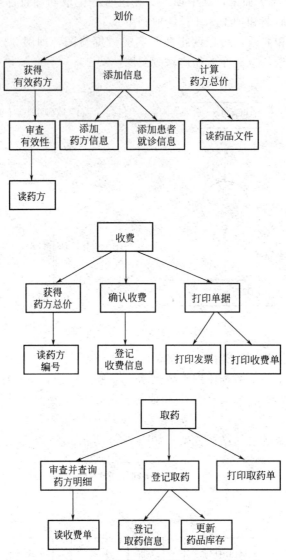

图 3-31 门诊取药管理系统第二层分解

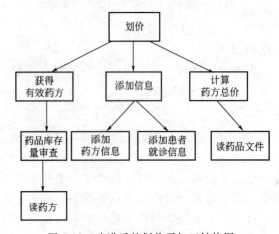

图 3-32 改进后的划价子加工结构图

（2）为每个模块提供一份接口说明　该说明包括通过参数表传递的数据、外部的输入/输出信息和访问全局数据区的信息等，并给出它的下属模块与上级模块。

（3）数据结构说明　软件结构确定之后，必须定义全局的和局部的数据结构，因为它对每个模块的过程细节有着深远的影响。数据结构的描述可用伪码（如 PDL 语言）或 Warnier 图等形式表达。

（4）给出设计约束和限制　给出约束和限制的目的，在于减少因为"假设"的功能特性而引入的错误量。约束和限制的内容有数据类型和格式的限制、内存容量的限制、时间的限制、数据的边界值以及个别模块的特殊要求等。

（5）进行设计评审　在软件设计阶段不可避免地会引入人为的错误，如果不及时纠正，就会传播到开发的后续阶段中去，并在后续阶段引入更多的错误。因此，一旦设计文档完成后，就要进行评审，有效的评审可以显著地降低随后开发和维护阶段的费用。

在评审中应着重评审软件需求是否得到满足，即软件结构的质量、接口说明、数据结构说明、实现和测试的可行性（实用性 practicality）以及可维护性等方面。

（6）设计的优化　设计优化应贯穿整个设计的过程。为了使最终生成的软件系统具有良好的风格及较高的质量，设计的开始就可以给出几种可选方案，进行比较与修改，以便找出最好的方案。优化应该力求在保证模块划分合理的前提下，减少模块的数量、提高模块的独立性，设计出一个易于实现、易于测试和易于维护并具有良好特性的软件结构。

3.7　详 细 设 计

在概要设计阶段，采用面向数据流的设计方法，可以把一个复杂问题分解细化为一个由多个模块组成的层次结构的软件系统，即确定了软件系统的总体结构，给出了系统中各个组成模块的功能和模块间的联系。而在详细设计阶段，可以采用自顶向下、逐步求精的方法，把一个模块的功能逐步分解细化为一系列具体的处理步骤。

详细设计的工作，就是要在概要设计阶段结果的基础上，考虑怎样实现已定义的软件系统，直到对系统中的每个模块给出足够详细的过程性描述。需要指出的是，这些描述并不是具体程序的编制工作，而是用详细设计的表达工具来表示。表达工具必须具有描述过程细节的能力，而且能够使程序员在编码阶段便于直接翻译成用程序设计语言书写的源程序。详细设计是编码的先导，这个阶段所产生的文档质量将直接影响程序设计的质量。

3.7.1　详细设计的基本任务与原则

详细设计阶段的主要任务如下。

① 确定每个模块所采用的具体算法。根据概要设计阶段所建立的软件系统结构，为划分的每个模块确定具体的算法，并用某种图形、表格、语言等工具将每个模块处理过程的详细算法描述出来。

② 确定每个模块内的数据结构及数据库的物理结构。对需求分析、概要设计阶段确定的概念性数据类型进行确切的定义，即为系统中的所有模块确定并构造算法，实现所需要的数据结构。根据前一阶段确定的数据库的逻辑结构，对数据库的存储记录格式、存储介质和存取方法等物理结构进行设计，这些依赖于具体所使用的数据库系统。

③ 确定模块接口的具体细节。按照模块的功能要求，确定模块接口的细节，包括模块之间的接口信息、模块对系统外部的接口信息和用户界面，以及模块输入数据、输出数据及局部数据的全部细节等。

④ 为每个模块设计出一组测试用例。设计测试用例，以便在编码阶段对模块代码（即程序）进行预定的测试，由于负责详细设计的软件人员对模块的功能、逻辑和接口最清楚，所以可由他们在完成详细设计后接着提出对各个模块的测试要求。

⑤ 编写文档，进行评审。详细设计阶段的成果主要是以详细设计说明书的形式保留下来，评审后可作为编码阶段进行程序设计的主要依据。

为了使模块的逻辑描述清晰准确，在详细设计阶段应遵循下列原则。

① 将保证程序的清晰度放在首位。结构清晰的程序易于理解和修改，并且会大大减少发生错误的概率，因此除了对执行效率有严格要求的实时系统外，通常在详细设计阶段应优先考虑程序的清晰度，而将程序的效率放在其次。

② 设计过程中应采用逐步细化的方法。从软件系统结构设计到详细设计，本身就是一个细化模块描述的过程。由粗到细、分步进行的细化有助于保证程序的可靠性，因此在详细设计中特别适合采用逐步细化的方法。在对程序进行细化的过程中，也要对数据描述进行细化。

③ 选择某种适当的表达工具。在模块算法确定之后，如何将其精确明了地表达出来，对详细设计的实现同样重要。如图形工具便于设计人员与用户的交流，而 PDL 语言则便于将详细设计的结果转换为源程序。这些工具各有特色，设计人员应根据具体情况选择合适的表达工具。

3.7.2　结构化程序设计

结构化程序设计技术是描述模块处理细节的关键技术，是详细设计阶段的逻辑基础。

（1）结构化程序设计的出现及定义　结构化程序设计的概念最早是由 E. W. Dijkstra 提出的。1965 年，在一次 IFIP（国际信息处理联合会）会议上，他提出"可以从高级语言中取消 GOTO 语言"、"程序的质量与程序中所包含 GOTO 语句的数量成反比。"1966 年，Bohm 和 Jacopini 证明，只用三种基本的控制结构就可实现任何单入口单出口的程序，这个结论奠定了结构化程序设计的理论基础。这三种基本的控制结构分布是"顺序"、"选择"和"循环"，其流程图分别如图 3-33 所示。

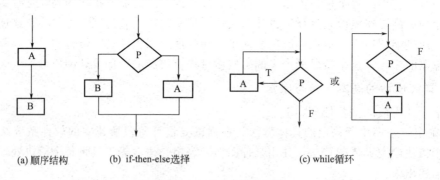

　　(a) 顺序结构　　　　(b) if-then-else 选择　　　　　　　(c) while 循环

图 3-33　三种基本控制结构

综合众多学者关于 GOTO 语句的意见，使人们认识到，不是简单去掉 GOTO 语句的问题，而是要创立一种新的程序设计思想、方法和风格，以显著地提高软件生产率和降低软件维护的代价，这就必须从改善每个模块的控制结构入手。此时对结构化程序设计的概念逐渐清晰起来。

1972 年，IBM 公司的 Mills 进一步提出，程序应该只有一个入口和一个出口，从而补充了结构化程序设计的规则。

那么什么是结构化程序设计呢？目前比较流行的定义是：结构化程序设计是一种设计程序的技术，它采用自顶向下逐步求精的设计方法和单入口单出口的控制结构。

虽然从理论上说只用上述三种基本的控制结构就可实现任何单入口单出口的程序，实际上为了使用方便起见，人们对经典的结构化程序设计工作又做了一些补充和修改。常常还允许使用 DO-UNTIL 和 DO-CASE 两种控制结构，其流程图分别如图 3-34 所示。

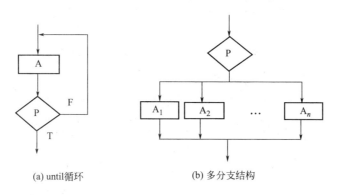

(a) until 循环   (b) 多分支结构

图 3-34　其他常见的控制结构

有时当程序执行到满足某种条件的情况下，需要立即从循环（甚至嵌套的循环）中转移出来。如果坚持单出口的原则，则势必会使循环重复下去，延长程序的执行时间。如果允许使用 LEAVE 或 BREAK 结构，不仅方便，而且会提高程序的执行效率。LEAVE 或 BREAK 结构实质上是受限制的 GOTO 语句，用于转移到循环结构后面的语句中。

如果只允许使用顺序、IF-THEN-ELSE 型分支和 DO-WHILE 型循环这三种基本控制结构，则称为经典的结构化程序设计；如果除了上述三种基本控制结构之外，还允许使用 DO-CASE 型多分支结构和 DO-UNTIL 型循环结构，则称为扩展的结构化程序设计；如果再加上允许使用 LEAVE 或 BERAK 结构，则称为修正的结构化程序设计。

（2）结构化程序设计的特点　结构化程序设计能够使设计的处理过程清晰易读，指导人们用良好的思想方法开发易于理解、易于验证的程序。结构化程序设计主要有以下优点。

① 采用自顶向下、逐步求精的程序设计方法，符合人类解决复杂问题的普遍规律，能够显著提高软件开发过程的成功率和生产率。

② 程序具有清晰的层次结构，易于阅读和理解。

③ 不使用 GOTO 语句仅使用单入口单出口的控制结构，使得程序的静态结构和它的动态执行情况相一致。因此，开发程序时比较容易，也容易修正错误。

④ 程序的控制结构一般采用顺序、选择和循环三种基本结构构成，有确定的逻辑模式，结构清晰，有利于证明程序的正确性。

⑤ 程序清晰和模块化使得在修改和重新设计软件时可以大量重用软件中的相关代码。

结构化程序设计的缺点是需要的存储容量和运行时间增加 $10\% \sim 20\%$。虽然程序需要的存储容量和运行时间稍有增加，但由于硬件技术的飞速发展，在当今，对绝大多数应用领域来说这已经不是严重问题。

3.7.3　详细设计的工具

描述程序处理过程的工具叫做详细设计的工具，这些工具应该能够提供对设计的无二义性的描述，即能指明控制流程、处理功能、数据组织以及其他方面的实现细节，从而能够在编码阶段把对设计的描述直接翻译成程序代码。

详细设计的工具可以分为图形工具、表格工具和语言工具三大类。图形工具可以把过程的细节用图形描述出来，如流程图、盒图、问题分析图等。表格工具则是用表格形式表示过程的细节，在表中列出了各种可能的操作和相应的条件，如判定表等。语言工具则是用某种高级语言（称之为伪码）来描述过程的细节。

(1) 程序流程图 程序流程图（Flowchart）又称为程序框图，是 Goldstine 于 1946 年首先采用的，它是历史最悠久、使用最广泛的一种描述程序逻辑结构的工具。流程图的优点是直观清晰、易于使用，是开发者普遍采用的工具。但是它有如下缺点。

① 流程图不能反映逐步求精的过程，往往反映的是最后结果，而且它诱使程序员过早地考虑程序的控制流程，而忽略了程序的全局结构。

② 流程图中用箭头表示控制流，因此程序员可以不受任何约束，随意转移控制，完全不顾结构化程序设计的思想，编码时势必不加限制地使用 GOTO 语句，导致基本控制块多入口多出口的现象，这样会使软件的质量受到影响，与软件设计的准则相违背。

③ 流程图中也不易表示数据结构。

程序流程图的严重不足还表现在：使用的符号不够规范，灵活性极大，这些问题常常较大地影响了程序的质量，这些现象显然与软件工程化的要求是相背离的。为了消除这些不足，应对流程图中所使用符号做出严格定义，除规定的符号之外，不允许出现其他任何的符号。在前面内容中已经用程序流程图描绘了一些常用的五种控制结构，图 3-35 中列出了程序流程图中使用的各种符号。

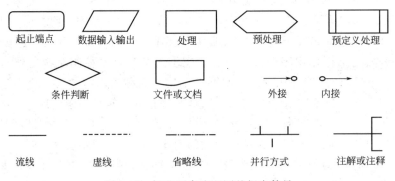

图 3-35　标准程序流程图的规定符号

为了克服流程图的缺陷，任何复杂的程序流程图都是由五种基本控制结构组合或嵌套而成，不能有相互交叉的情况，这样的流程图是结构化的流程图。图 3-36 所示是一个结构化程序的流程图，作为这五种控制结构相互组合和嵌套的实例。

(2) 盒图（N-S 图） 1973 年，Nassi 和 Shneiderman 提出了一种符合结构化程序设计原则的图形描述工具，称之为盒图（又称为 N-S 图）。在盒图中，为了表示五种基本的控制结构，规定了五种图形构件。而每个处理步骤都用一个盒子来表示，这些处理步骤可以是语句或语句序列，在需要时，盒子中还可以嵌套另一个盒子，嵌套深度一般没有限制，只要整张图可以在一张纸上容纳下就行。这五种图形构件如图 3-37 所示。

① 顺序型：按顺序先执行处理 A，再执行处理 B。

② 选择型：如果条件 P 成立，则可执行 T 下面的 A 的内容；当条件 P 不成立时，则执行 F 下面的 B 的内容。

③ WHILE 重复型：先判断 P 的取值，再执行 S。其中 P 是循环条件，S 是循环体。

④ UNTIL 重复型：先执行 S，再判断 P 的取值。

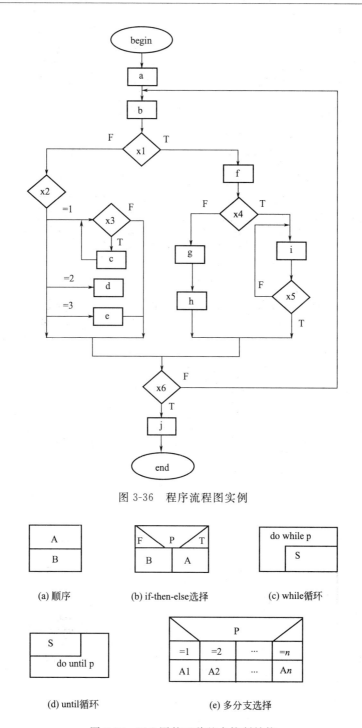

图 3-36　程序流程图实例

(a) 顺序　　　　　(b) if-then-else选择　　　　　(c) while循环

(d) until循环　　　　　(e) 多分支选择

图 3-37　N-S 图的五种基本控制结构

⑤ 多分支选择型：给出了多出口的判断图形表示，即 P 为控制条件，根据 P 的取值，相应地执行其值下面各框的内容。

在盒图中没有箭头，因此不允许程序员随意地转移控制。坚持使用盒图作为详细设计的工具，可以逐步培养程序员用结构化的方式思考问题和解决问题的习惯。

图 3-36 中的例子用 N-S 图的表示如图 3-38 所示。

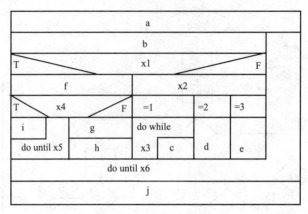

图 3-38   N-S 图的实例

盒图有以下几个特点。

① 除了 CASE 构造中表示条件取值的矩形框外，图中的每个矩形框都是明确定义了的功能域（即一个特定控制结构的作用域），图形清晰、准确，可以从盒图上一眼就看出来。

② 因为只能从上面进入盒子，然后从下面走出盒子，即单入口单出口，所以它的控制转移不能任意规定，必须遵守结构化程序设计的要求。

③ 容易确定局部数据和全局数据的作用域。

④ 容易表现嵌套关系和模块的层次结构。

（3）PAD 图   PAD 是问题分析图（Problem Analysis Diagram）的英文缩写，是日本日立公司于 1979 年提出的一种算法描述工具，现在已为 ISO 认可，得到一定程度的推广。它是由程序流程图演化而来的，是用一种由左往右展开的二维树形结构来表示程序的控制流，将这种图翻译成程序代码比较容易。PAD 图的基本控制结构如图 3-39 所示，并允许递归使用。

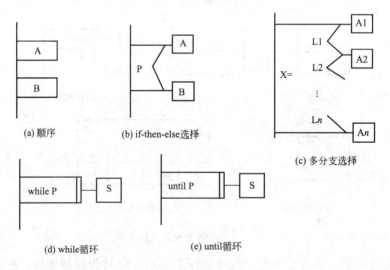

图 3-39   PAD 的基本控制结构

① 顺序型：按顺序先执行 A，再执行 B。

② 选择型：给出了判断条件为 P 的选择型结构。当 P 取真时，执行上面的 A 框；P 取假时，执行下面 B 框中的内容。如果这种选择型结构只有 A 框，没有 B 框，表示该选择结

构中只有 THEN 后面的可执行语句 A，没有 ELSE 部分。

③ 多分支选择型：即 CASE 型结构。当判定条件 X 等于 L1 时，执行 A1 框的内容；X 等于 L2 时，执行 A2 框的内容；X 等于 Ln 时，执行 An 框的内容等。

④、⑤ WHILE 和 UNTIL 循环：P 是循环判断条件，S 是循环体。循环判断条件框的右端为双纵线，表示该矩形域是循环条件，以区别于一般的矩形功能域。

PAD 图的基本原理：采用自顶向下、逐步细化和结构化程序设计的原则，力求将模糊的问题域的概念逐步转换为确定的和详尽的过程，使之最终可采用计算机直接进行处理。

作为 PAD 应用的实例，图 3-40 给出了图 3-36 程序的 PAD 表示。

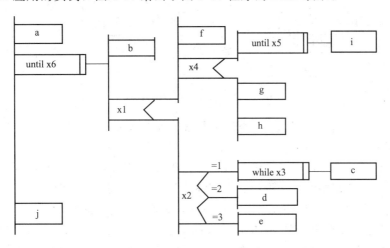

图 3-40　PAD 实例

PAD 图的主要优点如下。

① 支持结构化程序设计原理。

② 清晰地反映了程序的层次结构。程序的层次关系表现在纵线上，每条纵线表示了一个层次，把 PAD 图从左到右展开，随着程序层次的增加，PAD 也逐渐向右展开。

③ 用 PAD 图表示程序逻辑，易读易写，使用方便。PAD 图是二维树形结构的图形，程序从图中最左竖线上端的结点开始执行，自上而下、从左到右顺序执行，遍历所有结点。

④ 容易将 PAD 图转换成高级语言源程序。PAD 图是面向高级程序设计语言的，为 FORTRAN、Pascal 和 C 等常用的高级程序设计语言提供了一整套相应的图形符号，显然容易将 PAD 图转换成与之对应的语言。这种转换可用相应的软件工具自动完成，从而省去人工编码的工作，有利于提高软件的可靠性及生产率。

⑤ 既可用于表示程序逻辑，又可用于描绘数据结构。

⑥ 支持自顶向下、逐步求精方法的使用。左边层次中的内容可以抽象，然后由左到右逐步细化。

有时为了反映增量型循环结构，在问题分析图中增加了对应于

FOR i：＝n1 to n2 step n3 do

的循环控制结构，如图 3-41(a) 所示。其中，i 是循环控制变量，n1 是循环初值，n2 是循环终值，n3 是循环增量或步长，S 是循环体。

当问题很复杂时，随着程序层次的增加，PAD 逐渐从左向右展开，有可能会超过一页纸，这时，对 PAD 增加了一种如图 3-41(b) 所示的扩充形式。当一个模块 A 在一页纸中画不下时，可在图中该模块相应位置的矩形框中取个名字，比如"NAME B"，然后在另一页

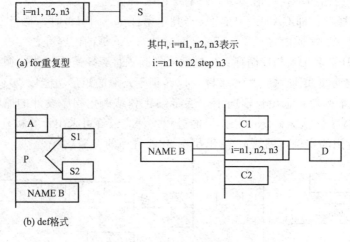

(a) for重复型　　　　其中, i=n1, n2, n3表示

i:=n1 to n2 step n3

(b) def格式

图 3-41　PAD 的扩充控制结构

纸上详细画出 B 的内容,即通过 def 及双下划线来定义 B 的 PAD 图,有时也可以用这种方式来定义子程序。

(4) 过程设计语言　过程设计语言 (PDL, Process Design Language) 简称 PDL 语言,是一种用于描述功能模块的算法设计和处理细节的语言。它是在伪码的基础上,扩充了模块的定义与调用、数据定义和输入/输出而形成的,其控制结构与伪码相同。

PDL 语言的构成与用于描述加工逻辑的结构化语言的结构很相似,是一种兼有自然语言和结构化程序设计语言语法的"混合型"语言。一般分为内外两层语法:外层语法应符合一般程序设计语言常用的语法规则,用于定义控制结构、数据结构和模块接口;而内层语法则用一些简单的句子、短语和通用的数学符号,来描述程序应执行的功能。可见,外层语法具有严格的关键字,而内层语法是灵活自由的,使用自然语言的词汇。

PDL 语言与结构化语言的作用、抽象层次及模糊程度都不相同。结构化语言是描述加工"做什么"的,并且开发人员和用户都能看懂,因此无严格的外层语法,内层自然语言描述较概括、较抽象。而 PDL 是描述处理过程"怎么做"的细节,由于 PDL 语言描述的算法是编码的直接依据,故它的外层语法结构更加严格,更趋于形式化,内层自然语言描述实际操作更具体更详细一些。

用 PDL 表示的程序结构一般有以下几种。

① 顺序结构。语句按排列的先后次序执行,采用自然语言进行描述。

处理 S1

处理 S2

...

处理 Sn

② 选择结构

a. IF-ELSE 结构

IF 条件

　　　　处理 S1

或　　　　处理 S

ELSE

　　　　　　　处理 S2
ENDIF
　　b. 多分支 IF 结构
IF 条件 1
　　　　处理 S1
ELSEIF 条件 2
　　　　处理 S2
…
ELSE
　　　　处理 Sn
ENDIF
　　c. CASE 结构
CASE 表达式 OF
CASE 取值 1
　　　　处理 S1
CASE 取值 2
　　　　处理 S2
　　　　…
ELSE 处理 Sn
ENDCASE
　　③ 循环结构
　　a. FOR 结构
FOR 循环变量＝初值 TO 终值
　　　　　　循环体 S
END FOR
　　b. WHILE 结构
WHILE 条件
　　　　　　循环体 S
ENDWHILE
　　c. UNTIL 结构
REPEAT
　　　　　　循环体 S
UNTIL 条件
　　④ 输入/输出语句
　　a. 输入语句：
　　GET（输入变量表）
　　b. 输出语句：
　　PUT（输出变量表）
　　⑤ 数据定义。
　　DECLARE　属性　变量名，…
　　　属性包括整型、实型、双精度型、浮点型、字符型、指针、数组及结构等类型。
　　⑥ 模块的定义及调用
　　a. 模块的定义
PROCEDURE 模块名（参数）

```
    ...
    RETURN
    END
```

b. 模块的调用语句：

```
CALL 模块名（参数）
```

现以某系统主控模块的详细设计为例，说明如何使用 PDL 语言来描述。

```
PROCEDURE  模块名（）
    清屏；
    显示某系统用户界面；
    PUT（"请输入用户口令："）；
    GET(password)；
    IF password<>系统口令
        给出警告信息；
        退出运行
    ENDIF
    显示本系统主菜单；
    WHILE(true)
        接收用户选择ABC；
        IF ABC= "退出"
            Break；
        END IF
    调用相应下层模块以完成用户选择功能；
    END WHILE；
    清屏；
    RETURN
    END
```

从上述例子可以看到 PDL 具有很强的描述功能，它的总体结构与一般程序完全相同。外层语法同相应的程序语言一致，内层语法使用自然语言，易于编写和理解，也比较容易转换成相应的源程序。PDL 具有以下特点。

① 所有关键字都有固定语法，以便提供结构化控制结构、数据说明和模块的特征。属于外层语法的关键字是有限的词汇集，它们能对 PDL 正文进行结构分割，使之变得可读性好，易于理解。为了区分关键字，规定关键字一律大写，其他英文单词一律小写。

② 内层语法使用自然语言来描述处理特性。自然语言比较灵活，没有严格的语法，只要写清楚就可以，不必考虑语法是否出错，以便于人们把主要精力放在描述算法的逻辑上。

③ 具有数据说明机制，包括简单的数据结构（如标量和数组），也包括复杂的数据结构（如链表或层次的数据结构）。

④ 具有模块定义和调用机制，用以表达各种方式的接口说明，方便了程序模块化的表达。

使用 PDL 语言，可以做到逐步求精：从比较概括和抽象的 PDL 程序起，逐步写出更详细更精确的描述。

除此以外，PDL 语言作为设计工具还有以下优点。

① 可作为注释直接插入源程序中一起作为程序的文档，同代码一样进行编辑、修改，有利于源程序文档的可理解性和可维护性。

② 可使用一般正文编辑器或文字处理系统，方便地完成 PDL 的书写和编辑工作。

③ 可自动生成源程序，提高了软件的生产率。目前已有自动处理程序存在，如 PDL 的多种版本 PDL/Pascal、PDL/C、PDL/Ada 等，为自动生成相应代码提供了便利条件。

PDL 的缺点是不如图形工具形象直观，当描述复杂的条件组合与动作间的对应关系时，不如判定表清晰简洁。

上述各种设计工具各有优劣，只要使用得当，任何一种工具都将对过程设计提供有力的支持，反之，即使是最好的工具也可能产生难于理解的设计。经验表明，具体在选择过程设计的工具时，人的因素可能比技术因素更具影响力。

3.8　软件设计文档及其复审

3.8.1　软件设计文档

软件设计经过概要设计和详细设计阶段，得到重要的设计文档——软件设计规格说明书，其内容是在设计求精过程中逐步确定的，它是软件设计人员在该阶段的工作成果和结束标志，同时为软件开发进度的整体管理以及后期的编码、测试及维护工作提供了书面依据。其中概要设计说明书是概要设计阶段中最重要的技术文档，它主要规定软件的结构。主要内容包括以下几项。

① 引言：用于说明编写的目的、项目背景（包括项目的委托单位、开发单位及主管部门、该软件系统与其他系统的关系等）、定义本文档所用到专门术语和缩略词的原意以及列出文档中所引用参考资料等。

② 任务概述：用于说明设计的目标、运行环境要求、需求概述、条件以及限制。

③ 总体设计：用于说明软件的体系结构、处理流程、功能分配（即表明各项功能与程序结构的关系）。

④ 接口设计：用于说明软件系统的外部接口（用户界面、软件接口与硬件接口）及内部接口（模块之间的接口）。

⑤ 数据结构设计：用于说明软件系统所涉及数据对象的逻辑结构设计、物理结构设计、数据结构与程序的关系等。

⑥ 运行设计：用于说明软件的运行模块组合、运行控制方式、运行时间等。

⑦ 出错处理设计：用于说明软件系统可能出现的各种错误及错误处理方案（如设置后备、性能降级、恢复及再启动等）。

⑧ 安全保密及维护设计：用于说明安全保密措施及为方便维护工作提供的设施（如维护模块）等。

详细设计说明书是详细设计阶段最重要的技术文档。详细设计说明书是在概要设计说明书确定的软件系统总体结构的基础上，对其中各个模块实现过程的进一步描述和细化。概要设计说明书侧重于软件结构的规定，而详细设计说明书则侧重于对模块实现具体细节的描述。通常，详细设计说明书中应包括以下几方面的内容。

① 引言：用于说明编写的目的、项目背景、定义所用到术语和缩略语的原意以及列出文档中所引用参考资料等。

② 总体设计：用于给出软件系统的体系结构图。

③ 模块描述：对每个模块进行详细的描述，主要包括模块的功能和性能、模块的输入及输出、实现模块功能的算法描述（可用流程图、PDL 语言、盒图、PAD 图等描述）、模块接口的详细信息等。

软件设计的最终目的是要取得最佳方案，以节省开发费用，降低资源消耗，缩短开发周期，选择能够赢得较高生产率、较高可靠性和可维护性的方案。在整个软件设计的过程中，各个时期的设计结果都需要经过一系列的设计复审，以便及时发现和解决在设计中出现的问题，防止把问题遗留到开发的后期阶段，造成隐患。

3.8.2 软件设计复审

软件设计复审的主要对象是设计文档，其中软件设计规格说明书经严格复审后将作为编码阶段的输入文档。复审的目的在于及早发现设计中的缺陷和错误。经验表明，在大型软件的开发过程中，某些错误从一个阶段传到另一个阶段时呈扩大趋势，而尽早发现并纠正错误所付出的代价较小。

（1）复审的主要内容　复审包括软件总体结构、数据结构、结构之间的界面以及模块过程细节四个方面。

概要设计阶段的复审应该把重点放在系统的总体结构、模块划分、内外接口等方面。重点考虑：软件的结构能否满足需求？结构的形态是否合理？层次是否清晰？模块的划分是否遵循模块化和信息隐蔽的原则？系统的用户界面、各模块的接口及错误处理是否恰当？

详细设计阶段复审的重点应该放在各个模块的具体设计上。重点考虑：模块的设计可否满足功能与性能要求？选择的算法与数据结构是否合理？能否适应编程语言等。

（2）复审的方式　复审分为正式与非正式两种方式。

正式复审除软件开发人员外，还邀请用户代表和领域专家参加，通常采用答辩的方式。与会者应有备而来，已提前审阅了文档资料，设计人员在对设计方案详细说明之后，回答与会者的问题并记下各种重要的评审意见。

非正式复审的特点是参加人数少，且均为软件人员，带有同行切磋的性质，不拘形式、时间，方便灵活。可由一名设计人员带领到会的同行逐行审阅文档，记录发现的问题，但不要奢望所有问题都能当场解决。复审结束前，应根据多数参与者的意见，对本次复审做出结论。

（3）复审的指导原则。

① 传统的软件设计中，概要设计与详细设计阶段的复审应分开进行，不要合并为一次复审。

② 除了软件开发人员，概要设计复审可以邀请用户和相关的领域专家参加。而详细设计复审一般不邀请这些人员。

③ 复审是为了及早揭露错误，参加复审的设计人员应该欢迎别人提出的批评和建议，但复审的对象是设计文档，不是设计者本身，其他参加者也应为复审创造和谐的气氛，以免把复审变成质询或辩论。

④ 复审中提出的问题应详细记录，但不能奢望当场解决。

⑤ 复审结束前应做出本次复审能否通过的结论。

3.9 实验实训

1. 实训目的

① 培养学生利用所学软件项目掌握软件设计的理论知识和技能，以及分析并解决实际

工作问题的能力。

②培养学生面向客户进行调查研究的能力，获得客户对软件的功能和性能要求，并写出需求规格说明书。

③培养学生团队协作的能力。

2. 实训内容

①完成图书借阅管理系统的概要设计和详细设计，根据需求分析的内容对系统结构、接口、模块进行设计。

②完成图书借阅管理系统的数据库设计。

③完成图书借阅管理系统的软件设计说明书。

3. 实训要求

①认真复习与本次实训有关的知识，完成实训内容的预习准备工作。

②实训完成后，根据设计的结果，完成系统的概要设计和详细设计说明书。

小　　结

软件设计分为概要设计和详细设计两个阶段。

概要设计的任务是要建立软件系统结构，即软件系统由多少个模块组成，模块之间的层次结构和调用关系是怎样的，同时还要设计数据结构和数据库结构等。因此，概要设计阶段主要由两个阶段组成。首先进行系统设计，从数据流图出发，设想完成系统功能的若干个合理的方案，分析员应该仔细分析比较这些方案，并且和用户共同选定一个最佳方案；然后进行软件结构设计，确定软件由哪些模块组成以及这些模块之间的动态调用关系。

软件设计阶段要遵守相应的设计原理，如模块化、抽象、信息隐藏和模块独立性等原则。特别是其中的模块独立性原理，对软件结构设计和接口设计具有重要的指导作用。在建立软件结构时还要遵循软件结构设计的一些准则，如软件结构的深度、宽度、扇出及扇入要适当，模块的作用范围应该在控制范围之内，设计单入口单出口的模块，模块功能应该可以预测等。

用户界面设计是接口设计的一个重要的组成部分。对于交互式系统来说，用户界面设计和数据设计、体系结构设计及过程设计同样重要，友好的用户界面设计也已经成为应用软件开发的一个重要组成部分。因此，对用户界面设计必须给予足够重视。在设计用户界面的过程中，必须充分重视并认真处理好系统响应时间、用户帮助机制、错误信息处理和命令交互等四个设计问题。

通常层次图或结构图是描绘软件结构的常用工具，这些图形工具具有形象直观、容易理解的特点。概要设计的方法可采用面向数据流的设计方法和面向对象方法等来设计。在面向数据流的设计方法中，将数据流图划分为变换型和事务型两种类型，对于不同类型的数据流图，采用不同的映射方法获得系统的软件结构。应该记住，这样映射出来的只是软件的初始结构，还必须根据设计准则，认真分析和改进软件的初步结构，以得到质量更高的模块和更合理的软件结构。

详细设计的工作，就是要在概要设计阶段结果的基础上，考虑怎样实现已定义的软件系统，直到对系统中的每个模块给出足够详细的过程性描述。详细设计的主要任务是描述每个模块的算法，即实现该模块功能的处理过程，它是详细设计阶段应完成的主要工作，通常采用结构化程序设计来进行，采用程序流程图、N-S 图、PAD 图、PDL 语言等工具来描述。

习 题 三

一、选择题

1. 设计软件结构一般不确定（　　）。

A. 模块的功能   B. 模块的接口

C. 模块内的局部数据   D. 模块间的调用关系

2. 软件概要设计结束后得到（　　）。

A. 初始化的软件结构图   B. 优化后的软件结构图

C. 模块详细的算法   D. 程序编码

3. 软件结构图中，模块框之间若有直线连接，表示它们之间存在着（　　）关系。

A. 调用   B. 组成   C. 链接   D. 顺序执行

4. 从供选择的答案中选出正确的答案填入下列叙述中的（　　）内。

模块内聚性用于衡量模块内部各成分之间彼此结合的紧密程度。

（1）一组语句在程序中多处出现，为了节省内存空间，把这些语句放在一个模块中，该模块的内聚性是（　　）的。

（2）将几个逻辑上相似的成分放在同一个模块中，通过模块入口处的一个判断决定执行哪一个功能。该模块的内聚性是（　　）的。

（3）模块中所有成分引用共同的数据，该模块的内聚性是（　　）的。

（4）模块内的某成分的输出是另一些成分的输入，该模块的内聚性是（　　）的。

（5）模块中所有成分结合起来完全一项任务，该模块的内聚性是（　　）的。它具有简明的外部界面，由它构成的软件易于理解、测试和维护。

供选择的答案：

①功能内聚   ②信息内聚   ③通信内聚   ④过程内聚   ⑤巧合内聚   ⑥时间内聚   ⑦逻辑内聚

5. 结构图中，不是其主要成分的是（　　）。

A. 模块   B. 模块间传递的数据

C. 模块内部数据   D. 模块的控制关系

6. 结构化程序设计主要强调的是（　　）。

A. 程序的效率   B. 程序的执行速度   C. 程序的易读性   D. 程序的规模

7. 详细设计的任务是确定每个模块的（　　）。

A. 算法   B. 功能   C. 调用关系   D. 输入输出数据

8. 在软件详细设计过程中不采用的描述工具是（　　）。

A. 判定表   B. IPO 图   C. PAD 图   D. DFD 图

9. 结构化程序设计的一种基本方法是（　　）。

A. 筛选法   B. 递归法   C. 迭代法   D. 逐步求精法

10. 在详细设计阶段，可自动生成程序代码并可作为注释出现在源程序中的描述工具是（　　）。

A. PAD   B. PDL   C. IPO   D. 流程图

二、名词解释

1. 软件设计   2. 模块化   3. 信息隐蔽

4. 模块独立性   5. 耦合性   6. 内聚性

7. 模块的控制范围   8. 模块的作用范围   9. 软件结构

10. 结构化程序设计   11. PAD   12. PDL

三、问答题

1. 软件概要设计的基本任务是什么？

2. 软件设计的基本原理包括哪些内容？

3. 衡量模块独立性的两个标准是什么？它们各表示什么含义？

4. 模块的耦合性、内聚性包括哪些种类？试为每种类型的耦合举一个例子。为每种类型的内聚举一个例子。

5. 什么是软件结构？简述软件结构设计的优化准则。

6. 变换分析设计与事务分析设计有什么区别？简述其设计步骤。

7. 详细设计的基本任务是什么？有哪几种描述方法？

8. 举例说明对概要设计与详细设计的理解。有不需要概要设计的情况吗？

9. 什么是模块的影响范围？什么是模块的控制范围？它们之间应建立什么关系？

10. 结构化程序设计基本要点是什么？

四、应用题

1. 请使用流程图、PAD 图和 PDL 语言描述下列程序的算法。

(1) 在数据 A（1）～A（10）中求最大数和次大数。

(2) 输入三个正整数作为边长，判断该三条边构成的三角形是直角、等腰或一般三角形。

(3) 求数 1～N 之间的累加和，其中 N 的值为读入的值。

2. 图 3-42 是某系学籍管理的一部分，图（a）、（b）分别是同一模块 A 的两个不同设计方案，你认为哪一个设计方案较好？请陈述理由。

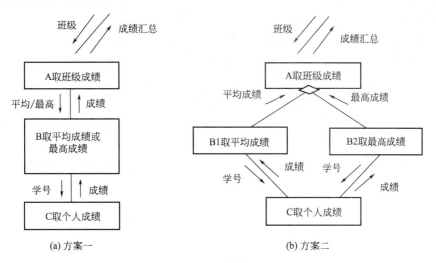

(a) 方案一　　　　　　　　　　　　　　(b) 方案二

图 3-42　学籍管理

3. 画出下列伪码程序的程序流程图和盒图。

```
START
  IF  p THEN
      WHILE q DO
          F
      END DO
       ELSE
      BLOCK
            g
            n
      END BLOCK
  END IF
STOP
```

4. 将下面给出的变换型数据流图（DFD）转换为初始的模块结构图（MSD）。其中虚线表示输入部分、变换部分、输出部分之间的界面。

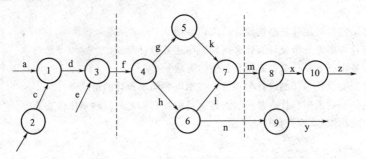

5. 用 PAD 图描述以下问题的控制结构。

有一个表 A(1)，A(2)，…，A(N)，按递增顺序排列。给定一个 Key 值，在表中用折半法查找。若找到，将表位置 i 送入 x，否则将零送到 x，同时将 Key 值插入表中。

算法：

（1）置初值 H＝1(表头)，T＝N(表尾)。

（2）置 i＝[(H＋T)/2](取整)。

（3）若 Key＝A(i)，则找到，i 送到 x；若 Key＞A(i)，则 Key 在表的后半部分，i＋1 送入 H；若 Key＜A(i)，则 Key 在表的前半部分，i－1 送入 T，重复第（2）步查找，直到 H＞T 为止。

（4）查不到时，将 A(i)，…，A(N) 移到 A(i＋1)，…，A(N＋1)，Key 值送入 A(i) 中。

第4章 软件项目的实现

如果说软件生命周期前几个阶段的文档，都是以人能理解的方式进行表达，是软件在相应阶段被适度抽象后的一种存在形态，那么软件项目的实现阶段，软件将首次用计算机所能理解并运行的语言来进行描述和实现，即编写源程序。

编码就是将详细设计阶段的成果用某种程序设计语言描述出来，转化成源程序，因此也称"编程"。

承担并完成编码工作的人，被称为软件蓝领、程序员。其任务是根据详细设计中的模块详细描述，选择适当的数据结构和算法，编写一个模块的源代码。而一个较大的软件项目，在分解为多个模块后，分配给不同的程序员进行并行开发，可以提高生产效率。

编码是设计的自然结果，因此，程序的质量首先取决于软件设计的质量。然而，编程语言的选择、编码的规范、编码的风格也会对程序的可读性、可理解性、可修改性产生重要的影响。编码时要重视提高软件的可维护性。

4.1 程序设计方法

4.1.1 程序设计方法的发展

程序设计初期，由于计算机硬件条件的限制，较慢的处理器运算速度与较小的存储空间都迫使程序员首先考虑高效率，即追求编写短小精悍的程序，从而提高运算速度，节省内存空间。编写程序成为一种技巧与艺术，而程序的可理解性、可扩充性等因素被放到了第二位。

随着计算机硬件与通信技术的发展，硬件不断升级换代，性价比日益提高，计算机应用领域越来越广泛，应用规模也越来越大，用户成分也从单纯的计算机专业人员扩大到了各类非专业人员，因而对程序在质量、可靠性、界面友好、生产效率等方面的需求也越来越高。程序设计不再是一两个程序员可以完成的任务。在这种情况下，编写程序不再片面追求高效率，而是综合考虑程序的可靠性、可扩充性、可重用性和可理解性等因素。

正是这种需求刺激了程序设计方法与程序设计语言的发展。

(1) 早期程序设计　早期出现的高级程序设计语言有 FORTRAN，COBOL，ALGOL，BASIC 等语言。

这一时期，由于强调追求程序的高效率，程序员过分依赖技巧与天分，不太注重所编写程序的结构，可以说是无固定程序设计方法的时期。

存在的一个典型问题是程序中的控制随意跳转，即不加限制地使用 GOTO 语句，这样的程序对别人来说是难以理解的，程序员自己也难以修改程序。

(2) 结构化程序设计　随着程序规模与复杂性的不断增长，人们也在不断探索新的程序设计方法。证明了只用三种基本的控制结构（顺序、选择、循环）即可实现任何单入口/单出口的程序；Dijkstra 建议从一切高级语言中取消 GOTO 语句；Mills 提出程序应该只有一个入口和一个出口。这些工作导致了结构化程序设计方法的诞生。

而 Pascal 语言则是由 NiklausWirth 根据结构化程序设计方法开发出来的语言。其特点是提炼出程序设计共同的特征并能将这些特征编译成高效的代码，因而成为结构化程序设计的有力工具。C语言也是一种广为流行的结构化程序设计语言，它具有灵活方便、目标代码效率高、可移植性好等优点。

（3）面向对象程序设计　面向对象方法是一种把面向对象的思想运用于软件开发过程中，指导开发活动的系统方法，简称OO方法（Object Oriented），是建立在"对象"概念（对象，类和继承）基础上的方法学。对象是由数据和允许对数据施加的操作组成的封装体，与客观实体有直接的对应关系。

面向对象的方法起源于面向对象的编程语言。20世纪60年代后期就出现了类和对象的概念，类作为语言机制用来封装数据和相关操作。70年代前期，Smalltalk语言，奠定了面向对象程序设计的基础，1980年Smalltalk-80标志着面向对象的程序设计已进入实用阶段。进入80年代相继出现了一系列面向对象的编程语言，如：C++等。自80年代中期到90年代，面向对象的研究重点已经从语言转移到设计方法学方面，尽管还不成熟，但已陆续提出了一些面向对象的开发方法和设计技术。

4.1.2　结构化程序设计

（1）结构化程序设计　结构化程序设计就是一种进行程序设计的原则和方法，按照这种原则和方法可设计出结构清晰、容易理解、容易修改、容易验证的程序。即结构化程序设计是按照一定的原则与原理，组织和编写正确且易读的程序的软件技术。结构化程序设计的目标在于使程序具有一个合理结构，以保证和验证程序的正确性，从而开发出正确、合理的程序。

按照结构化程序设计的要求设计出的程序设计语言称为结构化程序设计语言。利用结构化程序设计语言，或者说按结构化程序设计的思想和原则编制出的程序称为结构化程序。

（2）结构化程序设计的特征与风格

① 一个程序按结构化程序设计方式构造时，一般地总是一个结构化程序，即由三种基本控制结构：顺序结构，选择结构和循环结构构成。这三种结构都是单入口/单出口的程序结构。已经证明，一个任意大且复杂的程序总能转换成这三种标准形式的组合。

② 有限制地使用GOTO语句。鉴于GOTO语句的存在使程序的静态书写顺序与动态执行顺序十分不一致，导致程序难读难理解，容易存在潜在的错误，难于证明正确性，有人主张程序中禁止使用GOTO语句，但有人则认为GOTO语句是一种有效设施，不应全盘否定而完全禁止使用。结构化程序设计并不在于是否使用GOTO语句，因此作为一种折中，允许在程序中有限制地使用GOTO语句。

③ 借助体现结构化程序设计思想的所谓结构化程序设计语言来书写结构化程序，并采用一定的书写格式以提高程序结构的清晰性，增进程序的易读性。

④ 强调程序设计过程中人的思维方式与规律，是一种自顶向下的程序设计策略，它通过一组规则、规律与特有的风格对程序设计细分和组织。对于小规模程序设计，它与逐步精化的设计策略相联系，即采用自顶向下、逐步求精的方法对其进行分析和设计。对于大规模程序设计，它则与模块化程序设计策略相结合，即将一个大规模的问题划分为几个模块，每一个模块完成一定的功能。

4.1.3　模块化程序设计的方法

用模块化方法进行程序设计的技术在20世纪50年代就出现雏形。在进行程序设计时把一个大的程序按照功能划分为若干小的程序，每个小的程序完成一个确定的功能，在这些小的程序之间建立必要的联系，互相协作完成整个程序要完成的功能。称这些小的程序为程序的模块。

通常规定模块只有一个入口和出口，使用模块的约束条件是入口参数和出口参数。

用模块化的方法设计程序，其过程犹如搭积木的过程，选择不同的积木块或采用积木块不同的组合，就可以搭出不同的造型来。同样，选择不同的程序块或程序模块的不同组合，就可以完成不同的系统架构和功能来。

将一个大的程序划分为若干不同的相对独立的小程序模块，正是体现了抽象的原则，这种方法已经被人们接受。把程序设计中的抽象结果转化成模块，不仅可以保证设计的逻辑正确性，而且更适合项目的集体开发。各个模块分别由不同的程序员编制，只要明确模块之间的接口关系，模块内部细节的具体实现可以由程序员自己随意设计，而模块之间不受影响。

具体到程序来说，模块通常是指可以用一个名字调用的一个程序段。对于不同的程序设计语言，模块的实现和名称也不相同，在 BASIC、FORTRAN 语言中的模块称作子程序；PASCAL 语言中的模块称为过程；C 语言中的模块叫函数。

4.1.4 面向对象的程序设计

结构化程序设计的主要技术是自顶向下，逐步求精，采用单入口/单出口的控制结构。

自顶向下是一种分解问题的技术，与控制结构无关；逐步求精是指结构化程序设计连续分解，最终成为三种基本控制结构（顺序，选择，循环）的组合。

结构化程序设计的结果是使一个结构化程序最终由若干个过程组成，每一过程完成一个确定的工作。对于结构化的程序设计语言，其数据结构是解决问题的中心。一个软件系统的结构是围绕一个或几个关键数据结构为核心而组成的。在这种情况下，软件开发一直被两大问题所困扰：一是如何超越程序的复杂性障碍，二是计算机系统中如何自然地表示客观世界。

Niklaus Wirth 提出的"算法＋数据结构＝程序设计"，在软件开发进程中产生了深远的影响，但软件系统的规模越来越大，复杂性不断增长，以致不得不对"关键数据结构"进行重新评价。在这种系统中，许多重要的过程和函数（子程序）的实现严格依赖于关键数据结构，如果这些"关键数据结构"的一个或几个数据有所改变，则涉及到整个软件系统，许多过程和函数必须重写，甚至因为几个关键数据结构改变，导致软件系统的彻底崩溃。

近 30 年来，计算机科学家为提高软件生产率所做的种种探讨和努力，或多或少地与面向对象的程序设计这一思想有关联。作为克服复杂性的手段，在面向对象程序设计中，把密切相关的数据与过程定义为一个整体（即对象），而且一旦作为一个整体定义了之后，就可以使用它，而无需了解其内部的实现细节。

（1）面向对象的基本概念与特征 在 20 世纪 80 年代末兴起的面向对象的方法学，就是要求按照人们通常的思维方式建立问题领域的模型，设计出尽可能自然的表示求解方法的软件。

所谓建立模型就是建立问题领域中事物间的相互关系，而表示求解问题的方法就是人们思维方式的描述方法。

在面向对象的设计方法中，对象和传递消息分别表现事物及事物间的联系，类和继承性描述人们思维方法的范式，方法是在对象中可进行的操作。

（2）面向对象的设计方法 面向对象方法的具体实施步骤如下。

① 面向对象分析。

② 面向对象设计。

③ 面向对象实现。

面向对象的开发方法不仅为人们提供了较好的开发风范，而且在提高软件的生产率、可靠性、可重用性、可维护性等方面有明显的效果，已成为当今计算机界最为关注的一种开发方法。

（3）面向对象的主要特点　结构化方法强调过程抽象和模块化，将现实世界映射为数据流和过程，过程之间通过数据流进行通信，数据作为被动的实体，被主动的操作所加工，是以过程（或操作）为中心来构造系统和设计程序的。面向对象方法把世界看成是独立对象的集合，对象将数据和操作封装在一起，提供有限的外部接口，其内部的实现细节，数据结构及对它们的操作是外部不可见的，对象之间通过消息相互通信，当一个对象为完成其功能需要请求另一个对象的服务时，前者就向后者发出一条消息，后者在接收到这条消息后，识别该消息并按照自身的适当方式予以响应。

面向对象方法和结构化方法相比具有以下一些特点：

① 模块化，信息隐藏与抽象；

② 自然性与共享性；

③ 并发性；

④ 重用性。

面向对象方法是一种新方法，具有很多优点，但是还要解决许多问题才能更广泛地使用，其中人们对这种方法的接受程度也直接影响它的普及。

4.1.5　编码的标准

在编码阶段，遵循下述原则将有助于编写清晰、紧凑、高效的程序，从而进一步提高程序的可修改性、可维护性和可测试性。

（1）编写易于维护和修改的代码　为了减少系统程序维护的工作量，在编码时应充分考虑程序的可维护性。为了便于维护，在编写程序时，编码风格要清晰明了，具有可读性，同时在必要的地方要使用注释，尽量使问题简单化。

（2）编码时要考虑测试的需求，编制易于测试的代码　在编码阶段对代码的可测试性进行考虑，可以减少测试阶段的工作量。以条件编译和注释的方法融入源代码中，是一种有效的增加代码可测试性的手段。

（3）必须将编程与编写文档的工作统一起来，同步进行　在程序设计的每一个模块完成后都要编写完整的文档资料，其中包括程序流程图、源程序清单、算法模型、程序运行方法、数据结构及相关说明、作者和编写日期、文件名称等。这样既有利于整个项目按期完成，又能保证文档与程序协调一致。

（4）有较高的运行效率　程序的运行效率主要取决于程序设计时编码质量的好坏。在程序设计的过程中，应在保证程序正常功能处理的前提下，尽量少占用计算机处理器运行时间，少占用计算机的主存空间。

（5）编程中采用统一的标准和约定，降低程序复杂性　软件公司或者开发组织通常会制定一份"编码规范"，程序员在编写代码时，必须严格按照"编码规范"编写代码。

通常，编码规范的格式和内容见表 4-1。

（6）限定每一层的副作用，减少耦合度。

（7）分离功能独立的代码块，形成新的模块　将功能独立的代码块独立出来，形成新的模块，增加模块的内聚度，有利于代码的重用和可修改性。

表 4-1　编码规范的格式与内容

规 范 项	规 范 内 容
1. 排版	排版格式,如缩进、块语句、分行等
2. 注释	规范注释的格式
3. 标识符命名	规范标识符的命名规则
4. 可读性	为提高可读性所作的规范,如"程序块要采用缩进风格编写"
5. 变量、结构	规范变量和结构的定义,如"去掉没必要的公共变量"
6. 函数、过程	规范函数的定义,如"明确函数功能,精确(而不是近似)地实现函数设计"
7. 可测性	为提高可测性的规范,如"用断言确认函数的参数"等
8. 程序效率	为程序效率所作规范,如"在保证软件系统的正确性、稳定性、可读性及可测性的前提下,提高代码效率"
9. 质量保证	为提高软件质量所作规范,如"防止引用已经释放的内存空间"

（8）尽可能地复用,使代码或模块能用于其他产品中　在编写代码的时候应该有复用的观念,首先看能否复用别的项目的程序,同时,考虑自己的代码能否被同项目组的别人或者别的项目复用。

从编写代码时就应考虑,这一构件是否有可能用于今后的其他产品中,如果是,则应做成可复用性的构件,使其能共享。

4.2　程序设计语言的选择

程序员总是愿意选择简单易学、使用方便的语言,选择合适的语言能使编码的困难最少,可以减少程序测试的工作量,得到更容易阅读和维护的源程序。由于测试和维护阶段的成本在软件生命周期中占了绝大部分,在编码的时候确保程序容易测试和容易维护也是相当重要的。

4.2.1　程序设计语言的定义

程序设计语言的定义包含三个方面,即语法、语义和语用。

（1）语法　语法是指由程序设计语言的基本符号组成程序中的各个语法成分的一组规则,亦即表示构成程序的各个记号之间的组合规则,包括词法规则和语法规则。但不涉及这些记号的特定含义,也不涉及使用者。

例如,赋值语句的构成规则为:

变量名＝表达式

根据语法,程序中出现的赋值语句必须符合上述构成规则。

（2）语义　语义表示程序的含义,亦即表示按照各种方法所表示各个记号的特定含义,但也不涉及使用者。语义可分为静态语义和动态语义。程序运行的效果反映了该程序的语义。

例如,上述语句的语义是:

① 计算表达式的值;

② 用计算结果取代变量原有的值。

（3）语用　语用表示了构成语言的各个记号和使用者的关系,涉及符号的来源、使用和影响。语用表示程序与使用的关系。

例如，上述语句的语用是：

赋值语句可用来计算和存储表达式的值，而存储的目的或者是用来实现最后输出，或者用来传递给其他表达式（可能在程序中不止一处要用到这个值）。

4.2.2 程序设计语言的基本成分

无论何种程序设计语言，都有如下基本成分构成。

① 数据成分，用于描述程序所涉及数据，例如变量、数组、指针、记录等。

② 运算成分，用来描述程序中所包含运算，例如加、减、乘、除等。

③ 控制成分，用以描述程序中所包含控制，例如 if、for 语句等。

④ 传输成分，用以表达程序中数据的传输，例如输入/输出语句等。

4.2.3 程序设计语言的特性

编码的过程是程序员将详细设计转化和翻译为源代码的过程，也是人借助编程语言与计算机通信的一个过程。程序员对设计的理解、对编程语言的掌握程度，都会对程序设计产生影响。因此，程序设计语言的各种特性必然会影响程序员的心理活动，也影响到代码的翻译和通信过程。程序设计语言的特性应该符合软件工程的要求，符合程序员的心理特征。

从软件工程的角度要求，设计一门程序语言应该考虑程序员易学易用、不易出错，并符合软件项目开发的需要。因此，对程序设计语言有如下一些要求。

(1) 一致性（Uniformity） 指语言中采用的标记法协调一致的程度。

例如，"∗"在 C 语言中既可以在声明中表示其后的变量为指针变量，又可作间接访问运算符，还可以作乘法运算符，这种"一词多用"、一致性不好的语言程序，不仅可读性差，而且在编写程序的过程中容易出错。

(2) 二义性（ambiguity） 语言的二义性是指语言是否允许使用具有二义性的语句。允许使用二义性语句的语言在可理解性和可修改性上都要差一些，会导致程序员对程序理解的混乱。虽然机器对源程序编译时采用一种统一的规则来解释语句和程序，但不同的程序员、甚至同一程序员在不同时刻会有不同的理解。

例如，$a+b/c-d$，对这个表达式的运算顺序，不同的人就有不同的理解。

如果在一门程序设计语言中出现缺乏一致性和存在二义性的现象，则用这种语言编写出来的源代码的可读性、可理解性都会比较差，程序员利用这种语言编写程序时也较容易出错。

(3) 紧致性（compactness） 紧致性是指程序员用某种语言写程序时必须记忆的关于该语言的信息总量。决定紧致性的指标包括：语言对结构化的支持程度；关键字及操作符的数目，显然关键字和操作符的数目越多，则紧致性越差；标准函数的个数及复杂程度；数据类型的种类和默认说明等。

通常紧致性和一致性是矛盾的。在选择程序语言时，必须在这两者之间找到平衡点。

人的记忆和识别能力表现为联想和顺序两种方式，反映到程序设计语言上，称为程序设计语言的局部性和线性。

(4) 局部性（locality） 局部性是指语言的模块化和信息隐藏特性，它是程序设计语言的联想特性，这是人的记忆和识别能力中的联想方式反映到程序设计语言上而形成的。一个局部性差的语言必然会导致程序的复杂性增加。比如，一种不具有块机制的语言，那么信息的作用域必然是全局的，程序的走向也是全局的，从而导致程序的复杂性增加，可读性、可修改性和可维护性都会相应降低。反之，若一种语言包含块机制，能够直接支持结构化构件，则它的局部性增强。

为实现这一特性，在编码时，用语句构成模块、模块构成子系统、子系统构成程序体系，可增强程序的可读性、可测试性和可维护性。

（5）线性（linearity） 一种语言的线性与维持功能域的概念紧密相连，这是人的记忆和识别能力中的顺序方式反映到程序设计语言上而形成的。即当人们遇到按逻辑线性表达的程序时，较容易理解，如果程序中的线性序列和逻辑较多，会大大提高程序的可读性。如果存在大量的分支、循环，会破坏程序的线性。

在总体上是顺序结构的程序，是比较符合人们的思维和阅读习惯的。而编码语言对结构化构件的直接支持，会增强程序的线性。

从软件工程的需要来看，程序设计语言的其他特性如下几项。

（1）将设计翻译成代码的难易程度 设计阶段输出的文档是编码阶段的输入和依据，因此以设计说明书为依据编写代码时，程序语言对设计概念的支持程度就决定了翻译过程的难易。该语言是否支持复杂的数据类型、结构化的构件、按位操作与运算、专门的输入输出处理、面向对象的方法等，都会影响到将设计翻译为代码的难易程度。

例如，若在分析阶段和设计阶段采用的是面向对象的方法，而在编码阶段采用的是面向过程的语言，那么这种翻译就比较困难。

（2）编译器所生成代码的效率 对于实时或时间关键性的项目来说，除在设计和编码时对效率进行充分的考虑外，高效率的编译器也是必须的。好的编译器会对程序做最佳的性能优化。不同语言生成的目标系统的效率不同，即使是同一种语言，采用不同的编译器，目标系统的效率也会不同。在一些移动设备或实时控制等资源有限且紧张的系统中，代码的效率还是需要优先考虑的。

（3）源代码的可移植性 选择一种可移植性强的语言，可以为代码的重用和项目的移植奠定好的基础。源代码的可移植性也是选择开发语言要考虑的因素。

为保证可移植性，语言的标准化是一个重要的途径。遵循 ISO、ANSI 都能促进源代码的可移植性。在编码时，应限定只使用标准文本中的机制，不理会某开发环境提供的扩展功能。

在当今网络环境大行其道的形势下，一种应用软件跨多种硬件或操作系统平台的需求日益增长。例如，Firefox 浏览器既有手机和 PC 机的版本，也有 Windows 和 Linux 环境下运行的版本。因此，可移植性对提高软件生产效率意义重大。

（4）配套的开发工具 当前，各种主流的语言都有良好的集成开发环境（IDE），其中不仅包括源代码的编辑器、编译器和连接器、调试器、源代码格式化工具，同时还包含配置管理工具、安装部署工具以及代码的转换工具。使用这样一套完整的程序设计支撑环境，可以减少很多编码时易产生的人工错误，提高源代码的质量，缩短开发时间。

（5）可维护性 任何有使用价值、投入实际运行的软件都存在维护的问题。维护软件首先必须理解软件，阅读软件文档有助于理解一个软件，但最终还是要阅读源代码并根据设计的变更来修改源代码和文档，达到维护的目的。

相比较而言，那些可读性强的源代码更容易维护。因此，选择便于将设计翻译成源代码的语言有助于提高可维护性，而语言本身的文档化特性（如允许长标识符、带标号的格式、自定义数据类型等）也能促进软件的可维护性。

除上述特性外，传统也是一个需要考虑的因素。程序员已掌握的语言和编程经验，会影响学习新的语言。若新语言的设计思想和风格与原来的类似，则比较容易接受，若相差较大，则阻碍程序员学习新的语言。例如，若入门时采用了非结构化的 Basic 语言，则对学习结构化语言就有一定的影响，类似的情况还发生在从过程化语言转到面向对象语言的时候。

4.2.4　程序设计语言的分类

在软件开发的历史上，先后涌现出数百种程序设计语言。按照语言级别可以分为低级语言和高级语言两大类。而根据程序设计语言的发展历程，又可以将语言大致分为四代。如图4-1 所示。

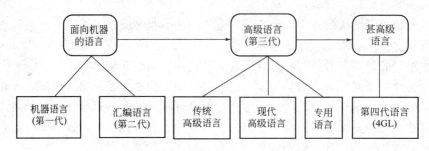

图 4-1　程序设计语言的分类与发展

（1）第一代语言：机器语言　机器语言就是计算机在进行硬件设计时已经确定的机器硬件可以直接识别的语言，机器语言也称机器指令集。每台计算机出厂时，厂家都为它配备一套机器语言，不同的计算机其机器语言通常是不同的。

机器语言由二进制代码（0，1）组合构成指令来表示各种操作。优点是不用翻译就能被计算机直接理解和执行，执行速度最快，效率高。

但二进制表示的机器语言难学难记，用机器语言编写出的源程序难以阅读理解、容易出错、很难维护，不同机器的机器语言不通用又造成程序移植的困难，导致程序设计效率低下，这些因素都限制了计算机软件的发展。

（2）第二代语言：汇编语言　汇编语言是用助记符指令来表示各种操作的计算机语言。机器语言的二进制指令代码被一一赋予了助记符，如 add、sub、jump 等，相对比机器语言的指令代码容易记忆。

汇编语言实质上是机器语言的符号化形式，仍然较难学习和使用，而且其指令系统因具体机器而异，难以移植。

机器语言和汇编语言都属于面向机器的低级语言。从软件工程的角度来看，用它们编程都存在着生产效率低、容易出错和难以维护的缺点。所以，一般只有在系统软件开发、追求效率的场合或者对底层硬件进行输入输出的时候，才考虑使用低级语言。

（3）第三代语言：高级程序设计语言　高级语言是一种接近于人们日常自然语言和数学语言的，面向用户的程序设计语言。高级语言最主要的特点是脱离具体的机器，更接近于待解决问题的表示方法，并且尽量符合人们熟悉的数学表达形式和自然语言的使用习惯。高级语言一条语句往往对应着低级语言的多条指令。

相对于低级语言，高级语言编写出的程序可读性好，不易出错、容易维护。

采用高级语言编写的程序移植性好，在不同型号的计算机上只需做某些微小的改动，然后采用这些计算机上的编译程序重新编译即可运行。

高级语言容易学习和使用，不必对计算机的指令系统有深入的了解就可以编写程序。高级语言的出现，降低了学习和编写程序的技术门槛，使得程序设计不再是少数计算机专业人员的专利，计算机软件有了更广阔的应用领域，同时也提高了软件生产的质量和效率。

① 传统高级语言。创始于 20 世纪 50 年代，如 FORTRAN、COBOL、BASIC 等。其特点是应用广泛，历史悠久，积累了大量的程序库，被人们广泛接受和使用。这些语言是现代语言的基础。

② 现代高级语言。又称结构化语言，它们以面向对象的设计方法和快速原型技术为基础，直接提供结构化的控制结构，具有很强的过程控制能力和复杂数据结构的表达能力。这类语言的代表有 PL/1、PASCAL、C、C++及 Ada。

③ 专用语言。为某种特殊的应用而开发的程序设计语言，具有特殊的语法形式，应用范围较窄。每一种专用语言都面向特定的问题，在自己的领域具有无法比拟的优势。如 Lisp 和 PROLOG 语言适用于人工智能领域；而 NQC（Not Quiet C）则是一种用于编程控制乐高机器人的功能强大的语言。

（4）第四代语言：4GL　第四代语言（4GL）与前三代语言的主要区别是，它是在更高一级的抽象形式，提供功能强大的非过程化问题定义手段，用户只需告知系统做什么，而无需说明怎么做，因此可大大提高软件生产率。

第四代语言主要有如下特征。

① 数据库查询语言和报表生成器。查询语言是数据库管理系统的主要工具，它提供用户对数据库进行查询的功能。有的查询语言（如 SQL）实际上还包括有查询、操纵、定义、控制四种功能。SQL 是最著名的数据库查询语言，它是 IBM 公司开发的一种关系数据库查询语言。

报表生成器（Report Generator）是为用户提供的自动产生报表的重要工具，它提供非过程化的描述手段，让用户很方便地根据数据库中的信息来生成和管理报表。

② 应用生成程序。程序生成程序或应用生成程序一般都能输入某种特定的规格说明，并能产生相应的输出（如高级语言程序）。有交互式和编程式两种生成模式，用来生成相应的屏幕格式、菜单和打印报表甚至更复杂的应用系统。

③ 形式规格说明语言。用自然语言书写的软件规格说明，虽然为开发者和用户所熟悉，易于使用，但也存在着自然语言的歧义性、不精确性，从而给软件的开发和软件的质量带来隐患。形式的规格说明语言则很好地解决了上述问题，而且还是软件自动化的基础。从形式的需求规格说明和功能规格说明出发，可以自动或半自动地转换成某种可执行的程序（如高级语言程序）。

进入 20 世纪 90 年代，随着计算机软硬件技术的发展和应用水平的提高，大量基于数据库管理系统的 4GL 商品化软件已在计算机应用开发领域中获得广泛应用，成为了面向数据库应用开发的主流工具，如 Oracle 应用开发环境、Informix-4GL、Power Builder 等。它们为缩短软件开发周期，提高软件质量发挥了巨大的作用，为软件开发注入了新的生机和活力。

4.2.5　程序设计语言的选择

程序设计语言虽然不是产生软件危机的根源，但选择合适的语言，有助于编写出容易阅读、容易理解和容易修改维护的代码，并能显著降低编写和维护程序的工作量。

为一个特定的开发项目选择编程语言时通常以考虑下列一些因素。

（1）应用领域　各种程序设计语言都有自己的适用范围。在科学计算领域，FORTRAN 常常是首选语言；在商业管理和数据处理领域，SQL 等各类数据库语言是较理想的选择；在实时处理方面，可以选择汇编语言及 C 语言；在开发系统软件方面，可选择 Visual C++、Visual J++、Borland C++及 Delphi 等语言。

（2）算法和计算的复杂性　FORTRAN、Pascal、C、C++等语言都能支持较复杂的算法与计算。而大多数数据库语言都只支持较简单的算法与计算。

（3）软件运行的环境（包括可使用的编译程序）　在服务器端或者客户端，可能的支撑环境有 Unix、Linux、Windows 等，不同环境提供的编译程序各不相同。

（4）用户需求（尤其是其中关于性能方面的需求）　有些实时应用系统要求具有很快的响应速度，可以选择汇编语言或 C 语言。对于那些只是系统某一部分对响应速度有较高要求的，可以选用汇编语言来编写这一部分程序代码。

（5）数据结构的复杂性、开发人员的水平等　主要考虑所选语言是否能提供自定义的复杂数据结构来描述问题，如数组、指针、记录等。C、C++、Pascal 语言都提供了数组、记录数据结构及带指针的动态数据结构。它们适合于设计系统程序以及需要复杂数据结构的应用程序。

（6）成本　程序设计语言所需开发平台价格，往往也是要考虑的因素。有些开发平台动辄上万甚至十几万一套的价格，也使得程序员选择免费开源的语言，如 PHP、JAVA 等。

（7）开发和维护的效率　从开发和维护软件的效率来比较，高级语言程序要比低级语言程序容易编写、容易修改和维护。

但是从程序运行的时间和空间效率来看，由于高级语言编写的程序经过编译后所产生的目标程序要比相同功能的低级语言程序长得多，即前者的运行效率要比后者低。

目前，计算机硬件的强大计算性能常常可以弥补高级语言程序在运行效率方面的不足，但软件维护成本居高不下，所以软件工程首先追求的是开发和维护的效率。大多数软件项目开发时首选高级语言。

（8）可移植性　由于互联网的普及和快速增长，目前很多的项目都需要能迅速移植到不同的系统平台。如用 PHP 编写的系统，几乎不用修改，就可以在 Linux 和 Windows 环境下通用。

目前，由一系列开发软件构成了一个引人注目的开发平台组合 LAMP，即 Linux 操作系统，Apache Web 服务器，MySQL 数据库以及脚本语言（PHP，Perl 或 Python）的组合。

LAMP 以其开放性、低成本、安全性、适用性以及可靠性能，成为开发和实施高性能 Web 应用的重要平台，为程序员在互联网时代提供了更多的选择。

4.3　编码的风格

随着计算机技术的发展，软件的产量在不断提高，软件的规模也在迅速增大，造成软件的复杂性也日益增强。为了保证软件的质量，就需要加强软件测试；而为了延长软件的生命周期，就要经常进行软件维护。在测试与维护的过程中，阅读源代码都是一项重要工作。有时读编码的时间比写编码的时间还要多，这就对程序员提出了新的要求，不仅要编写正确而可靠的程序，还要使编写出的源代码便于测试和维护人员阅读理解。

人们常说：宁愿重新编写一个程序，也不愿修改别人的程序。由于职责分工或人员流动等原因，测试人员和维护人员往往并不是程序的作者。即使偶尔由作者本人来阅读和修改程序，因为时过境迁，往往也需要花费较多的时间才能理解自己当初编写出来的程序代码，这些都是造成软件开发和维护成本居高不下的主要因素。因此，保证源程序逻辑清晰、易读易懂，对程序员来说，是需要在编码过程中时刻注意的原则。

　　同样一个题目，为什么有人编的程序容易读懂，而有人编的程序不易读懂呢？这首先是由编码的风格决定的。编码的风格指一个人编写程序时所表现出来的特点、习惯及逻辑思路等。良好的编程风格可以减少编码的错误，缩短阅读程序的时间，从而提高软件的开发效率和维护效率，降低所消耗的人工成本。

　　良好的编码风格能使程序结构一目了然，帮助你和别人理解它，启发你的思维，也帮助你发现程序中不正常的地方，使程序中的错误更容易被发现。

　　良好的编码风格不仅方便程序作者编写和调试自己的程序，也为测试和维护人员提供了极大的方便，促进了技术的交流。良好的编码风格还有助于提高软件的可靠性、可读性、可测试性、可维护性，促进了软件的重用，改善了软件的质量。

4.3.1　源程序文档化

　　（1）标识符应按意取名，做到见名知意　在程序中，标识符用来表示常量、变量或者函数的名字，应该简练、有实际含义、容易记忆。

　　通常，一个量的作用域越大，它的名字提供的信息量就应该越多。全局量使用具有说明性的标识符，局部量可以用短标识符。因为全局量可以出现在程序的任何地方，因此它们的名字应该足够长，提供足够的说明信息，让读者能够记得它们的用途。全局量不仅仅指变量，类似的全局函数、类和结构也都应该有说明性的名字，以方便读者理解它们在程序中的功能。

　　与全局量的命名相反，局部量只用短名字就够了。而且按常规方式使用的局部量可以使用更短的名字。如 i、j 经常作为循环变量，p、q 作为指针，s、t 表示字符串等。这些约定俗成的标识符使用得非常普遍，不必采用更长的替代名字，要遵循惯例，以免弄巧成拙。

　　若是几个单词组成的标识符，每个单词第一个字母用大写，或者中间用下划线分开，以便于理解。如某个标识符取名为 rowofstable，若写成 Row Of Table 或 row_of_table 就容易理解了。

　　但名字也不是越长越好，太长了，书写与输入都易出错，必要时用缩写名字，但缩写规则要一致。编码过程中使用英文缩写的，则不要再混用汉语拼音缩写，反之亦然。

　　在开发团队中存在着许多命名的约定和习惯。常见的约定有：指针类的变量名要以 p 结尾，如 nodep；全局变量用大写字母开头，如 Age；常量则完全用大写字母拼写而成，如 CONSTANTS；函数名要采用动作性的名称，用一个动词后跟一个名词来说明函数的功能，如 get_year（　）。

　　遵循这些命名约定和习惯能使编出的代码更容易理解，对程序员相互理解对方的代码提供了方便。这些约定也方便人们在编码过程中为事物命名。

　　（2）程序应适当使用注释　注释是帮助读者的一种手段，是程序员与读者之间通信的重要工具，用自然语言或伪码描述。它说明了程序的功能，使程序代码更容易理解，进而容易调试和修改。

　　提倡程序尽量不加注释就容易理解，也推荐在必要的地方加上注释。注释应该在困难的地方尽量帮助读者，而不是为他们阅读代码设置障碍。注释是一种工具，它的作用是帮助读者理解程序中某些不易通过代码本身读懂其含义的部分。所以首先要追求将代码编写得清晰易懂，在这方面做得越好，需要写的注释就越少。一种观点认为，好的代码需要的注释远远少于差的代码。

　　注释分序言性注释和功能性注释。

　　序言性注释应置于每个模块起始部分，主要内容如下。

① 说明每个模块的用途、功能。

② 说明模块的接口，即调用形式、参数描述及从属模块的清单。

③ 数据描述：指重要数据的名称、用途、限制、约束及其他信息。

④ 开发历史：指设计者、审阅者姓名及日期，修改说明及日期。

功能性注释嵌入在源程序内部，说明程序段或语句的功能以及数据的状态。

以下分别是程序的序言性注释、函数的序言性注释。

例 1 程序的序言性注释

```
/*********************************************
*   文件名：
*   Copyright 2010-2012 xx公司开发部
*   创建人：
*   日  期：
*   修改人：
*   日  期：
*   描  述：
*
*   版  本：
*********************************************/
```

例 2 函数的序言性注释

```
/*********************************************
*   函数名：
*   输  入：x, y, z
*       x---
*       y---
*       z---
*   输  出：w---
*       w 为 T，表示---
*       w 为 F，表示---
*   功能描述：
*   全局变量：
*   调用模块：
*   作  者：
*   日  期：
*   修改人：
*   日  期：
*   版  本：
*********************************************/
```

使用注释的时候，要注意以下几点。

① 注释要向读者提供有价值的信息。仅在不易从代码中看明白含义的地方使用注释，为读者提供辅助信息，比如对分散在各处的全局变量进行说明、对复杂的算法或数据结构进行解释，注释不要用来描述代码中已经很明白的事情，不能画蛇添足。

② 使用空行或缩进或括号，甚至用连续的星号构成方框将注释段落包围起来，以便很容易区分注释和程序。

③ 注释要与代码一致，修改程序也应修改注释。有些注释在最初写的时候与代码一致，

但程序经过修改后，代码改变了，而注释还维持原状。这种注释与代码的矛盾常常会误导读者，造成阅读上的困惑，比如将错误的注释当真，而无法判断出程序的错误，耽误了查错的时间。

4.3.2　数据说明

为了使数据定义更易于理解维护，有以下指导原则。

① 数据说明顺序应规范，同一类型的数据说明应写在同一程序块中，使数据的属性更易于查找，从而有利于测试、纠错与维护。例如按常量说明、类型说明、全程量说明及局部量说明顺序进行排列。

② 一个语句说明多个变量时，按字典顺序排列各变量名，便于查找。

③ 对于复杂的数据结构，要加注释，以说明实现这个结构的方法和特点。

4.3.3　程序的视觉组织

视觉组织是根据人的心理认知特点和阅读习惯，从版面上对程序进行合理的编排。恰到好处的视觉组织能使程序的布局合理、清晰、明了，提高可读性，更方便读者阅读。视觉组织的原则如下。

① 为了便于阅读和理解，一行只写一个语句。不要将多个短语句写在同一行中。

② if、while、for、default、case、do 等语句自占一行。

③ 较长的语句（超过 80 字符）要分成多行书写，长表达式要在低优先级操作符处划分新行，操作符放在新行之首，划分出的新行要进行适当的缩进，使排版整齐，语句可读。

④ 用缩排来表示嵌套结构，不同层次的语句采用缩进形式，使程序的逻辑结构和功能特征更加清晰。

⑤ 要避免复杂的判定条件，避免多重的循环嵌套。

⑥ 表达式中使用括号以提高运算次序的清晰度等。

⑦ 将程序分段组织，相对独立的程序块之间、变量说明之后必须加空行。使用空行来区分模块、函数，这就像将文章分成段落一样。

⑧ 在一行语句中，有效地插入多个空格以分隔文字、数据、运算符号，便于辨认。

⑨ 在表达式中使用括号，以使运算顺序更加清晰直观，避免二义性。

视觉组织能极大地改善代码的可读性，因此现在各类集成开发环境（IDE）中都对此加以支持，如用粗体字表示保留字和关键字，用不同颜色区分语句中用户编写的部分，自动缩排，自动在语句中各成分之间插入空格等。

一般情况下，不要追求编写短小精悍的代码，而要编写清晰的代码。

4.3.4　输入和输出

在编写输入和输出程序时考虑以下原则。

① 输入操作步骤和输入格式尽量简单，对输入数据的提示信息要明确，输出结果也要能自我说明，使用户易于理解。

② 应检查所有输入数据的合法性、有效性，报告必要的输入状态信息及错误信息。

③ 输入一批数据时，使用数据或文件结束标志，而不要用计数来控制。

④ 交互式输入时，提供可用的选择和边界值。

⑤ 若程序设计语言有严格的格式要求，应保持输入格式的一致性。

⑥ 输出数据表格化、图形化。

⑦ 为所有输出数据添加标志。

⑧ 使用 I/O 重定向功能以增强输入、输出灵活性。

⑨ 输入输出设计要与用户领域的知识和经验一致。

⑩ 按照使用顺序来显示信息。

输入、输出风格还受其他因素的影响，如输入、输出设备，用户经验及通信环境等。

4.3.5 效率

程序的效率是指时间、空间和输入输出三方面。时间效率是运行程序所需处理器时间；空间效率是程序、数据的存储和运行过程中所需存储器空间；输入输出是指人机交互方面的效率，即人向计算机输入信息或理解计算机输出信息所花费脑力劳动是否经济。

对效率的追求明确以下几点。

① 效率是一个性能要求，所以效率目标是在需求分析阶段确定。

② 追求效率应该建立在不损害程序可读性或可靠性基础之上，要先使程序正确，再提高程序效率；先使程序清晰，再提高程序效率。

③ 提高程序效率的根本途径在于选择良好的设计方法、良好的数据结构与算法，而不是靠编程时对程序语句做调整。

4.3.6 其他推荐原则

除上述编码风格外，下面列出一些综合性的指导原则，每个程序员、每个开发团队都可以参考这些原则，形成自己良好的编码风格与规范。

① 模块化：把长而复杂的程序分解为较小的模块；一个模块实现一个功能；重复的代码用模块来实现。

② 先求正确后求快，在保证正确性、可靠性的前提下，提高程序效率。

③ 先求清晰后求快，在保证可读性的前提下，提高效率。

④ 对程序中多次使用的常数，都定义成合适的常量。尽量不要直接引用常数，这样可将常数集中于说明部分，利于查找，既能方便理解常量的含义，又能达到一处修改，多处正确引用的好处。采用统一的输入格式，使输入数据容易核对，避免对实型数据做相等比较。

⑤ 避免使用相似的变量名，变量中尽量不含数字；同一变量名不要有多种意义；确保所有变量在使用前都初始化。

⑥ 采用简单和直截了当的算法，使用简单的数据结构。

⑦ 检查全局变量的副作用，检查参数传递情况，确保有效性。

⑧ 程序中避免不必要的跳转，尽量少用或不用 GOTO 语句，使程序能够按照自顶向下的方式阅读。

⑨ 在需要等待输入的地方要给出输入的提示，在耗时操作完毕后要给出结束的提示。那种没有提示的等待，令用户无法明了程序的当前状态，即使作者本人也可能一时记不清如何让程序继续运行。

⑩ 程序应有注释，注释的原则是有助于对程序的阅读理解，注释不宜太多也不能太少，注释语言必须准确、易懂、简洁。避免在注释中使用缩写，特别是不常用的缩写。注释应与其描述的代码相近，对代码的注释应放在其上方或右方（对单条语句的注释）相邻位置，不可放在下面，如放于上方则需与其上面的代码用空行隔开。

⑪ 用正确的反义词组命名具有互斥意义的变量或相反动作的函数等。下面是一些在软件中常用的反义词组：

add/remove   begin/end   create/destroy

insert/delete	first/last	get/release
put/get	cut/paste	up/down
add/delete	lock/unlock	open/close
min/max	old/new	start/stop
next/previous	source/target	show/hide
send/receive	source/destination	

⑫ 程序要有错误处理机制。

⑬ 始终坚持编写文档。

⑭ 界面上只包含必要的信息。界面上包含所有必要的信息，界面布局从左上角开始。选择合理的显示方式，尽可能不让用户切换画面即可完成一次完整的操作。

⑮ 制定格式标准，所有屏幕设计都遵守这些标准，保持一致性，根据逻辑关系将相关的信息放在一起，屏幕设计要保持对称的平衡。

⑯ 提高程序的封装性，降低程序各模块的耦合性。

⑰ 提高程序的可重用性，建立通用的函数库、控件库，使开发人员之间的工作成果可以共享。

编码风格对提高程序可读性、保证代码质量的重要性已被受到广泛重视。编码的风格已逐渐从个人的良好习惯演变为业界遵守的严格标准。在许多开发团队，关于编码风格，都形成了更为详尽和严格的编码规范，要求成员共同遵守。编码风格，已经成为软件质量保证的重要手段之一。

因此，在编码阶段，要善于积累编程经验，学习和培养良好的编程风格，使编出的程序清晰易懂，易于测试与维护，从而提高软件的质量。

4.4 实 验 实 训

1. 实训目的

① 培养学生利用所学开发语言的理论知识和技能分析并解决实际工作问题的能力。

② 培养学生进行调查研究、查阅文献资料以及编写程序的能力。

2. 实训内容

① 根据详细设计说明书，由项目组长分配任务，将模块分配到人，在指定时间内完成模块的编码工作。

② 各成员完成对所编写模块代码的调试和自查工作，按期上交可稳定运行的源代码。

3. 实训要求

① 对所编写模块源代码，进行检查和评审，指出有错误或待改进的地方，并反馈模块评审意见。

② 根据评审意见，对模块做出修改、完善和优化，并进行调试，确保修改后的代码稳定可靠。

③ 实训完成后，实训总结，完成项目实训总结报告。

小   结

本章概要介绍了程序设计语言的选择、编码的规范和风格，以及程序设计方法。

编码就是将软件总体设计和详细设计的结果用某种程序设计语言描述出来，转化成源程序。故所选择语言应尽量自然地支持软件设计方法，适合于所求解问题的领域。例如，用结构化的程序设计语言去实现结构化软件设计的结果，而面向对象的软件设计则考虑采用面向对象程序设计语言来实现。

编码的过程是把模块的过程性描述翻译为用所选定编程语言的源程序的过程。程序的质量主要是由软件设计的质量决定的。但是，编码的风格和使用的语言，对编码的质量也有重要的影响。

程序设计语言的演变，经历了从低级语言到高级语言的复杂过程。高级语言的突飞猛进，压缩了汇编语言等低级语言的应用领域。现阶段的程序设计，主要还是利用高级语言来实现。软件工程师应综合考虑编程语言的特性、问题的领域、使用的环境，选择适当的语言来设计程序。

为了得到具有良好可读性、较高效率的程序代码，在编码过程中应遵循编码的规范，采用良好的编码风格和清晰的输入/输出格式，以大大提高程序的可维护性。

编码时应综合考虑程序的时间和空间特性，即运行程序所占用处理器时间和内存空间。提高程序的效率可以从算法、存储处理和输入/输出处理等方面着手。

习 题 四

一、选择题

1. 在结构化程序设计思想提出之前，在程序设计中曾经强调程序的效率。现在，与程序的效率相比，人们更重视程序的（　　）。

A. 安全性　　　　　　　B. 一致性　　　　　C. 可理解性　　　　D. 合理性

2. 在设计程序时，应采纳的原则之一是（　　）。

A. 不限制 GOTO 语句的使用　　　　　　B. 减少或取消注释行

C. 程序越短越好　　　　　　　　　　　D. 程序结构应有助于读者理解

3. 为了提高软件的可维护性，在编码阶段应注意（　　）。

A. 保存测试用例和数据　　　　　　　　B. 提高模块的独立性

C. 文档的副作用　　　　　　　　　　　D. 养成好的程序设计风格

4. 一个程序按结构化程序设计方式构造时，一般地总是一个结构化程序，即由三种基本控制结构：顺序结构、选择结构和循环结构构成。这三种结构都是（　　）的程序结构。

A. 单入口/单出口　　　　　　　　　　B. 单入口/双出口

C. 双入口/单出口　　　　　　　　　　D. 双入口/双出口

5. 数据说明为了使数据定义更易于理解维护，以下原则中错误的是（　　）。

A. 数据说明顺序应规范，使数据的属性更易于查找，从而有利于测试、纠错与维护。例如按常量说明、类型说明、全局量说明及局部量说明顺序

B. 一个语句说明多个变量时，各变量名按字典顺序排列

C. 对于复杂的数据结构要加注释，说明在程序实现时的特点

D. 注释是程序员与读者之间通信的重要工具，但是可有可无的

6. 在国际上广泛使用的商用管理语言是（　　）。

A. FORTRAN　　　　　B. BASIC　　　　　C. COBOL　　　　　D. PL/1

7. 程序语言的编译系统和解释系统相比，从用户程序的运行效率来看（　　）。

A. 前者运行效率高　　　　　　　　　　B. 两者大致相同

C. 后者运行效率高　　　　　　　　　　D. 不能确定

8. 1960 年 Dijkstra 提倡的（　　）是一种有效的提高程序设计效率的方法，把程序的基本控制结构限

于顺序、（　　）和（　　）三种，同时避免使用（　　），这样使程序结构易于理解，（　　）不仅提高程序设计的生产率，同时也容易进行程序的（　　）。

① A. 标准化程序设计　　　　　　　　　B. 模块化程序设计
C. 多道程序设计　　　　　　　　　　　D. 结构化程序设计
②③A. 分支　　　　　B. 选择　　　　　C. 重复
D. 计算　　　　　　　　　　　　　　　E. 输入输出
④ A. GOTO 语句　　　　　　　　　　　B. DO 语句
C. IF 语句　　　　　　　　　　　　　　D. REPEAT 语句
⑤ A. 设计　　　　　　　　　　　　　　B. 调试
C. 维护　　　　　　　　　　　　　　　D. 编码

9. 软件的可移植性是衡量软件质量的重要标准之一。它指的是（　　）。
A. 一个软件版本升级的容易程度
B. 一个软件与其他软件交换信息的容易程度
C. 一个软件对软硬件环境要求得到满足的容易程度
D. 一个软件从一个计算机系统或环境转移到另一个计算机系统或环境的容易程度

10. 编码（实现）阶段得到的程序段应该是（　　）。
A. 编辑完成的源程序
B. 编译（或汇编）通过的可装配程序
C. 可交付使用的程序
D. 可运行程序

二、名词解释
1. 编码
2. 编码风格
3. 第四代语言
4. 程序的效率
5. 源程序文档化

三、问答题
1. 程序编码阶段的主要任务是什么？
2. 选择一种或几种程序设计语言说明其特性（如一致性、二义性等）。
3. 根据程序设计语言发展的历程，可以把程序设计语言分为哪四类？
4. 谈谈你对于第四代语言的认识。
5. 结构化程序设计有时被错误地称为"无 GOTO 语句"的程序设计。请说明为什么会出现这样的说法，并讨论环绕着这个问题的一些争论。
6. 什么是结构化程序？它的主要特征是什么？
7. 什么是编码风格？为什么要强调编码风格？
8. 根据你的理解，按照重要程度排列总结编程应遵循的风格，并说明为什么如此即能增加代码的可读性和可理解性？
9. 何谓结构化程序设计？何谓结构化程序？非结构化程序设计可否得到结构化程序？
10. 举例说明各种程序设计语言的特点及其适用范围。
11. 编码阶段有哪些人员参加？最后的文档是什么？
12. 选择程序设计语言的标准是什么？
13. 程序设计语言有哪些共同特征？
14. 程序设计语言从心理学角度看各具有什么特性？
15. 结构化程序设计的优点是什么？如何在编码中使用这种方法？
16. 为什么要进行程序的注释？应该怎样进行程序的注释？

第5章 软件测试

　　软件作为人类智力劳动的结晶之一，从诞生之初就对人类的生活产生了巨大的影响和改变，在社会生活的各个领域都带来了日新月异的变化。但是伴随着软件的诞生，软件缺陷也给人们带来了许多损失，甚至有些损失是不可弥补的。在软件开发过程中，由于软件开发人员的主观认知能力的局限性和开发软件的复杂性，尽管采取了许多改进和保证软件质量的方法，但是在开发软件的各个过程中还是不可避免地会产生各种或大或小的错误，所以在软件正式投入使用之前必须对其做严格的测试，发现并纠正错误。

　　由于软件程序的正确性证明在技术上还未得到根本解决，软件测试成为了发现软件错误和缺陷的主要手段，工作量占软件开发总工作量的40％以上，在测试那种事关人类的生命安全的软件时所花费的成本可能是软件工程中其他部分总成本的3~5倍。因此必须高度重视测试工作。

5.1 软件测试的目的

5.1.1 软件测试的定义

　　1. 什么是软件测试

　　Glenford J. Myers 在其1979年的著作《软件测试的艺术》中对软件测试定义为："测试是为了发现错误而执行的一个程序或系统的过程"。1983年，Bill Hetzel 在其《软件测试完全指南》一书中指出："测试是以评价一个程序或系统属性为目标的任何一种活动，测试是对软件质量的度量。"这是对 Myers 定义的很好的补充。同时，IEEE 对软件测试下的定义为："使用人工或自动的手段来运行或测定某个软件系统的过程，其目的在于检验它是否满足规定的需求或者弄清预期结果和实际结果之间的差别。"这个定义成为目前被广泛采用的对软件测试的标准定义。在软件开发的过程中，软件测试是根据软件开发各阶段的规格说明和程序的内部结构而精心设计一批测试用例（即输入数据及其预期的输出结果），并利用这些测试用例去运行程序，以发现程序错误的过程。

　　2. 软件测试的对象

　　一般看来，既然软件测试是为了发现程序中的错误，那么测试的对象就是程序。但是大量的测试实践表明：在查找出的软件错误中，属于程序编写的错误仅占36％，而属于需求分析和软件设计的错误占到了64％。这就说明软件中的大部分错误是在编码之前就已经造成了，是属于先天性的。因此软件测试并不仅仅是程序测试，软件测试应贯穿于软件定义与开发的整个周期，从需求分析、概要设计、详细设计以及程序编码等各个阶段所产生的文档，包括需求规格说明、概要设计规格说明、详细设计规格说明以及源程序都应该成为软件测试的对象。所以说软件测试的对象不仅仅是程序，也包括了需求分析和设计工作，甚至需求分析和设计工作要比源程序更要引起软件测试人员的重视，因为软件中的错误发现的越晚，为了修复和改正它所付出的代价也就越大。

5.1.2 软件测试的目的

　　软件测试站在不同的立场，存在有两种完全不同的测试目的。从用户的角度出发，普遍希望通过软件测试暴露软件中隐藏的错误和缺陷，使软件在交付使用之后能顺利安全地完成用户的需求。而从软件开发者的角度出发，则希望测试成为表明软件产品中不存在错误的过程，验证软件已正确地实现了用户的要求，确定人们对软件质量的信心。因此，如果由程序的编写者自己进行测试，那么他们会选择那些导致程序失效概率小的测试用例，回避那些易于暴露程序缺点和缺陷的测试用例。同时也不会着力去检测、排除程序中可能包含的副作用。另外，从心理学角度看由程序的编写者自己进行测试是不恰当的。因此，在综合测试阶段通常由其他人员组成测试小组来完成测试工作。同时应该认识到测试决不能证明程序是完全正确的。即使经过了最严格的测试之后，仍然可能还有没被发现的错误潜藏在程序中。测试只能查找出程序中的错误，不能证明程序中没有错误。

鉴于此，G. J. Myers 对软件测试的目的做了如下的归纳。

① 测试是程序的执行过程，目的在于发现错误。

② 一个好的测试用例在于能够发现至今尚未发现的错误。

③ 一个成功的测试是发现至今尚未发现的错误的测试。

5.1.3 软件测试的原则

为了能设计出有效的测试方案，尽可能发现软件中的错误，提高软件的质量，在软件测试的过程中应注意以下的测试原则。

① 应尽早地和不断地进行软件测试。不应把软件测试仅仅看作是软件开发的一个独立阶段，而应当把它贯穿于软件开发的各个阶段中。一旦完成了需求模型就可以着手制定测试计划，在建立了设计模型之后就可以立即开始设计详细的测试方案，坚持软件开发的各个阶段的技术评审，尽可能早地发现错误。错误发现得越早，后阶段耗费的人力、财力就越少，软件质量相对提高一些。

② 所有测试都应该能追溯到用户需求。软件测试的目标是发现错误，从用户的角度看，最严重的错误是程序不能满足用户的需求。因此所有测试标准都应建立在满足用户需求的基础上。

③ 测试用例应由输入数据和对应的预期输出数据两部分组成。测试前应当设定合理的测试用例。不但需要测试输入数据，而且需要测试针对这些输入数据而得到的预期输出结果，这样便于对照检查，做到"有的放矢"。如果在程序执行前无法确定预期的测试结果，那么就缺少了检验实验结果的基准，就有可能把一个模糊的错误当成正确的结果。

④ 测试用例应包括合理的输入条件和不合理的输入条件。合理的输入条件是指能验证程序正确的输入条件，而不合理的输入条件是指异常的、临界的、可能引起问题的输入条件。在软件的实际使用过程中，由于各种因素的存在，用户可能会使用一些非法的输入，比如常会按错键或使用不合法的命令。但是在软件测试中，人们常忽视不合法的和预想不到的输入条件，倾向于考虑合法的和预期的输入条件。对于一个功能较完善的软件来说，当遇到不合理的输入数据时，程序应拒绝接受，并给出相应的提示。实际上用不合理的输入条件测试程序时，往往比用合理的输入条件进行测试能发现更多的错误。

⑤ 对发现错误较多的程序段，应进行更深入的测试。测试时不要以为找到了几个错误问题就已解决，不需要继续测试了，而要对发现错误较多的程序段，进行更深入的测试。经验表明：一段程序中若发现错误的数目越多，则此段程序中残存的错误数目也较多。因为发现错误多的程序段，其质量较差，同时在修改错误的过程中也容易引入新的错误。

⑥ 严格执行测试计划，排除测试的随意性。测试之前应仔细考虑测试的项目，对每一项测试做出周密的计划，包括被测程序的功能、输入和输出、测试内容、进度安排、资源要

求、测试用例的选择、测试的控制方式和过程等，还要包括系统的组装方式、跟踪规程、调试规程，回归测试的规定，以及评价标准等。

⑦ 应当对每一个测试的结果做全面的检查。这是一条最明显的原则，但常常被忽略。不仔细、全面地检查测试结果，就会使得有错误征兆的输出结果被遗漏掉。

⑧ 在对程序修改之后要进行回归测试。在修改程序的同时，时常又会引进新的错误，因而在对程序修改完之后，还应该进行回归测试，这样有助于发现因修改程序而引进的新的错误。

⑨ 程序员应避免测试自己的程序。

由于思维定势和心理因素的影响，程序员并不是测试的最佳人选（通常他们主要承担模块测试工作）。这不能与程序的调试相混淆，调试由程序员自己来做可能更有效。而程序员以及程序开发小组应尽可能避免测试自己编写的程序。为了达到最佳效果，保证测试质量，应分别建立开发和测试队伍，由独立的软件测试小组或测试机构对软件进行测试。

⑩ 妥善保存测试计划、测试用例、出错统计和最终分析报告，为维护提供方便。

5.2　软件测试的方法和步骤

5.2.1　软件测试的方法

软件测试要以尽可能少的测试用例来发现软件中尽可能多的错误。按照程序是否执行，测试的方法一般分为两大类：静态测试方法和动态测试方法，而动态测试方法又根据测试用例的设计方法不同，分为黑盒测试和白盒测试两大类。

（1）静态测试

顾名思义，静态测试是指被测试程序不在计算机上运行，而是通过对被测程序的静态审查，来发现代码中潜在的错误。它的基本特征是对软件进行分析、检查和审阅，但不要求实际运行被测试的软件。比如对需求规格说明书、设计规格说明书、源代码做检查和审阅，看是否符合标准和规范，并通过结构分析、流图分析及符号执行指出软件的缺陷。它可以采用人工检测的方法完成，也可以借助计算机辅助静态分析的方法来完成。

① 人工检测　人工检测是指依靠人工进行代码审查或评审软件。代码审查主要检查代码和设计的一致性，代码是否遵循标准，代码的可读性，代码的逻辑正确性，代码结构的合理性等。而软件评审需要对软件开发各个阶段的文档检验，特别是概要设计和详细设计阶段的错误。在实际使用中，人工检测是一种非常有效的测试手段，能有效发现 30%～70% 的逻辑设计和编码错误，但它需要编程及测试方面知识和经验的积累。

② 计算机辅助静态分析　是指软件测试人员利用静态分析软件工具对程序进行特性分析。主要检测变量是否用错、参数是否匹配、循环嵌套是否有错、是否有死循环及永远执行不到的死代码等。它从程序中提取一些信息，供测试人员对其进行分析，以便检查程序逻辑的各种缺陷和可疑的程序构造，从而查找程序中的错误。

（2）动态测试

一般意义上的测试大多是指动态测试。在动态测试中，计算机必须真正地运行被测试的程序，通过输入测试用例，对其对应的预期输出结果进行分析，判断和实际结果是否一致。如果已经知道了产品应具有的功能，可以通过测试来检验每个功能是否都能正常使用，这种方法称为黑盒测试。如果知道产品的内部工作过程，可以通过测试来检验产品内部动作是否按照规格说明书的规定正常进行，这种方法称为白盒测试。关于黑盒测试及白盒测试在后面的章节会有详细介绍。

5.2.2　软件测试的信息流

测试信息流如图 5-1 所示。测试过程需要三类输入。

① 软件配置。包括软件需求规格说明、软件设计规格说明、源代码等。

② 测试配置。包括测试计划、测试用例、测试驱动程序等。

③ 测试工具。测试工具为测试的实施提供某种服务。例如，测试数据自动生成程序、静态分析程序、动态分析程序、测试结果分析程序以及驱动测试的工作等。

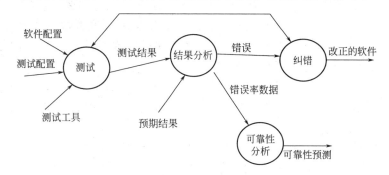

图 5-1　软件测试的信息流

测试之后，用实测结果与预期结果进行比较。如果发现出错的数据，就要进行调试。对已经发现的错误进行错误定位并确定出错性质，改正这些错误，同时修改相关的文档。修正后的文档一般都要经过再次测试，直到通过测试为止。

通过收集和分析测试结果数据，对软件建立可靠性模型。

如果测试发现不了错误，那么可以肯定，测试配置考虑得不够细致充分，错误仍然潜伏在软件中。这些错误最终不得不由用户在使用中发现，并在维护时由开发者去改正。但那时改正错误的费用将比在开发阶段改正错误的费用要高出 40～60 倍。

5.3　黑 盒 测 试

5.3.1　测试用例

为了进行有效的测试，不仅要有测试输入数据，还应该有与之对应的预期输出结果。因此，测试用例是由输入数据和预期的输出结果组成的。程序在执行某测试用例的输入数据时，如果实际输出结果与测试用例中的预期输出结果不同，则说明程序中存在错误。

由于在实际中实现穷举测试是不可能的，为了提高测试效率，节省时间和资源，就必须精心地挑选测试用例，也就是要从数量极大的可用测试用例中精心地挑选尽可能少的测试用例，使其能够高效地揭露软件中的错误。

测试用例的设计方法主要分为黑盒法和白盒法。

5.3.2　黑盒测试的概念

该方法是把测试对象看作一个黑盒子，测试人员完全不考虑程序内部的逻辑结构和处理过程，只在软件的接口处进行测试，依据程序的需求规格说明书，检查程序的功能是否满足它的功能要求。因此黑盒测试又称为功能测试或数据驱动测试。

通过黑盒测试方法主要是为了发现以下错误。

① 是否有不正确或遗漏了的功能。

② 在接口上，能否正确地接收输入数据，能否输出正确的结果。

③ 是否有数据结构错误或外部数据访问错误。

④ 性能上能否满足要求？

⑤ 是否有初始化或终止条件错误？

所以用黑盒测试发现程序中的错误，必须在所有可能的输入条件和输出条件中确定测试

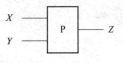

图 5-2　黑盒测试

输入数据，来检查程序是否都能产生正确的输出。但这是不可能的。

假设一个程序 P 有输入 X 和 Y 及输出 Z，参看图 5-2，在字长为 32 位的计算机上运行。如果 X 及 Y 只取整数，考虑把所有 X、Y 值都作为测试数据，按黑盒方法进行穷举测试。这样可能的测试数据的最大数目为：

$$2^{32} \times 2^{32} = 2^{64}$$

如果程序 P 测试一组 X、Y 数据需要 1ms，并假定一天工作 24 小时，一年工作 365 天，要完成所有测试需要 5 亿年。

可见，穷举地输入测试数据进行黑盒测试是不可能的。以上事实说明，软件测试有一个致命的缺陷，即测试的不完全性、不彻底性。所以需要精心地设计测试用例，用尽可能少的测试发现尽可能多的错误。下面介绍黑盒测试方法对应的各种测试用例设计技术。

5.3.3　黑盒测试用例的设计

黑盒测试是功能测试，在设计测试用例时，需要研究软件的需求规格说明和概要设计说明中有关程序功能或接口之间的信息等，从而与测试后的结果进行比较分析。用黑盒技术设计测试用例的方法一般有四种：等价类划分法、边界值分析法、错误推断法及因果图法。但没有任何一种方法能提供完整的测试用例来检查程序的全部功能，所以在实际测试中应该根据情况把各种方法结合起来使用。下面分别介绍这四种黑盒测试用例的设计方法。

（1）等价类划分法

等价类划分是一种典型的黑盒测试用例设计方法。采用这一方法时，完全不考虑程序的内部结构，只依据程序的规格说明来设计测试用例。由于不可能用所有可能的输入数据来测试程序，而只能从全部可供输入数据中选择一个子集进行测试。如何选择适当的子集，使其发现尽可能多的错误呢？解决这一问题的办法之一就是等价类划分。

它将所有可能的输入数据按有效的或无效的划分为若干个等价类，然后从每个等价类中选取少数有代表性的数据作为测试用例，以便发现程序中的错误。在该等价类中，各个输入数据对于揭露程序中的错误是等效的，测试每个等价类的代表值就等于对该类其他值的测试，也就是说，如果从某个等价类中任选一个测试用例未发现程序错误，则该类中其他测试用例也不会发现程序的错误。这样就可以用少量有代表性的例子代替大量测试目的相同的例子，能有效地提高测试效率。

使用这一方法设计测试用例要经历划分等价类和确定测试用例两步。

① 划分等价类　等价类的划分有两种不同的情况。

有效等价类：是指程序的合理、有意义的输入数据构成的集合。利用它可以检验程序是否实现了预期的功能和性能。

无效等价类：是指程序的不合理、无意义的输入数据构成的集合。利用它可以检查程序中功能和性能的实现是否有不符合规格说明要求的地方。

在设计测试用例时，不仅要考虑有效等价类的设计，还要考虑无效等价类的设计。因为

软件不能只接收合理的数据，还要经受意外的考验，接收无效的或不合理的数据，这样获得的软件才能具有较高的可靠性。

如何划分等价类是一个重要的问题。下面给出划分等价类的原则。

a. 如果规定了输入值的取值范围，则可划分出一个有效等价类（输入值在此范围内）、两个无效等价类（输入值小于最小值或大于最大值）。

例如输入值是学生的成绩，取值范围为 0～100，则可以划分出一个有效等价类为 "0≤成绩≤100"，两个无效等价类为 "成绩<0" 和 "成绩>100"。

b. 如果规定了输入数据的个数，则也可以类似地划分出一个有效等价类和两个无效等价类。

例如，每个学生一学期内只能选修 1～3 门课程，则可以划分出一个有效等价类为 "选修 1～3 门课程"，两个无效等价类 "不选修" 和 "选修超过 3 门"。

c. 如果规定了输入数据的一组值，而且程序对不同的输入值进行不同的处理，则可为每个允许的输入值确定一个有效等价类。此外，针对任何一个不允许的输入值确定一个无效等价类。

例如，教师的职称可以为助教、讲师、副教授及教授四种职称中的一种，则分别取这四个值作为四个有效等价类，此外把四个职称之外的任何职称作为一个无效等价类。

d. 如果规定了输入数据必须遵循的规则，可确定一个有效等价类（符合规则）和若干个无效等价类（从各种不同角度违反规则）。

例如，Pascal 语言规定 "一个语句必须以分号 ';' 结束"。这时，可以确定一个有效等价类 "以 ';' 结束"，若干个无效等价类 "以 ':' 结束"、"以 ',' 结束"、"以 IF 结束" 等。

e. 如果输入条件是一个布尔量，则可以确定一个有效等价类和一个无效等价类。

f. 如果规定了输入数据为整数，则可以划分为正整数、零和负整数三个有效等价类为测试数据。

g. 在已划分的某等价类中，如果各元素在程序中的处理方式不同，则应将此等价类进一步划分为更小的若干等价类。

以上这些规则虽然都是针对输入数据的，但其中绝大部分也同样适用于输出数据。这些数据也只是测试时可能遇到的情况中的很小一部分。为了能正确划分等价类，一定要正确分析被测程序的功能。此外，在划分无效等价类时还必须考虑编译程序的检错功能，一般来说，不需要设计测试数据来暴露编译程序肯定能发现的错误。

在根据以上规则确立了等价类之后，建立等价类表，列出所有划分出的等价类。

输入条件	有效等价类	无效等价类
……	……	……
……	……	……

② 确立测试用例　根据已划分的等价类，按以下步骤设计测试用例。

a. 为每一个等价类规定一个唯一的编号。

b. 设计一个新的测试用例，使它尽可能多地覆盖尚未被覆盖过的有效等价类。重复这步，直到所有有效等价类都被覆盖为止。

c. 设计一个新的测试用例，使它仅覆盖一个尚未被覆盖的无效等价类。重复这一步，直到所有无效等价类都被覆盖为止。

之所以这样做，是某些程序发现一类错误后就不再检查是否还有其他错误，因此，应该使每个测试用例只覆盖一个无效等价类。

③ 用等价类划分法设计测试用例的实例　例如，某报表处理系统要求用户输入处理报表的日期，日期限制在 2004 年 1 月至 2009 年 12 月，即系统只能对该段时期内的报表进行处理。如果用户输入的日期不在此范围内，则显示输入错误信息。该系统规定日期由年、月的六位数字字符组成，前四位代表年，后两位代表月。现用等价类划分法设计测试用例，来测试程序的"日期检查功能"。

a. 划分等价类并编号：划分成 3 个有效等价类和 7 个无效等价类，如表 5-1 所示。

表 5-1　"报表日期"输入条件的等价类表

输入条件	有效等价类	无效等价类
报表日期的类型及长度	6 位数字字符(1)	有非数字字符　　(4) 少于 6 个数字字符(5) 多于 6 个数字字符(6)
年份范围	在 2004～2009 之间(2)	小于 2004(7) 大于 2009(8)
月份范围	在 1～12 之间(3)	小于 1　(9) 大于 12 (10)

b. 为有效等价类设计测试用例，对于表中编号为 (1)，(2)，(3) 对应的 3 个有效等价类，可以用一个测试用例覆盖，如表 5-2 所示。

表 5-2　有效等价类的测试用例

输入数据	预期输出结果	覆盖范围
200406	输入有效	等价类(1)(2)(3)

c. 为每一个无效等价类至少设计一个测试用例。本例有 7 个无效等价类，至少需要 7 个测试用例，如表 5-3 所示。

表 5-3　无效等价类的测试用例

输入数据	预期输出结果	覆盖范围	输入数据	预期输出结果	覆盖范围
002MAY	输入无效	等价类(4)	201005	输入无效	等价类(8)
20055	输入无效	等价类(5)	200400	输入无效	等价类(9)
2004005	输入无效	等价类(6)	200413	输入无效	等价类(10)
200105	输入无效	等价类(7)			

让一个测试用例覆盖几个有效等价类，可以减少测试的次数。但若让一个测试用例覆盖几个无效等价类，就可能使错误漏检，使得程序测试不完全。比如，不能用 002MAY 同时覆盖 4 和 5。

用等价类划分法设计测试用例比随机选择要好得多，但这个方法的缺点是没有注意选择某些高效的、能够发现更多错误的测试用例。

(2) 边界值分析法

经验表明，程序在处理边界情况时最容易发生错误，大量的错误是发生在输入或输出范围的边界上，而不是在输入范围的内部。因此针对各种边界情况设计测试用例，有利于查出更多的错误。

例如，在做三角形设计时，要输入三角形的三个边长 A、B 和 C，才能构成三角形。这三个数值应当满足 $A>0$、$B>0$、$C>0$、$A+B>C$、$A+C>B$ 及 $B+C>A$，才能构成三角形。但如果把这六个不等式中的任何一个"＞"错写为"≥"，那就不能构成三角形，而问题恰好出现在容易被疏忽的边界附近。所以在选择测试用例时，选择边界附近的值就能发现被疏忽的问题。这里所说边界是指，相对于输入等价类和输出等价类而言，稍高于其边界值及稍低于其边界值的一些特定情况。

　　使用边界值分析方法设计测试用例时，首先应该确定边界情况，通常输入等价类和输出等价类的边界，就是应该着重测试的程序边界情况。但它不是选取等价类中的典型值或任意值作为测试数据，而是应当选取正好等于、刚刚小于或刚刚大于边界的值作为测试数据。

　　边界值分析方法选择测试用例的原则在很多方面与等价类划分方法类似。

　　a. 如果输入条件规定了值的范围，则应当选择正好等于边界值的数据、刚刚超越这个范围边界值的数据作为测试用例。例如，输入值的范围是［1，100］，可取 0，1，100，101 等值作为测试数据。

　　b. 如果输入条件规定了输入数据的个数，则按最大个数、最小个数、比最大个数多 1 及比最小个数少 1 等情况分别设计测试用例。例如，一个输入文件可包括 1～255 个记录，则可以分别设计 1 个记录、255 个记录，以及 0 个记录和 256 个记录的输入文件的作为测试用例。

　　c. 根据规格说明的每个输出条件，分别按照以上两个原则确定输出值的边界情况。例如，设计商品折扣量的程序，最低折扣量是 0 元，最高折扣量是 1000 元，则设计一些测试用例，使它们恰好产生 0 元和 1000 元的结果。此外，还可考虑设计结果为负值或大于 1000 元的测试用例。

　　因为输出值的边界不与输入值的边界相对应，所以要检查输出值的边界不一定可能，要产生超出输出值值域之外的结果也不一定能做到，但必要时还需试一试。

　　d. 如果程序的规格说明给出的输入域或输出域是个有序集合（如顺序文件、线性表或链表等），则应选取集合的第一个元素和最后一个元素作为测试用例。

　　e. 如果程序中使用了一个内部数据结构，则应当选择这个内部数据结构的边界上的值作为测试用例。例如，程序中定义了一个数组，其元素下标的上界和下界分别是 100 和 1，则应选择 100 和 1 作为测试用例。

　　f. 分析规格说明，找出其他可能的边界条件。

　　通常设计测试用例时总是联合使用等价类划分和边界值分析两种技术。针对上述报表处理系统中的报表日期输入条件，采用边界值分析法的测试用例。

　　程序中判断输入日期（年月）是否有效，假定使用如下语句：

```
if(ReportDate<=MaxDate)AND(ReportDate>=MinDate)

THEN  产生指定日期报表

ELSE  显示错误信息

END   IF
```

　　如果将程序中的＜＝错写为＜，则上例的等价类中所有测试用例都不能发现这一错误，采用边界值分析法设计的测试用例，如表 5-4 所示。

　　将表 5-1 和表 5-4 比较，可以发现：等价类划分方法的测试数据是在各个等价类允许的范围内任意取值的，而边界值分析法的测试数据必须在边界值附近取值。

　　等价类划分法一共采用了 8 个测试用例，而边界值分析法则采用了 14 个测试用例。一般来说，用边界值分析法设计的测试用例比等价类划分法的代表性更加广泛，发现程序中错误的能力也要更强一些。

表 5-4 "报表日期"边界值分析法测试用例

输入条件	测试用例说明	测试数据	期望结果	选取理由
报表日期的 类型及长度	1个数字字符	5	显示出错	仅有一个合法字符
	5个数字字符	20045	显示出错	比有效长度少1
	7个数字字符	2004005	显示出错	比有效长度多1
	有1个非数字字符	2004.5	显示出错	有一个非法字符
	全部是非数字字符	May---	显示出错	6个非法字符
	6个数字字符	200405	输出有效	类型及长度均有效
日期范围	在有效范围边界上 选取数据	200401	输入有效	最小日期
		200812	输入有效	最大日期
		200400	显示出错	刚好小于最小日期
		200813	显示出错	刚好大于最大日期
月份范围	月份为1月	200501	输入有效	最小月份
	月份为12月	200512	输入有效	最大月份
	月份<1	200500	显示出错	刚好小于最小月份
	月份>12	200513	显示出错	刚好大于最大月份

（3）错误推测法

在测试程序时，人们也可以靠经验或直觉推测程序中可能存在的各种错误，从而有针对性地编写检查这些错误的例子，这就是错误推测法。

错误推测法的基本想法是：列出程序中所有可能有的错误和容易发生错误的情况，并根据它们选择测试用例。

对于程序中容易出错的情况也有一些经验总结出来。例如，输入数据为零或输出数据为零往往容易发生错误；又如，输入表格为空或输入表格只有一行是容易出错的情况等；此外还应该仔细分析程序规格说明书，注意找出其中遗漏或省略的地方，以便设计相应的测试用例，检测程序员对这些部分的处理是否正确。

仍以上面的报表日期为例，在已经用等价类划分法和边界值分析法设计过测试用例的基础上，还可以使用错误推测法来补充一些测试用例。例如：报表日期全为"0"，忘记输入的报表日期，或者年月次序颠倒，比如将"20080910"误输入为"10092008"等。

又如，对于一个排序程序，利用错误推测法列出以下几项需要特别测试的情况。

① 输入表为空。

② 输入表只含有一个元素。

③ 输入表中的所有元素都相同。

④ 输入表中已经排好序。

因此，设计测试用例时要根据具体情况具体分析。

（4）因果图法

① 因果图法的实施步骤 等价类划分方法、边界值分析方法以及错误推测方法，都只是孤立地考虑各个输入条件，而没有考虑多个输入条件组合引起的错误。事实上，当输入存在多种条件的可能组合时，必须对这些组合加以考虑。可能的组合数目也许相当多，因此必须考虑使用一种适合于描述对于多种条件的组合，相应产生多个动作的形式来考虑设计测试用例，这就需要利用因果图法。

因果图法是一种用于描述输入条件的组合及每种组合对应的输出的一种图形化工具。因果图方法最终生成的是判定表，它适用于检查程序输入条件的各种组合情况，在此基础上可以设计测试用例。

利用因果图法生成测试用例的基本步骤如下。

a. 分析软件规格说明描述中哪些是原因，哪些是结果。其中原因是指输入条件或输入条件的等价类，而结果是指输出条件。并给每个原因和结果赋予一个标识符。

b. 分析软件规格说明描述中的语义，找出原因与结果之间、原因与原因之间对应的关系。根据这些关系，画出因果图。

c. 由于语法或环境的限制，有些原因与原因之间、原因与结果之间的组合情况不能出现。对于这些特殊情况，在因果图中用一些记号标明约束或限制条件。

d. 把因果图转换为判定表。

e. 根据判定表的每一列来设计测试用例。

如果能直接得到判定表，则可直接根据判定表设计测试用例。

② 因果图的表示方法　在因果图中，通常用 C_i 表示原因，用 E_i 表示结果，其基本符号如图 5-3 所示。

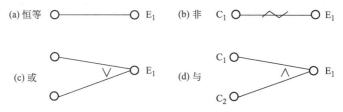

图 5-3　因果图的图形符号

在因果图中各节点表示状态，可取值为"0"或"1"。"0"表示该节点所代表的状态不出现，"1"表示该节点所代表的状态出现。主要的原因和结果之间的关系有如下几种。

a. 恒等。若原因出现，则结果出现；若原因不出现，则结果也不出现。

b. 非。若原因出现，则结果不出现；若原因不出现，反而结果出现。

c. 或（∨）。若几个原因中有一个出现，则结果出现；若几个原因都不出现，结果才不出现。

d. 与（∧）。若几个原因都出现，结果才出现；若几个原因中有一个不出现，结果就不出现。

为了表示原因与原因之间、结果与结果之间可能存在的约束条件，在因果图中可用一些表示约束条件的符号加以标识。若从输入（原因）考虑，有四种约束，如图 5-4(a)～(d)；从输出（结果）考虑，则主要有五种约束，还有图 5-4(e)。这五种约束符号的含义如下。

E（互斥）。表示 a、b 两个原因不会同时出现，最多有一个可能出现。

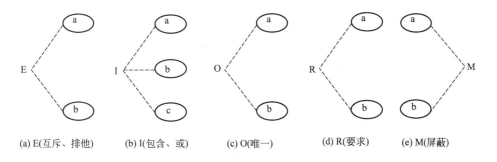

图 5-4　因果图的约束符号

I（包含）。表示 a、b、c 三个原因中至少有一个原因出现。

O（唯一）。表示 a 和 b 当中必须有一个，且仅有一个出现。

R（要求）。表示当 a 出现时，b 也必须出现。不可能 a 出现，而 b 不出现。

M（屏蔽）。表示当 a 出现时，b 必定不出现。而当 a 不出现时，b 则不确定。

③ 利用因果图法设计测试用例的例子　有一个简化了的处理单价为 5 角钱的饮料的自动售货机软件，对其采用因果图法设计测试用例。该自动售货机的软件规格说明如下。

a. 当售货机没有零钱找，则显示"零钱找完"的红灯亮，以提示顾客在此情况下不要投入 1 元钱。否则红灯不亮。

b. 当顾客投入 5 角钱的硬币时，并按下［橙汁］或［啤酒］的按钮时，则相应的饮料就送出来了。

c. 当顾客在投入 1 元硬币并按下"橙汁"或"啤酒"的按钮后，若售货机有零钱找，则在送出饮料的同时退还 5 角硬币。若售货机没有零钱找，则显示"零钱找完"的红灯亮，这时饮料不送出来而且 1 元硬币也被退出来。

首先分析这一段软件规格说明，列出原因和结果，其中原因有五种，结果有五种。

原因	结果
1. 售货机有零钱找	21. 售货机【零钱找完】灯亮
2. 投入 1 元硬币	22. 退还 1 元硬币
3. 投入 5 角硬币	23. 退还 5 角硬币
4. 按下橙汁按钮	24. 送出橙汁饮料
5. 按下啤酒按钮	25. 送出啤酒饮料

通过对软件规格说明的进一步分析，在原因和节点之间再建立四个中间节点，表示处理的中间状态。

中间节点：　　11. 投入 1 元硬币且按下饮料按钮

　　　　　　　12. 按下【橙汁】或【啤酒】的按钮

　　　　　　　13. 应当找 5 角零钱并且售货机有零钱找

　　　　　　　14. 钱已付清

根据以上列出的原因、结果及中间节点画出因果图，如图 5-5 所示。

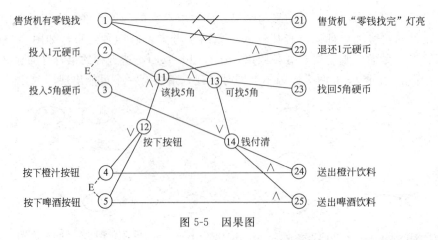

图 5-5　因果图

在因果图中，所有原因节点列在左边，所有结果节点列在右边，中间节点则排列在图的中间位置。因为 2 与 3、4 与 5 号原因不能同时出现，故分别在图中加上约束条件 E 加以标识。

将上面的因果图转换成判定表，如表 5-5 所示。

表 5-5　由因果图得到的判定表

项目	序号	1	2	3	4	5	6	7	8	9	10	11	12	13	14	15	16	17	18	19	20	21	22	23	24	25	26	27	28	29	30	31	32
条件	1	1	1	1	1	1	1	1	1	1	1	1	1	1	1	1	1	0	0	0	0	0	0	0	0	0	0	0	0	0	0	0	0
	2	1	1	1	1	1	1	1	1	0	0	0	0	0	0	0	0	1	1	1	1	1	1	1	1	0	0	0	0	0	0	0	0
	3	1	1	1	1	0	0	0	0	1	1	1	1	0	0	0	0	1	1	1	1	0	0	0	0	1	1	1	1	0	0	0	0
	4	1	1	0	0	1	1	0	0	1	1	0	0	1	1	0	0	1	1	0	0	1	1	0	0	1	1	0	0	1	1	0	0
	5	1	0	1	0	1	0	1	0	1	0	1	0	1	0	1	0	1	0	1	0	1	0	1	0	1	0	1	0	1	0	1	0
中间节点	11						1	1	0					0	0	0							1	1	0					0	0	0	
	12						1	1	0		1	1	0		1	1	0						1	1	0	1	1	0		1	1	0	
	13																																
	14						1	1	0					1	1	1							0	0	0					1	1	1	
结果	21						×	×	×		×	×	×	×	×	×							√	√	√	√	√	√		√	√		√
	22																						√	√	√	×	×	×		×	×	×	
	23						√	√	√																								
	24						√	×	×		√	×	×													√	×	×					
	25						×	√	×		×	√	×													×	√	×					
测试用例							Y	Y	Y		Y	Y	Y		Y	Y							Y	Y	Y	Y	Y	Y		Y	Y		

在判定表中，阴影部分表示因违反约束条件的不可能出现的情况，删去；第 16 列与第 32 列因什么动作也没做，也删去；最后可根据剩下的 16 列作为确定测试用例的依据。

因果图法是一种非常有效的黑盒测试方法，它能够设计出没有重复性的且发现错误能力很强的测试用例，而且对输入的各种组合及输出同时进行了分析。

5.4　白盒测试

5.4.1　白盒测试的概念

该方法把测试对象看作一个透明的盒子，它允许测试人员利用程序内部的逻辑结构及相关信息，设计或选择测试用例，对程序尽可能多的逻辑路径进行测试。通过在不同点检查程序的状态，确定程序的内部控制结构和数据结构是否有错，实际的运行状态与预期的状态是否一致。因此，白盒测试又称为结构测试或逻辑驱动测试。

白盒测试的测试用例主要对程序模块进行以下检查。

① 对程序模块的所有独立执行路径至少测试一次。

② 对所有逻辑判定，取"真"与取"假"两种情况都至少测试一次。

③ 在循环的边界和运行界限内执行循环体。

④ 测试内部数据结构，以确保其有效性等。

"错误潜伏在角落，聚集在边界上"，白盒测试利用这些测试用例更有可能发现这些错误，那么使用白盒测试能够实现穷举测试吗？和黑盒测试方法一样，白盒测试也不能做到穷举测试。这是因为程序的结构往往是复杂的，当程序中出现了选择结构和循环结构时，会使程序中的路径数目大大增加。

而对一个具有多重选择和循环嵌套的程序，不同的路径数目可能是天文数字。如图 5-6 所示的一个小程序的流程图，它包括一个执行 20 次循环，循环语句又嵌套了 4 个 if－then－else 语句，循环体中有 5 条路径。那么该程序中就有 5^{20} 相当于 10^{13} 条可执行路径。假定对每一条路径进行测试需要 1ms，同样假定一天工作 24 小时，一年工作 365 天，那么要想把所有路径都测试完，做到穷举测试，则测试此程序需要 3170 年！这显然是不可能完成的。

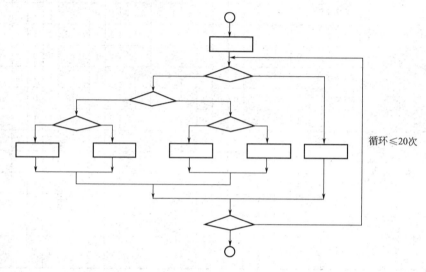

循环≤20次

图 5-6 白盒测试中的穷举测试

因此，白盒测试是一项技术含量很高的工作，测试人员必须在仔细研究程序内部结构的基础上，精心地设计测试用例，力争做到用尽可能少的测试发现尽可能多的错误。在测试的质量和经济性之间取得平衡。

5.4.2 白盒测试用例的设计

（1）逻辑覆盖法

逻辑覆盖是以程序内部的逻辑结构为基础设计测试用例的技术。它属于白盒测试。这一方法要求测试人员对程序的逻辑结构有清楚的了解，甚至能掌握源程序的所有细节。由于覆盖测试的目标不同，逻辑覆盖又可分为语句覆盖、判定覆盖、判定—条件覆盖、条件组合覆盖及路径覆盖，以下分别介绍。在所介绍的几种逻辑覆盖中，均以下面的程序段为例：

$$\text{If (A>1) and (B=0) \quad then \quad X=X/A}$$
$$\text{If (A=2) or (X>1) \quad then \quad X=X+1}$$

图 5-7 给出了上述被测程序的流程图。

① 语句覆盖 语句覆盖就是设计若干个测试用例，使被测程序中的每个可执行语句至少执行一次。语句覆盖也称为点覆盖。

针对上例，选择测试数据为 A＝2，B＝0，X＝3，则程序按照路径 ace 执行，就能保证每个语句至少执行一次，从而达到了语句覆盖。如果 A＝2，B＝1，X＝3，则程序按照路径 abe 执行，便未能达到语句覆盖。

语句覆盖虽然使得程序中的每个语句均得到了执行，但并不能全面地检测每条语句。

例如，将第一个判定中的逻辑符号 and 错写
为 or，或者第二判定中的条件 X＞1 错写为 X≤
1，仍使用测试数据 A＝2，B＝0，X＝3，程序
还会按照路径 ace 执行，虽然达到了语句覆盖，
但并没有发现程序中的错误。因此，语句覆盖是
比较弱的覆盖标准，这种覆盖测试不充分，无法
发现程序中某些逻辑运算符和逻辑条件的错误。

② 判定覆盖　判定覆盖指设计若干个测试
用例，使被测程序中每个判断的取真分支和取假
分支至少经历一次，因此判定覆盖也称为分支
覆盖。

针对上述例子，设计测试用例，只要通过路
径 ace 和 abd 或者通过路径 acd 和 abe，就可达
到判定覆盖标准。可设计如下两组测试用例：

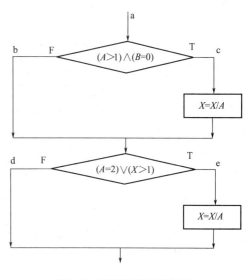

图 5-7　被测程序的流程图

　　A＝3，B＝0，X＝3（通过路径 acd）

　　A＝2，B＝1，X＝1（通过路径 abe）

注意　设计 A＝3，B＝0，X＝3 时要考虑内嵌语句 X＝X/A，使执行后的 X≤1。

上述两组测试数据不仅达到了判定覆盖，也同时达到了语句覆盖，可见判定覆盖比语句
覆盖更强一些，因为如果通过了各个分支，则各个语句也就执行了。但该测试仍不充分，如
果将第二个判定表达式中的"X＞1"错写成"X＜1"，则使用上述测试用例仍然按照原路径
执行，而不影响结果。因此，判定覆盖仍然无法确定判定内部条件的错误，无法找到程序中
存在的缺陷，还需要更强的逻辑覆盖法去检验判断内部条件。

③ 条件覆盖　条件覆盖就是设计若干个测试用例，使被测程序中每个条件的可能取值
至少执行一次。

针对上述程序，有四个条件：

　　　　A＞1，B＝0，A＝2，X＞1

要选择足够的数据，使得图 5-7 中的第一个判定表达式满足：

　　　　A＞1，B＝0

　　　　A≤1，B≠0

并使第二个判定表达式满足：

　　　　A＝2，X＞1

　　　　A≠2，X≤1

才能达到条件覆盖的标准。

为了满足上述要求，选择以下两组测试数据：

　　　　A＝2，B＝0，X＝4（满足 A＞1，B＝0，A＝2，X＞1，执行路径 ace）

　　　　A＝1，B＝1，X＝1（满足 A≤1，B≠0，A≠2，X≤1，执行路径 abd）

以上两组测试用例不仅覆盖了判定表达式中所有条件的可能取值，而且覆盖了所有判断
的取"真"分支和取"假"分支。也就是说若实现了条件覆盖，则也实现了判定覆盖，但这
不是绝对的，某些测试用例也会有实现了条件覆盖却未能实现判定覆盖的情形。例如，选择
下列两组测试数据：

　　　　A＝2，B＝0，X＝1（满足 A＞1，B＝0，A＝2，X≤1，执行路径 ace）

A=1，B=1，X=2（满足 A≤1，B≠0，A≠2，X>1，执行路径 abe）

覆盖了所有条件的可能取值，满足条件覆盖。但未覆盖第二个判定表达式的取"假"分支，即只测试了路径 abe，此例不满足判定覆盖。所以满足条件覆盖不一定满足判定覆盖，为了解决此问题，需要对条件和分支兼顾。

④ 判定-条件覆盖　判定-条件覆盖就是设计足够的测试用例，使得判断中每个条件的所有可能取值（真/假）至少执行一次，并且每个判断本身的判定结果（真/假）也至少执行一次。换言之，即是要求各个判断的所有可能的条件取值组合至少执行一次。

对于上述程序，选择以下两组测试用例满足判定/条件覆盖：

A=2，B=0，X=4

A=1，B=1，X=1

同时这也是满足条件覆盖而设计的两组测试用例。

从表面上看，判定-条件覆盖测试了所有条件的取值，但实际上条件组合中的某些条件会掩盖另一些条件。例如，对于条件表达式（A>1)and(B=0)来说，若（A>1）的测试值为假时，则不需再测（B=0）的值就可确定此表达式的值为假，因而条件（B=0）没有被检查。同样地，对于（A=2)or（X>1)这个表达式来说，只要（A=2）的测试结果为真，则不必测试（X>1）的结果就可确定此表达式的值为真。所以对于判定-条件覆盖来说，逻辑表达式中的错误不一定能够查得出来。

⑤ 条件组合覆盖　当某个判定中存在多个条件时，仅仅考虑单个条件的取值是不够的。条件组合覆盖是比较强的覆盖标准，它是指设计足够的测试用例，使得被测程序中每个判断的所有可能的条件取值组合至少执行一次。

上述程序中，两个判定表达式共有四个条件，因此有八种组合：

A>1，B=0；

A>1，B≠0；

A≤1，B=0；

A≤1，B≠0；

A=2，X>1；

A=2，X≤1；

A≠2，X>1；

A≠2，X≤1。

以上八种组合中，前四种组合是第一个判定的条件取值组合，后四种组合则是第二个判定的条件取值组合。

为覆盖此八种组合，可设计如下的四组测试用例：

A=2，B=0，X=4（覆盖条件组合①和⑤，执行路径 ace）

A=2，B=1，X=1（覆盖条件组合②和⑥，执行路径 abe）

A=1，B=0，X=2（覆盖条件组合③和⑦，执行路径 abe）

A=1，B=1，X=1（覆盖条件组合④和⑧，执行路径 abd）

显然，对于某被测程序，若实现了条件组合覆盖，则一定实现了判定覆盖、条件覆盖和判定-条件覆盖，因为每个判定表达式、每个条件都不止一次地取到过"真"、"假"值。但条件组合覆盖不一定能覆盖程序中的每条路径，如该例就没有覆盖到程序中的路径 acd，如果这条路径有错，就不能测试出来，使得测试不完全。

⑥ 路径覆盖　路径覆盖是指设计足够的测试用例，覆盖被测程序中所有可能的路径。

　　针对这个例子，共有四条路径 ace、abd、abe、acd，设计以下测试用例，覆盖程序中的四条路径：

　　A＝2，B＝0，X＝4（覆盖路径 ace，覆盖条件组合①和⑤）

　　A＝2，B＝1，X＝1（覆盖路径 abe，覆盖条件组合②和⑥）

　　A＝1，B＝1，X＝1（覆盖路径 abd，覆盖条件组合④和⑧）

　　A＝3，B＝0，X＝1（覆盖路径 acd，覆盖条件组合①和⑧）

　　现将这六种覆盖标准做比较，见表 5-6。

表 5-6　六种覆盖标准的对比

	语句覆盖	每条语句至少执行一次
	判定覆盖	每个判定的每个分支至少执行一次
	条件覆盖	每个判定中的每个条件应取到各种可能的结果
发现错误的能力由弱到强	判定/条件覆盖	同时满足判定覆盖和条件覆盖
	条件组合覆盖	每个判定中各个条件的每一种组合至少出现一次
	路径覆盖	使程序中每一条可能的路径至少执行一次

　　语句覆盖发现错误的能力最弱。判定覆盖满足了语句覆盖，但它可能会使一些条件得不到充分测试。条件覆盖对每一判断条件进行单独检查，一般情况下它的检错能力较判定覆盖强，但有时也满足不了判定覆盖的要求。判定-条件覆盖满足了判定覆盖和条件覆盖的要求，但当某个判定中存在多个条件时，仅仅考虑单个条件的取值是不够的。条件组合覆盖发现错误的能力较强，凡满足其标准的测试用例，也必然满足前四种覆盖标准。

　　前五种覆盖标准把注意力集中在单个判定或判定的各个条件上，可能会使程序中的某些路径得不到执行。路径覆盖查错能力强，它使程序中的每个可执行语句至少执行一次，但由于它是从各判定的整体组合出发设计测试用例的，可能使测试用例达不到条件组合覆盖的要求。因此在实际的逻辑覆盖测试中，一般先以条件组合覆盖为主来设计测试用例，然后再根据需要补充部分测试用例，以达到路径覆盖的测试标准。

　　（2）基本路径测试

　　图 5-7 的例子很简单，只有四条路径，但大多数情况下，因为程序中选择结构和循环结构的存在，使得路径数目越来越多，要完全达到路径覆盖是不可能的，所以必须将测试的路径数目压缩到一定范围内，例如循环体最多只执行一次。基本路径测试就是这样一种测试。

　　基本路径测试法是在程序控制流图的基础上，通过分析控制构造的环路复杂性，导出基本可执行路径的集合，从而设计测试用例的方法。这些设计出的测试用例要保证能使程序中的每条可执行语句至少执行一次。

　　下面分别介绍程序的控制流图、程序的环路复杂性以及如何在此基础上设计基本路径测试的测试用例。

　　① 程序的控制流图　描述程序控制流的一种图示方法，如图 5-8 所示。

　　程序控制流图中有两种图形符号：图中的每一个圆圈称为控制流图的一个节点，表示源程序中的一条或多条无分支语句。箭头为边，表示控制流的方向。任何过程设计都可被翻译成控制流图，其中控制流图与程序流程图之间的差异是在控制流程图中，它不显示过程块的细节，而在程序流程图中，则着重于过程属性的描述。

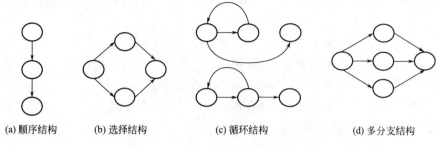

(a) 顺序结构　　　(b) 选择结构　　　(c) 循环结构　　　(d) 多分支结构

图 5-8　控制流程图的各种图形符号

根据程序流程图画出控制流程图时应当注意以下方面。

① 在选择或多分支结构中，分支的汇聚处应有一个汇聚节点。

② 边和节点圈定的区域叫做区域。当对区域计数时，图形外的区域也应记为一个区域。

如图 5-9 所示，将一个程序流程图转化为控制流图，可以看到有四个区域：R1、R2、R3、R4，三个判断节点：1、2 和 3、6。

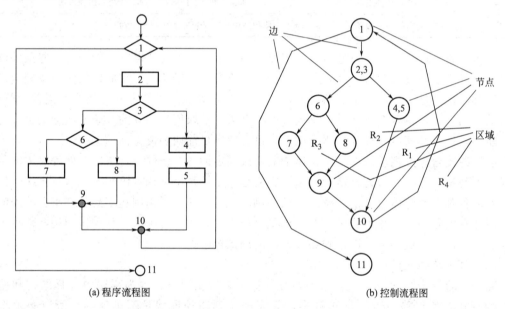

(a) 程序流程图　　　　　　　　　　(b) 控制流程图

图 5-9　程序流程图与对应的控制流图

另外，如果判断中的条件表达式是由一个或多个逻辑运算符（OR、AND）连接的复合条件表达式时，则需要改复合条件的判断为一系列只有单个条件的嵌套的判断。下面以一个例子来说明。

这个例子中控制流图用判定节点来表示简单条件的判断，即判断节点不允许含有复合条件。对于程序或流程图中的复合条件，应将其转化为多个简单条件判断，在控制流程图中用相应的判断节点表示。

如图 5-10(a) 所示的流程图，图中的判断含有两个条件，即为复合条件判断，故将此判断在控制流图中用两个判断节点表示。图 5-10(a) 所示的程序流程图对应的控制流图如图 5-10(b) 所示。

② 程序的环路复杂性　程序的环路复杂性又称圈复杂性，它的值等于控制流程图中的区域个数。在进行程序的基本路径测试时，确定了程序的环路复杂性，则可在此基础上确定

程序基本路径集合中的独立路径条数，这是确保程序中每个可执行语句至少执行一次所必需测试用例数目的最小值。

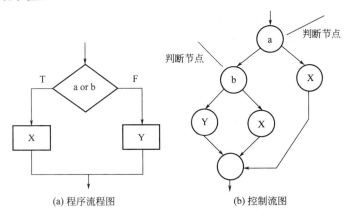

图 5-10　复合条件下的控制流图

独立路径是指一条以前尚未处理过的语句或判断的路径。从控制流图来看，一条独立路径是至少包含有一条在其他独立路径中从未出现过的边的路径。

例如，在图 5-9 所示的控制流图中，包含四个区域，故所对应程序的环路复杂性 $V(G)=4$。程序有以下四条独立路径，组成了控制流图的一个基本路径集。

路径 1：1—11

路径 2：1—2—3—4—5—10—1—11

路径 3：1—2—3—6—8—9—10—1—11

路径 4：1—2—3—6—7—9—10—1—11

由此可设计测试用例，覆盖以上四条独立路径，即可使程序中的所有可执行语句至少执行一次，每个判断的取真和取假分支也至少执行一次。

通常程序的环路复杂性可用以下三种方法求得。

a. 将环路复杂性定义为控制流图中的区域数。

b. 设 E 为控制流图的边数，N 为流图的节点数，则定义环路的复杂性为 $V(G)=E-N+2$。如上例所示：边数为 11，结点数为 9，故 $V(G)=11-9+2=4$。

c. 若设 P 为控制流图中的判定节点数，则有 $V(G)=P+1$。在上例中，判断节点数为 3，故 $V(G)=3+1=4$。

③ 导出测试用例　利用逻辑覆盖法生成测试用例，确保基本路径集中每条路径的执行。

④ 例子　基本路径测试法适用于模块的详细设计及源程序，其主要步骤如下。

a. 以程序流程图或源代码作为基础，导出程序的控制流图。

b. 计算得到的控制流图 G 的环路复杂性 $V(G)$。

c. 从程序的环路复杂性导出程序基本路径集合中的独立路径条数，这也是确定程序中每个可执行语句至少执行一次所必需的测试用例数目的最小值。

d. 生成测试用例，确保基本路径集中每条路径的都得到执行。

例如，有一个求平均值的过程 Averagy，用 PDL 描述如下：

/ * 这个过程计算不超过 100 个在规定值域内的有效数字的平均值；同时计算有效数字的总和及个数。* /

```
PROCEDURE Averagy;
    INTERFACE RETURNS average, total.input,
```

```
total.valid;
        INTERFACE ACCEPTS value, minimum, maximum;
        TYPE value [1···100]  IS SCALAR ARRAY;
        TYPE average, total.input, total.valid;
                minimum,maximum, sum IS SCALAR;
        TYPE i IS INTEGER;
1:      i=1;
        total.input=total.valid=0;
        sum=0;
2:  DO WHILE value [i]  <> -999
3:          AND total.input<100
4:  increment total.input by1;
5:  IF value [i] >=minimum
6:          AND value [i] <=maximum
7:  THEN increment total.valid by 1;
        sum=sum+value [i] ;
8:  END IF
        increment i by 1;
9:  ENDDO
10:     IF total.valid>0
11:     THEN average=sum/total.valid;
12:     ELSE average=-999;
13:     END IF
    END average
```

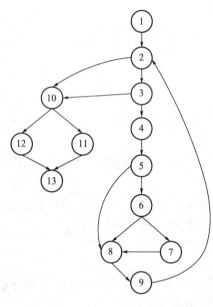

图 5-11 average 过程的控制流图

主要解决步骤如下。

a. 由源代码导出控制流图，如图 5-11 所示。

b. 计算得到的控制流图的环路复杂度为 $V(G)=6$。

c. 确定独立路径。

计算出环路复杂性的值，就是该图基本路径集中的独立路径数目：

路径 1：1—2—10—11—13

路径 2：1—2—10—12—13

路径 3：1—2—3—10—11—13

路径 4：1—2—3—4—5—6—7—8—9—2

路径 5：1—2—3—4—5—6—8—9—2

路径 6：1—2—3—4—5—8—9—2

d. 准备测试用例，确保基本路径集中的每一条路径的都得到执行。

根据判定节点给出的条件，选择适当的数据，以保证某一条路径可以被测试到，满足上例基本路径集的测试用例如下。

路径 1 的测试用例：

输入数据　　　　value[k]=有效输入，其中 k<i

　　　　　　　　value[i]=-999　　　其中 2<=i<=100

预期结果　　　　n 个值的正确的平均值和总计数

注意，路径 1 无法独立测试，应当作为路径 4、5 和 6 的一部分来测试。

路径 2 的测试用例：

输入数据   value[1]=-999

预期结果   平均值=-999,   其他保持初始值

路径 3 的测试用例：

输入数据   试图处理 101 或更多的值，而前 100 个是有效值

预期结果   前 100 个数的平均值，总数为 100

注意，路径 3 也无法独立测试，应当作为路径 4、5 和 6 的一部分来测试。

路径 4 的测试用例：

输入数据   value[i]=有效输入，其中 $i<100$

                     value[k]<最小值，其中 $i<k$

预期结果 n 个值的正确的平均值和总计数

路径 5 的测试用例：

输入数据   value[i]=有效输入，其中 $i<=100$

                     value[k]>最大值，其中 $k<=i$

预期结果   n 个值的正确的平均值和总计数

路径 6 的测试用例：

输入数据   value[i]=有效输入， $i<=100$

预期结果   n 个正确的平均值和总计数

每个测试用例执行完之后，把实际输出结果与预期结果进行比较。如果所有测试用例都执行完毕，则可以肯定程序中所有可执行语句至少被执行了一次，而且每个条件都分别取过真值与假值。但要注意，某些独立的路径（例如本例中的路径 1 和路径 3）往往不是完全孤立的，有时它是程序正常的控制流的一部分，这时这些路径的测试可以是另一条路径测试的一部分。

（3）综合策略

以上简单介绍了设计测试用例的几种基本方法，它们各有所长，使用哪种方法都能设计出一组有用的测试用例，用这组例子可能容易发现某类型的错误，但也可能对另外一些类型的错误不易发现。因此，对软件系统进行实际测试时，应该联合使用各种设计测试用例的方法，形成综合策略。通常的做法是，先用黑盒法设计基本的测试方案，再用白盒法补充一些必要的测试方案。Myers 提出了使用各种测试方法的综合策略。

① 在任何情况下都必须使用边界值分析方法。经验表明，用这种方法设计出的测试用例发现程序错误的能力最强。设计测试用例时，应该注意既包括输入数据的边界情况，又包括输出数据的边界情况。

② 必要时用等价类划分法补充一些测试用例。

③ 必要时再用错误推测法补充一些测试用例。

④ 对照程序逻辑，检查已经设计出的测试用例的逻辑覆盖程度，如果未能达到要求的覆盖标准，应当再补充足够的测试用例。

⑤ 如果程序的功能说明中含有输入条件的组合情况，则一开始就可使用因果图法。

强调指出，即使使用上述综合策略设计测试用例，仍然不能保证测试可以发现程序中所有错误；但是综合策略是在测试成本和测试效果之间的一个合理折中。通过前面的叙述可以看出，软件测试确实是一件技术含量高、艰巨而又繁重的工作。

　　下面给出一个简单的测试用例的设计方案。假设有一个三角形的分类程序，该程序的功能是读入三个整数值，分别代表三角形的三条边长，判定它们能否组成三角形。如果能够，则输出分别是等边三角形、等腰三角形或任意三角形的分类信息。为此三角形的分类程序设计一组测试用例。

　　第一步　确定测试策略。在本例中，对被测程序的功能有着明确要求，即：

① 判断可否组成三角形；

② 判断是否为等边三角形；

③ 判断是否为等腰三角形；

④ 判断是否为任意三角形。

　　因此可首先采用黑盒方法设计测试用例，然后采用白盒方法验证其完整性，必要时再补充一些测试用例。

　　第二步　根据本例的实际情况，分析题目中给出的和隐含的对输入条件的要求，在黑盒方法中首先用等价类划分法输入的有效等价类和无效等价类，然后用边界值分析法和错误推测法作补充。设 a、b、c 代表三角形的三条边，为每一个测试用例设置唯一的编号。

　　等价类划分法设计如下。

　　有效等价类

　　输入 3 个正整数：

① 3 个数相等

② 3 个数中有 2 个数相等，比如 a、b 相等

③ 3 个数中有 2 个数相等，比如 b、c 相等

④ 3 个数中有 2 个数相等，比如 a、c 相等

⑤ 3 个数均不相等

⑥ 2 个数之和不大于第 3 数，比如最大数是 a

⑦ 2 个数之和不大于第 3 数，比如最大数是 b

⑧ 2 个数之和不大于第 3 数，比如最大数是 c

　　无效等价类

⑨ 含有零数据

⑩ 含有负整数

⑪ 少于 3 个整数

⑫ 含有非整数

⑬ 含有非数字符

　　边界值分析法

⑭ 2 个数之和等于第 3 个数

　　猜错法

⑮ 输入 3 个零

⑯ 输入 3 个负数

　　第三步　设计一组初步的测试用例，如表 5-7 所示。

　　第四步　用白盒法验证第三步产生的测试用例的充分性。分析其结果表明，上表中的前 8 个测试用例，已能满足对被测程序图的完全覆盖，不需要再补充其他的测试用例。

　　在此例子中，首先使用等价类划分法，然后使用边界值分析法。但也并非总是这样，要根据实际情况确定测试策略和选择测试用例。比如，在有些程序中，可能首先采用边界值分

析法效果会更好。因此在实际的软件测试中，总是将各种测试技术结合起来，形成综合的测试策略。

表 5-7　测试用例的综合设计

编号	测试内容	测试数据			期望结果
		1	2	3	
1	等边三角形	9,9,9			等边三角形
2	等腰三角形	6,6,5	6,5,6	5,6,6	等腰三角形
3	任意三角形	4,6,5			任意三角形
4	非三角形	11,5,5	5,11,5	5,5,11	不是三角形
5	退化三角形	10,5,5	5,10,5	5,5,10	
6	含有零数据	0,6,7 0,0,0	6,0,7	6,7,0	
7	含有负数据	−4,5,6 −4,−5,−6	5,−4,6	5,6,−4	运行出错
8	少于三个整数	5,6			
9	含有非整数	4.5,5,6			
10	含有非数字字符	A,6,7			

（4）软件测试的相关工具

通常，软件测试的工作量很大，一些可靠性要求非常高的软件测试甚至占到开发时间的一半以上，而测试中的许多工作是重复性的，并要求准确细致地完成，因此采用相应的自动化测试工具是至关重要的。软件测试自动化可以提高某些测试的执行效率，它有很多优势，具有良好的可操作性、可重复性和高效率等。下面就相应的工具进行简单的介绍。

① 功能测试工具——WinRunner　WinRunner 是一种企业级的功能测试工具，适合基于 Windows 平台的应用程序的功能测试，用于检测应用程序能否达到预期的功能并正常运行。通过自动录制、检测和回放用户的应用操作，WinRunner 能够有效地帮助测试人员对复杂的企业级应用的不同发布版本进行测试，确保跨平台的、复杂的企业级应用能够成功发布及长期稳定运行，它提高测试人员的工作效率和质量。WinRunner 的最大特点是能快速及批量地完成针对功能点的测试，因此非常有利于回归测试。

② 负载测试工具——LoadRunner　LoadRunner 是一种预测系统行为和性能的工业标准级负载测试工具。通过模拟成千上万名用户的行为并进行实时性能监测，来确认和查找问题，发现并精确定位整个企业架构中存在的问题。通过使用 LoadRunner，企业能最大限度地缩短测试时间，优化系统性能和缩短应用系统的发布周期。此外，LoadRunner 支持最广泛的协议标准和技术，可为企业特定的应用环境量身定制解决方案。

③ 测试管理工具——TestDirector　TestDirector 是业界第一个基于 web 的测试管理系统，它可以在公司内部或外部进行全球范围内的测试管理，通过单一浏览器操作界面登录和使用，并支持组织机构间的协同作业。TestDirector 将测试过程流水化，通过在一个完整的应用系统中集成了测试管理的各个部分，包括需求管理、测试计划、测试安排及执行、错误跟踪等功能，极大地提高了测试效率。

5.5　软件测试的过程

5.5.1　软件测试过程概述

　　通常大型软件系统由若干个子系统组成，每个子系统又由许多模块组成。软件测试的过程一般分步骤进行，每个步骤在逻辑上是前一个步骤的继续。软件产品在交付使用之前一般要经过单元测试、集成测试（组装测试）、确认测试和系统测试。图 5-12 所示为软件测试经历的四个步骤。

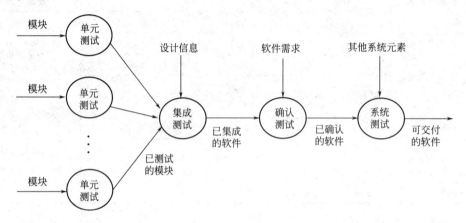

图 5-12　软件测试的过程

　　单元测试是指对用源代码实现的每一个程序单元进行测试，检查各个程序模块是否正确地实现了规定的功能，从而发现模块在编码中或算法中的错误。该阶段涉及编码和详细设计阶段的文档。然后，把已测试过的模块组装起来进行集成测试，主要对与设计相关的软件体系结构的构造进行测试，为此在组装过程中，检查程序结构组装的正确性。

　　确认测试主要检查已实现的软件是否满足了需求规格说明中确定了的各种需求，以及软件配置是否完全、正确。

　　最后是系统测试，把已经经过确认的软件纳入实际运行环境中，与其他系统元素（如硬件、其他支持软件及数据等）组合在一起进行测试。严格地说，系统测试已经超出了软件工程的范围。

　　测试的每个过程都可采用灵活的测试方法及测试策略。通常在单元测试中采用白盒测试方法，而在集成测试中采用黑盒测试方法。

5.5.2　软件测试过程与软件开发各阶段的关系

　　软件开发过程是一个自顶向下、逐步细化的过程。首先在可行性研究阶段定义了软件的作用域，然后进行软件的需求分析，建立了软件的数据域、功能和性能需求、约束和一些有效性准则等，之后经过软件的概要设计和详细设计，进入编码阶段，即把软件设计阶段的成果用某种程序设计语言转换成源代码。而软件的测试过程则是依相反的顺序安排的自底向上、逐步集成的过程。下一级测试为上一级测试准备条件，当然也不排除两者平行地进行测试。

　　如图 5-13 所示，首先对每一个程序模块进行单元测试，消除程序模块内部在逻辑上和功能上的错误和缺陷。再对照软件设计进行集成测试，检测和排除子系统（或系统）结构上的错误。随后再对照需求，进行确认测试。最后从系统全体出发，运行系统，看是否满足要求。

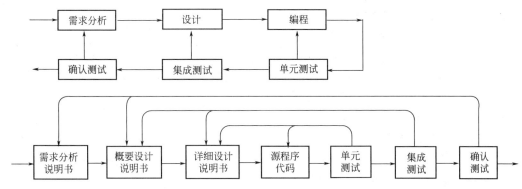

图 5-13　软件测试过程与软件开发过程的关系

5.5.3　单元测试

单元测试集中检验的是软件设计中的最小单元——模块，其目的在于发现各模块内部可能存在的各种差错。单元测试需要从程序的内部结构出发设计测试用例。通常单元测试和编码属于软件过程的同一个阶段，在正式测试之前必须先通过编译程序检查并且改正所有语法错误，然后用详细设计描述作指南，对重要的执行通路进行测试，以便发现模块内部的错误。可以应用人工测试和计算机测试两种不同的测试方法来完成单元测试。这两种测试方法各有所长，可以互相补充。通常单元测试主要使用白盒测试法，而且对多个模块的测试可以并行进行。

5.5.3.1　单元测试的内容

在单元测试时，测试人员需要依据详细设计规格说明书和源代码清单，了解该模块的I/O 条件和模块的内部逻辑结构，对模块进行正确性检验，使之对任何合理的输入和不合理的输入都能鉴别和响应。这要求对所有局部的和全局的数据结构、外部接口和源代码的关键部分，都要进行严格的代码审查。

综合起来，单元测试主要从模块接口、局部数据结构、重要的执行路径、错误处理及边界条件五个方面对所测模块进行测试。

（1）模块接口　在单元测试的开始，首先应该对通过模块接口的数据流进行测试，如果数据不能正确地输入和输出，所有其他测试都是不切实际的。

在对接口进行测试时，主要检查下述各点。

① 输入的实际参数与形式参数在个数、属性及顺序上是否匹配。

② 调用所测模块时的输入参数与被调模块的形式参数在个数、属性及顺序上是否匹配。

③ 调用预定义函数时所用参数的个数、属性和顺序是否正确。

④ 是否修改了只作输入用的形式参数。

⑤ 是否存在与当前入口点无关的参数引用。

⑥ 是否限制通过形式参数来传递。

⑦ 全程变量的定义和用法在各个模块中是否一致。

如果一个模块完成外部的输入或输出时，还应该再检查下述各点。

① 文件属性是否正确。

② 打开与关闭文件的语句是否正确。

③ 规定的 I/O 格式说明与 I/O 语句是否一致。

④ 缓冲区大小与记录长度是否匹配。

⑤ 使用文件之前是否打开了文件。

⑥ 是否处理了文件结束条件。

⑦ 是否检查并处理了输入/输出错误。

⑧ 输出信息中有文字书写错误。

（2）局部数据结构 对于一个模块而言，局部数据结构是常见的错误来源。应该仔细设计测试方案，以便发现是否有下述类型的错误。

① 说明不正确或不一致。

② 使用尚未赋值或尚未初始化的变量。

③ 错误的初始值或不正确的缺省值。

④ 错误的变量名字（拼写错或截短了）。

⑤ 数据类型不相容。

⑥ 上溢、下溢或地址异常。

可能的话，除了检查局部数据外，还应注意全局数据与模块的相互影响。

（3）重要的执行路径 由于通常不可能做到穷尽测试，在单元测试期间要选择最有代表性、最可能发现错误的执行通路进行测试就是十分关键的。应该仔细设计测试用例，用来发现由于错误的计算、不正确的比较或不适当的控制流造成的错误，对基本执行路径和循环结构进行测试可以发现大量的路径错误。

计算中常见的错误如下。

① 算术运算符优先次序不正确或误解了运算的优先次序。

② 运算方式不正确，即运算的对象彼此在类型上不匹配。

③ 算法不正确。

④ 初始化方式不正确。

⑤ 运算精度不够。

⑥ 表达式的符号表示错误等。

条件及控制流向中常见的错误如下。

① 不同的数据类型相互比较。

② 逻辑运算符不正确或优先次序错误。

③ 由于精确度问题造成的两值比较出错。

④ 关系表达式中不正确的变量和比较符号。

⑤ 循环终止条件错误或死循环。

⑥ 不适当地修改循环变量等。

（4）错误处理 好的设计应该能预见出现错误的条件，并且设置适当的出错处理，以便在程序出现错误时执行相应的出错处理通路或果断地结束处理。这种出错处理也应当是模块功能的一部分，应该认真测试。

错误处理测试主要检查程序对错误处理的能力，应该着重测试下述一些可能发生的错误。

① 是否拒绝不合理的输入。

② 对发生的错误不能正确描述或描述的内容难以理解。

③ 是否对错误定位有误或者是否出错原因报告有误。

④ 记下的错误与实际遇到的错误不同。

⑤ 是否对错误条件的处理不正确。

⑥ 在对错误处理之前错误条件是否已经引起系统的干预等。

（5）边界条件　　边界测试是单元测试中最后的也是最重要的任务。程序最容易在边界上出错。例如，处理 n 元数组的第 n 个元素时，或做到 i 次循环中的第 i 次重复时，往往会发生错误。使用刚好小于、刚好等于和刚好大于最大值或最小值的数据结构、控制量和数据值的测试方案，将很有可能发现软件中的错误。

此外，如果对模块运行时间有要求，还要专门进行关键路径测试，以确定最坏情况下和平均意义下模块运行时间的因素。这类信息对于性能评价是非常有用的。

总之，单元测试针对的程序模块规模小，发现错误后容易确定错误的位置，容易排错，同时多个模块可以并行进行。做好单元测试将可为后面的测试工作打好基础。

5.5.3.2　单元测试的步骤

通常单元测试在编码阶段进行。被测试的模块并不是独立的程序，它处于整个软件结构中的某层位置上，被其他模块调用或调用其他模块，其本身是不能进行单独运行的，因此在单元测试中，在考虑被测试的模块时，要同时考虑它和外界的联系，用一些辅助模块去模拟与所测模块相联系的其他模块，即为被测模块设计驱动模块（driver）和桩（stub）模块。

驱动模块的作用是用来模拟被测模块的上级调用模块，其功能要比真正的上级模块简单得多，它只完成接收测试数据，调用被测模块，也就是把这些数据传递给被测模块，最后输出测试的执行结果。驱动模块可以理解为被测模块的主程序。

桩模块用来代替被测模块所调用的子模块，也叫存根模块，它的作用是返回被测模块所需信息。桩模块可以做少量的数据操作，如打印入口和返回，以便检验被测模块与其下级模块的接口。但不需要包括子模块的全部功能，也不允许什么事情也不做。

所测模块、与它相关的驱动模块及桩模块共同构成了一个"测试环境"，如图 5-14 所示，为了测试软件结构［图 5-14(a)］中的模块 B，需要建立模块 B 的测试环境［图 5-14(b)］。

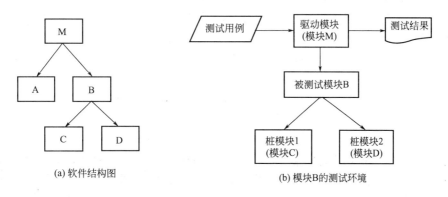

(a) 软件结构图　　　　(b) 模块B的测试环境

图 5-14　单元测试的测试环境

驱动模块和桩模块的编写给测试带来了额外开销。例如，与被测模块 B 有联系的那些模块（如模块 M，C，D），在尚未编写好或未测试的情况下，设计这些模块又是必要的。虽然驱动模块和桩模块在单元测试中必须编写，但它们并不需要作为最终的产品提交给用户。

如果驱动模块和桩模块很简单，那么额外开销相对来说是比较低的，然而，有时仅使用这些"简单"的额外软件并不能完成某些单元测试的任务，特别是桩模块，不能只简单给出"曾经进入"的信息。为了达到彻底的测试，桩模块可能需要模拟实际子模块的功能，但这样建立桩模块并不是很容易。

模块的内聚程度高，可以简化单元测试过程。如果每个模块仅完成一种功能，则需要的测试用例数目将明显减少，模块中的错误也就容易预测和发现了。

当然，如果一个模块要完成多种功能，且以程序包或对象类的形式出现，例如 Ada 中的包，MODULA 中的模块，C++中的类，这时可以将这个模块看成由几个小程序组成。对其中的每个小程序，先进行单元测试要做的工作，对关键模块还要做性能测试。对支持某些标准规程的程序，更要着手进行互联测试。有人把这种情况特别称为模块测试，以区别于单元测试。

在实际的软件测试过程中，单元测试与编写程序代码所付出的代价基本相同。经验表明，单元测试能够发现软件的很多错误，并且修改起来相对较容易，成本也低。但如果在软件后期发现这些错误，那么修复将会变得很困难，并且付出的代价也很大，所以有效的单元测试是保证软件质量的一个重要部分。经过单元测试后，系统的组装过程将大大简化，模块之间接口的全面检测要推迟到集成测试时进行。

5.5.4　集成测试

5.5.4.1　集成测试的内容

集成测试又叫做组装测试，是指在单元测试的基础上，需要将所有经过单元测试的模块按照设计要求组装成为一个完整的系统而进行的测试。在集成测试中发现的往往是软件设计中的错误，也可能发现需求说明中的错误。经验表明，单个模块能正常工作，组装后就有可能无法正常工作了，这是因为单元测试具有不彻底性，它对于模块接口的正确性是无法保障的，所以在集成测试时要重点测试模块间的接口，以及集成后的功能。主要考虑以下问题。

① 在把各个模块组装起来的时候，穿越模块接口的数据是否会丢失。

② 一个模块的功能是否会对另一个模块的功能产生不利的影响。

③ 各个模块的功能组合起来时，是否能达到预期要求的功能。

④ 全局数据结构是否存在问题。

⑤ 单个模块的误差累积起来，是否会放大到不能接受的程度。

在当今的测试活动中，单元测试和集成测试的界限逐渐模糊。在单元测试的同时也可进行集成测试，用于发现模块组装过程中可能出现的问题，最终构造成一个满足用户要求的软件系统。

另外，子系统的组装测试特别称为部件测试，它所做的工作是要找出组装后的子系统与系统需求规格说明之间的不一致。

5.5.4.2　集成测试的方法

选择什么方法把模块组装起来形成一个可运行的系统，直接影响到模块测试用例的形式、所用测试工具的类型、模块编号的顺序和测试的顺序以及生成测试用例的费用和调试的费用。通常，由模块组装成系统时有两种方法：非渐增式测试和渐增式测试。

（1）非渐增式测试　该测试是首先对每个模块分别进行单元测试，然后再把所有模块按设计要求组装在一起进行测试，最终得到满足用户要求的软件系统。因为程序中不可避免地存在涉及模块间接口、全局数据结构等方面的问题，所以一次性运行成功的可能性并不是很大。

（2）渐增式测试　该测试是逐个把未经过测试的模块组装到已经测试好的那些模块上去进行测试，在组装的过程中边连接边测试，每增加一个新模块进行一次测试，直至所有模块组装完毕为止。这种方法实际上同时完成单元测试和集成测试。

（3）渐增式与非渐增式测试的比较

① 渐增式测试把单元测试和集成测试结合在一起，同时完成。而非渐增式测试把单元

测试和集成测试分为两个不同的阶段，前一阶段完成模块的单元测试，后一阶段则完成集成测试。

② 非渐增式测试分别测试每个模块，需要较多的工作量，因为每个模块都需要驱动模块和桩模块。而渐增式测试是利用已测试过的模块作为驱动模块或桩模块，因此工作量较少。

③ 渐增式测试可以较早地发现模块间的接口错误。而非渐增式测试最后才把模块组装在一起，发现接口错误较晚。

④ 渐增式测试发生错误时往往和最近加进来的那个模块有关，所以比较容易查找错误原因。而非渐增式测试一下子把所有模块组合在一起，很难判断是哪一部分接口出错。

⑤ 渐增式测试把已测试好的模块和新加进来的模块组装在一起再测试，已测试好的模块也可以在新的条件下受到新的检验，使程序的测试更彻底。

⑥ 由于测试每个模块时所有已测试完的模块也要跟着一起运行，渐增式测试占用的时间较多。但非渐增式测试需更多的驱动模块、桩模块，也占用一些时间。

⑦ 非渐增式测试可以并行测试所有模块，能充分利用人力，对测试大型软件很有意义，工程进度可以加快。

总的来看，考虑到目前计算机硬件价格普遍下降，软件错误发现越早代价越低等特点，采用渐增式方法测试比较好。当使用渐增式方法把模块结合到程序中去时，有自顶向下和自底向上两种集成策略。

5.5.4.3　渐增式测试的方法

（1）自顶向下集成测试　自顶向下的集成测试方法是人们广泛采用的组装软件的途径。它从主控制模块即顶层模块开始，沿着软件的控制层次自顶向下移动，从而逐渐把各个模块都结合起来。该方法不需要编写驱动模块，只需编写桩模块。在把附属于（以及最终附属于）主控制模块的那些模块组装到软件结构中去时，或者使用深度优先的策略，或者使用宽度优先的策略。

具体来说把模块结合进软件结构的过程由下述四个步骤完成。

第一步，以主控模块为被测模块，测试时用桩模块代替所有直接附属于主控制模块的模块。

第二步，采用深度优先或宽度优先策略，用实际模块替换相应的桩模块，它们的直接下属模块则又用桩模块代替，与已测试的模块或子系统组装成新的子系统。

第三步，对新形成的子系统进行测试。

第四步，进行回归测试（即重新执行以前做过的全部测试或部分测试），保证加入模块时没有引入新的错误。

第五步，若所有模块都已集成到系统中，则结束测试，否则转至第二步。

其中，深度优先的结合方法是先从软件结构中选择一条主控路径，把该路径上的所有模块一个个结合起来进行测试。主控路径的选择取决于应用的特点，一般选择系统的关键路径或输入输出路径。图5-15是一个软件结构图。图5-16是自顶向下以深度优先策略组装模块的例子，其中Si模块代表桩模块。

而宽度优先的结合方法是沿软件结构水平地移动，把处于同一个控制层次上的所有模块逐层组装起来。如对于图5-15所示的软件结构图，结合顺序为M，A，B，C，D，E。

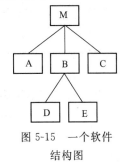

图 5-15　一个软件结构图

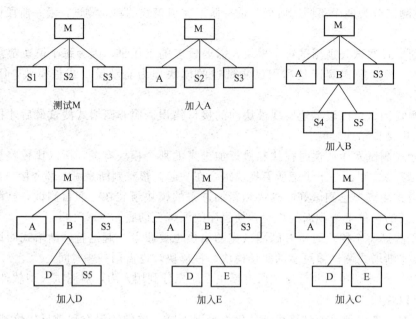

图 5-16 采用深度优先策略自顶向下结合模块的过程

自顶向下集成测试的优点在于能较早地对程序的主要控制和判断点进行检验，如果出现问题，尽早发现它，能够减少以后的返工。在一个功能划分合理的软件结构图中，主要的控制点多出现在较高的控制层次上，因而能较早遇到。如果采用深度优先的结合方法，可以在早期实现和验证一个完整的软件功能，有利于增强开发人员和用户双方的信心。

其缺点在于需要开发和维护大量的桩模块。而桩模块并不能够反映实际情况，涉及复杂算法和真正输入/输出的模块一般在底层，这样，重要数据不能及时回送到上层模块，因而测试并不充分和完善，一旦发现问题，将导致大量的回归测试。所以这种方法有它的局限性。

如果不能使桩模块正确地向上传递有用的信息，测试人员可选择以下几种解决方法。

① 把很多测试推迟到用真实模块代替了桩模块之后进行。但这将使我们在确定错误原因时比较困难。

② 进一步开发能模拟实际模块的桩模块。但这样会大大地增加开销。

③ 从层次结构的底部向上组装和测试软件。此种方法较切实可行，下面详细介绍。

（2）自底向上集成测试 自底向上集成测试是从软件结构最低层的模块开始，从低到高对模块进行组装和测试。因为是从底部向上结合模块的，对于一个给定层次的模块，它的子模块及其子模块的所有下属模块已经组装并测试完成，所以不再需要桩模块。在模块的测试过程中，需要从子模块得到的信息可以直接运行该子模块得到。

自底向上集成测试的步骤如下。

第一步，为最底层模块编写驱动模块，对最底层模块进行测试。最底层模块之间的测试可以并行进行。也可以把低层模块组合成实现某一特定软件子功能的族，为其编写驱动模块，控制它进行测试。

第二步，用实际模块代替驱动模块，与它已测试过的直属子模块组装成为一个子系统。

第三步，为新形成的子系统开发驱动模块，对其进行测试。

第四步，若该子系统已对应为主控模块，即最高层模块，则结束集成，否则转至第二步。

以图 5-15 所示的软件结构为例，用图 5-17 说明自底向上组装和测试的过程。

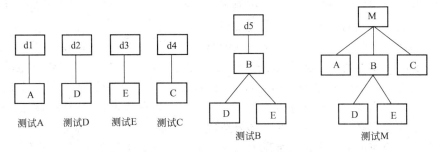

图 5-17　自底向上集成测试的例子

5.5.4.4　混合式集成测试

自顶向下的方式和自底向上的方式各有优缺点。

自顶向下集成测试的缺点是需要建立桩模块，使底层关键模块中错误发现较晚，并且不能在早期很快且充分地展开测试。要使桩模块能够模拟实际子模块的功能将是十分困难的。同时，涉及复杂算法和真正输入/输出的模块一般在底层，它们是最容易出问题的模块，到组装和测试的后期才遇到这些模块，一旦发现问题，导致过多的回归测试。而自顶向下集成测试的优点是不需要驱动模块的设计，可在程序测试的早期实现并验证系统的主要功能，及早发现上层模块的接口错误，能够较早地发现主要控制方面的问题。

自底向上集成测试的缺点是"程序一直未能作为一个实体存在，直到最后一个模块加上去后才形成一个实体。"也就是说，在自底向上组装和测试的过程中，对主要的控制直到最后才接触到。另外，系统整体功能最后才能看到，其上层模块错误发现较晚，而上层模块的问题是全局性的问题，影响范围大。但这种方式的优点是不需要建立桩模块，而建立驱动模块一般比建立桩模块容易，同时，由于涉及到复杂算法和真正输入/输出的底层模块最先得到组装和测试，可以把最容易出现问题的部分在早期及时得到解决。此外，自底向上测试的方式可以实施多个模块的并行测试。

由于自顶向下渐增式测试和自底向上渐增式测试的方法各有利弊，实际应用时，应根据软件系统的特点、任务的进度安排选择适当的方法。一般在实际应用中，采用两种方法相结合的混合法，即对软件结构的较上层使用自顶向下的结合方法，对下层使用自底向上的结合方法，以充分发挥两种方法的优点，尽量避免其缺点。有鉴于此，通常是把以上两种方式结合起来进行组装和测试。

（1）衍变的自顶向下的增值测试　它的基本思想是强化对输入/输出模块和引入新算法模块的测试，并自底向上组装成为功能相当完整且相对独立的子系统，然后由主模块开始自顶向下进行增值测试。

（2）自底向上-自顶向下的增值测试　它首先对含读操作的子系统自底向上直至顶层模块进行组装和测试，然后对含写操作的子系统做自顶向下的组装与测试。

在集成测试时，测试人员应当确定关键模块，对这些关键模块及早进行测试。关键模块是具有以下特征之一的模块。

① 完成软件需求说明中的关键功能。

② 在程序的模块结构中位于较高的层次，即高层控制模块。

③ 较复杂、易发生错误。

④ 有明确定义的性能要求。

5.5.4.5　回归测试

软件在其生命周期中经常有变更，可能源于在测试过程中发现了错误并进行了修改，也可能是因为在集成测试的过程中加入了新的模块。

在修改错误的同时，不仅要注意不正确的修改，还要注意是否引入新的错误。同样，在加入新的模块时，比如建立了新的数据流路径，可能出现了新的 I/O 操作，激活了新的控制逻辑。这些变化有可能使原来工作正常的功能模块出现了问题。为了排除上述出现的问题，应该进行回归测试，以确认是否引入了新的错误。简单地说，进行回归测试的目的就是验证修改的正确性及修改是否对未修改部分造成不良影响。

一般来说，任何成功的测试都会发现错误，而且错误必须被改正。每当修正软件错误的时候，软件配置的某些元素，比如程序、文档或数据也被修改了。回归测试就是用于保证由于调试或其他原因引起的变化，不会导致非预期的软件行为或额外错误的测试活动。

回归测试可以通过重新执行全部测试用例的一个子集手动进行，也可以使用自动化工具自动进行。利用自动化工具，软件工程师能够捕获测试用例和实际运行结果，然后重新执行测试用例，并且比较软件变化前后所得到的运行结果。

已执行过的测试用例的子集，即回归测试集主要包括下述三类不同的测试用例。

① 检测软件系统全部功能的代表性测试用例。

② 针对可能受修改影响的系统功能的附加测试。

③ 针对被修改过的软件元素的测试。

在集成测试、系统测试甚至单元测试阶段，都会进行多次回归测试。而在集成测试过程中，回归测试用例的数量可能会变得非常大。因此，回归测试集应该设计成只包括可以检测系统每个主要功能的一类或多类错误的那样一些测试用例。一旦修改了系统，就重新执行全部的测试用例，是低效而且不实际的。

5.5.5　确认测试

确认测试又称为有效性测试。它的任务是验证软件的功能与性能及其他特性是否与用户的需求一致。在软件需求规格说明书已经明确规定了软件的功能和性能要求，它包含的信息就是软件确认测试的基础。

确认测试阶段首先要进行有效性测试与软件配置审查两项工作，然后进行验收测试和安装测试，在通过了相关专家鉴定之后，才能成为可交付用户使用的软件。

5.5.5.1　进行有效性测试

有效性测试一般是在模拟的环境（很可能就是开发的环境）下，运用黑盒测试的方法，验证被测软件是否满足软件需求规格说明书列出的需求，它由专门的测试人员和用户参加。为此，需要首先制定测试计划，规定要做测试的种类。还需要制定一组测试步骤，描述具体的测试用例。通过实施预定的测试计划和测试步骤，确定软件的特性是否与需求说明相符合，确保所有软件功能需求都能得到满足，所有软件性能需求都能达到，所有文档都是正确且便于使用。同时，对其他的软件需求，如可移植性、兼容性、出错自动恢复及可维护性等，也都要进行测试，以确认是否满足。测试用例应选用实际运用的数据。测试结束后，应写出测试分析报告。

在全部软件测试的测试用例执行完之后，所有测试结果可以分为以下两种情况。

① 测试结果与预期结果相符合。这说明软件的这部分功能、性能及其他特性与需求规格说明书相符合，从而这部分程序可以被接受。

② 测试结果与预期结果不相符合。这说明软件的这部分功能、性能及其他特性与需求

规格说明不一致，应为它提交一份问题报告。同时，修改这样的错误，工作量非常大，必须同用户协商解决。

5.5.5.2　软件配置复查

在软件工程各个生命周期生产的所有信息项，如文档、报告、表格及数据等，都可以成为软件的配置。软件配置复查的目的是保证软件配置的所有成分都齐全，各方面的质量都符合要求，具有维护阶段所必需的细节，而且已经编排好分类的目录。

除了按合同规定的内容和要求，由人工审查软件配置之外，在确认测试的过程中，应当严格按照用户手册和操作手册中规定的使用步骤，以便检查这些文档资料的完整性和正确性。应详细记录发现的遗漏或错误之处，并且适当地补充和改正。

5.5.5.3　验收测试

在通过了系统的有效性测试及软件配置审查之后，就应开始系统的验收测试。验收测试是以用户为主的测试。软件开发人员和质量保证（Quality Assurance，简称 QA）人员也应参加。由用户参加设计测试用例，使用用户界面输入测试数据，并分析测试的输出结果，一般使用生产中的实际数据来进行测试。在测试的过程中，除了考虑软件的功能及性能外，还应对软件的可移植性、兼容性、可维护性及错误的恢复功能等进行确认。

验收测试实际上是对整个测试计划进行的一种"走查"。

5.5.5.4　α 测试和 β 测试

在软件交付使用之后，用户将如何实际使用软件系统，对开发者来说是无法预测的。因为用户在使用过程中常常会发生对使用方法的误解、异常的数据组合以及产生对某些用户来说似乎是清晰的但对另外一些用户来说却难以理解的输出等。

如果软件是专为某个用户开发的，可以进行一系列的验收测试，以便用户确认所有需求是否都得到了满足。验收测试是由最终用户而不是系统的开发者进行的。事实上，验收测试可能持续几个星期甚至几个月，因此能够发现随着时间流逝可能会降低系统质量的累积错误。

如果一个软件是为多个用户开发的产品时，那么，让每个用户都进行正式的验收测试是不切实际的。在这种情况下，很多软件产品生产者都使用被称之为 α 测试和 β 测试的测试方法，来发现那些看起来只有最终用户才能发现的错误。

α 测试是由用户在开发环境下进行的测试，也可以是公司内部的用户在模拟实际操作环境下进行的测试。在这种环境下，用户在开发者的指导下进行测试，开发者负责记录发现的错误和使用中遇到的问题。可见，α 测试是在受控的环境中进行的。α 测试的目的是评价软件产品的功能、可使用性、可靠性、性能及支持等，尤其注重产品的界面和特色。α 测试人员是除软件开发人员之外首先见到产品的人，他们提出的功能和修改意见是特别有价值的。α 测试可以从软件产品编码结束之时开始，也可以在模块（子系统）测试完成之后开始，或者在确认测试过程中产品达到一定的稳定和可靠程度之后再开始。

β 测试是由软件的多个用户在一个或多个用户的实际使用环境下进行的测试。与 α 测试不同的是，软件开发者通常不在测试现场。因此，β 测试是在开发者无法控制的环境下进行的软件现场应用。在 β 测试中，由用户记下遇到的所有问题，包括客观真实的以及主观认定的，并且向开发者定期做报告，开发者在综合用户的报告之后，做出修改，最后将软件产品交付给全体用户使用。β 测试主要衡量软件产品的功能、可使用性、可靠性、性能及可支持性等，着重于产品的支持性，包括文档、客户培训和支持产品生产能力。只有当 α 测试达到一定的可靠程度时，才能开始进行 β 测试。由于 β 测试处于整个测试的最后阶段，不能指望这时发现软件的主要问题。同时，产品的所有手册文本也应该在该阶段完全定稿。因为 β 测试的主要目标是测试可支持性，所以 β 测试应尽可能地由主持产品发行的人员来管理。

5.5.6　系统测试

软件系统只是计算机系统中的一个组成部分。所谓系统测试，是将通过确认测试的软件作为整个基于计算机系统的一个元素，与计算机硬件、外部设备、某些支持软件、数据及人员等其他系统元素结合在一起，在实际使用环境下，测试其能否协调工作。

系统测试的目的在于通过与系统的需求定义做比较，发现软件与系统定义不符合或与之矛盾的地方。系统测试的测试用例应根据需求分析说明书来设计，并在实际使用环境下来运行。通常系统测试阶段使用黑盒测试方法设计测试用例，完成对整个系统的测试。

在系统测试中，主要以性能测试为主，而在确认测试中主要以功能测试为主。

5.6　调　试

软件测试的目的是尽可能多地发现软件中的错误，但进一步诊断和改正程序中潜在的错误，则是调试的任务。软件调试的目的是确定错误的原因和位置，并改正错误。

通常调试活动由两部分组成：确定程序中可疑错误的确切性质和位置；对程序（设计及编码）进行修改，排除这个错误。

调试工作是一个具有很强技巧性的工作，要确定发生错误的内在原因和位置不是一件容易的事，调试是通过现象找出原因的一个思维分析的过程。

5.6.1　调试步骤

调试作为软件测试的后续工作，应该按照一定的步骤来进行。

① 从错误的外部表现形式入手，确定程序中出错位置。

② 研究有关部分的程序，找出错误的内在原因。

③ 修改设计和代码，以排除这个错误。

④ 重复进行暴露了这个错误的原始测试或某些有关测试，以确认该错误是否被排除以及是否引进了新的错误。

⑤ 如果所做修正无效，则撤销此次改动，重复上述过程，直到找到一个有效的解决办法为止。

5.6.2　调试方法

无论采用什么方法，调试的关键在于推断程序内部的错误位置和原因。通常需要把系统地分析、直觉和运气组合起来，才能实现上述目标。一般来说，有以下调试方法可以采用。

5.6.2.1　强行排错

这是目前使用较多但效率较低的调试方法。它不需要过多的思考，比较省脑力。常用的方法有以下几种。

（1）在程序特定部位插入打印语句　把打印语句插在容易出错的源程序的各个关键变量改变部位、重要分支部位以及子程序调用部位，跟踪程序的执行，监视重要变量的变化。这种方法的优点是显示程序的动态过程，比较容易检查源程序的相关信息。缺点是效率低，可能输出大量无关的数据，发现错误带有偶然性。同时还要修改源程序以插入打印语句，这种修改可能会掩盖错误、改变关键的时间关系或把新的错误引入到程序中。

（2）只运行可疑程序　有时为了测试某些被怀疑为有错的程序段，常常要让整个程序反复执行多次。如果程序较长，则每次执行已被测试为正确的程序必将浪费许多时间和精力。在这种情况下，应设法使被测试程序只执行需要检查的程序段，即可疑的程序，以提高查错的效率。可采用以下方法。

① 把不需要执行的语句段加上注释符，使这段程序不再执行。调试过后，再将注释符去掉。

② 在不需要执行的语句段前加判定值为"假"的 IF 语句，使该程序段不执行。调试结束后，再撤销这些语句，使程序复原。

③ 用 GOTO 语句跳越不需要执行的语句段，调试结束后，再撤销之使其复原。

（3）借助于调试工具　目前大多数程序设计语言都有专门的调试工具，利用这些工具可以分析程序的动态过程。例如，借助"追踪"功能可以追踪子程序调用、循环与分支执行路径、指针变量的变化情况等，利用"设置断点"可以执行某个特定语句或改变某个特定变量值引起的程序中断，以便程序员在终端上检查程序的当前状态。

应用以上任何一种方法之前，都应该对错误的征兆进行全面彻底的分析，得出对出错位置及错误性质的推测，再使用一种适当的排错方法来检验推测的正确性。

5.6.2.2　回溯法调试

这是在小程序中常用的一种有效的排错方法。一旦发现了错误，人们先分析错误征兆，确定最先发现"症状"的位置，然后，人工沿程序的控制流程，向前追踪源程序代码，直到找到错误根源或确定错误产生的范围。

比如，在程序中发现错误的位置是某个打印语句，通过输出值可推断程序在这一点上变量的值，再从这一点出发，回溯程序的执行过程，反复考虑："如果程序在这一点上的状态（变量的值）是这样，那么程序在上一点的状态一定是这样..."直到找到错误的位置。

回溯法对于小型程序寻找错误的位置很有效，往往能把错误范围缩小到程序中的一小段代码，仔细分析这段代码不难确定出错的准确位置。但是随着程序规模扩大，应该回溯的路径数目也变得越来越大，回溯会变得十分困难。

5.6.2.3　归纳法调试

归纳法是从特殊推断到一般的系统化思维过程，即从对个别事例的认识当中概括出共同特点，得出一般性规律的思考方法。归纳法调试从测试结果发现的一些线索（错误迹象）入手，通过分析它们之间的联系，导出错误原因的假设，然后再证明或否定这个假设。归纳法调试的具体步骤如图 5-18 所示。

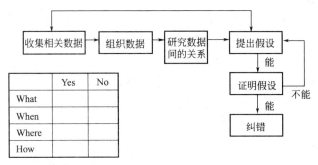

归纳法中组织数据的3W1H表

图 5-18　归纳法调试的步骤

（1）收集有关数据　列出所有已知的测试用例和程序执行结果，看哪些输入数据的运行结果是正确的，哪些输入数据的运行结果是有错误存在的。在这里列出做对了什么、做错了什么的全部信息。

（2）组织数据　由于归纳法是从特殊到一般的推断过程，所以需要组织整理数据，以便发现规律，使用分类法构造一张线索表。通常使用图3W1H形式来组织可用的数据。其中

"What"列出一般现象；

"Where"说明发现现象的位置；

"When"列出现象发生时所有已知情况；

"How"说明现象的范围和量级；

而在"Yes"和"No"这两列中，"Yes"描述出现了错误现象，"No"作为比较，描述了没有出现错误现象。通过分析找出矛盾来。

（3）提出假设　分析线索之间的关系，利用在线索结构中观察到的矛盾现象，导出一个或多个错误原因的假设。如果一个假设也提不出来，归纳过程就需要收集更多的数据，此时应当再选用测试用例去测试，以获得更多的数据。如果提出了多个假设，则首先选用最有可能成为出错原因的假设。

（4）证明假设　假设不是事实，需要证明假设是否合理。把假设与原始线索或数据进行比较，若它能完全解释一切现象，则假设得到证明；否则，就认为假设不合理，或不完全，或者存在多个错误，以致只能消除部分错误。

例如，在一个"学生考试评分"程序中出现了如下错误：在某些（但不是全部）情况下，学生分数中间值不正确，如在做"对51个学生评分"这一特定测试的时候，正确地打印出平均值是73.2，但打印出的中间值却是26而不是所期望的值82。检查这个测试用例和其他几个测试用例的执行结果，得到如表5-8所示线索表。

表 5-8　出错线索表

	Yes	No
What	第3号报表中打印的中间值有误	平均值正确
Where	在第3号报表中	其他报表中正确
When	在对"51个学生评分"的程序测试时发现	对2个学生和20个学生评分时不出现错误
How	中间值为"26"，同时在做"一个学生的评分"时测试也出现错误，中间值为1	中间值可能与实际分数无关

分析上面的表格，通过寻找现象的矛盾来建立有关错误的假设。矛盾是当取偶数个学生时，计算不出错，而奇数个学生时计算却出错，同时总结出中间值总是小于或等于学生人数（$26 \leqslant 51$和$1 \leqslant 1$），这时的处理可给学生换一个分数，把51个学生的测试再做一遍，中间值仍是26，因此在"How-No"栏中填写"中间值似乎与实际分数无关"。但从现有的数据来看，计算出的中间值似乎是不小于学生数一半的整数。换句话说，好像程序把分数放在一个顺序表中，打印的是中间那个学生的编号而不是他的分数。因此就有了发生错误原因的假设，再通过检查源代码或额外多执行几个测试用例来证明这个假设。

5.6.2.4　演绎法调试

演绎法是一种从一般的推测和前提出发，运用排除和推断过程导出结论的思考方法。演绎法调试是测试人员首先根据已有的测试用例，列举出所有可能的错误原因的假设，然后利用测试数据排除不可能正确的假设，最后再用测试数据验证余下的假设确实是出错的原因。演绎法调试的具体步骤如图5-19所示。

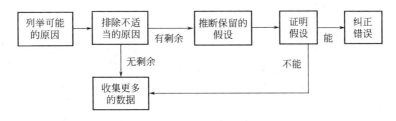

图 5-19　演绎法调试的过程

① 列出所有可能的错误原因的假设：把可能的错误原因列成表，它们不需要完全解释，而仅仅需要一些可能因素的假设。通过它们可以组织及分析现有的数据。

② 利用已有的测试数据，排除不正确的假设：应仔细分析已有的数据，寻找矛盾，力求排除前一步列出的所有原因。如果排除了所有原因，则需要补充一些测试用例，以建立新的假设；如果保留下来的假设多于一个，则选择可能性最大的原因作基本的假设。

③ 改进剩余的假设：利用已知的线索，进一步求改进下的假设，使之更具体化，以便可以精确地确定出错位置。

④ 证明剩余的假设：这一步及其重要，具体做法同归纳法的第四步相同。

5.6.3　调试原则

在调试方面，许多原则本质上是心理学方面的问题。相应于调试的两个组成部分，调试原则也由以下两部分组成。

（1）确定错误的性质和位置的原则

① 分析思考与错误征兆有关的信息。最有效的调试方法是分析与错误征兆有关的信息。一个有经验的程序调试员可以做到不使用计算机就能确定绝大多数错误。

② 避开死胡同。若程序调试员走进了死胡同或者陷入绝境，最好把问题暂时抛开，或者向其他人讲述这个问题。事实上经常有这种情况发生：向一个好的听众简单地描述这个问题时，不需要任何听讲者的提示，自己就会突然发现问题的症结所在。

③ 把调试工具当作辅助手段来使用。利用调试工具可以帮助思考，但不能代替思考。大量实践证明，即便是对一个不熟悉的程序进行调试，不使用工具的人往往比使用工具的人更容易成功。

④ 避免试探法，最多只把它当作最后的手段。初学者常犯的一个错误就是想试试修改程序来解决问题。这种行为成功的机会很小，而且还经常把新的错误带到问题中来。

（2）修改错误的原则

① 在出现错误的地方，很可能还有其他错误。经验证明，错误有群集现象，当在某一程序段发现有错误时，在该程序段中还存在其他错误的概率也很高。因此，在修改一个错误时，还要检查它的近邻，看是否还有错误。

② 修改错误的一个常见失误是只修改了这个错误的征兆或其表现，而没有修改这个错误的本身。如果提出的修改不能解释与这个错误有关的所有线索，那就表明只修改了这个错误的一部分。

③ 注意不要在修正一个错误的同时引入新的错误。不仅需要注意不正确的修改，还要注意看起来是正确的修改可能会引入新的错误。所以在修改了错误之后，应该进行回归测试，以确认是否引入了新的错误。

④ 修正错误的过程会使人们暂时回到程序设计阶段。通常在程序设计阶段所使用的任

何方法都可以应用到错误修正的过程中来。

⑤ 修改源代码程序，而不要改变目标代码。

5.7　实验实训

1. 实训目的

① 培养学生利用所学理论知识和技能分析并解决实际工作问题的能力。

② 培养学生进行调查研究、查阅文献资料的能力，并写出软件测试报告。

2. 实训内容

① 各组对承担的软件项目，设计单元测试方案，执行测试，并提交测试报告。

② 每个学生小组将通过单元测试后的模块，进行集成测试。要求学生设计测试用的驱动模块、桩模块，给出集成测试方案。

③ 在 WinRunner、LoadRunner、Testdirector 中任选一个测试工具，掌握工具的安装。了解该工具的使用环境和主要功能，通过利用该工具对小组软件项目进行相关测试，掌握自动测试工具的使用方法。

3. 实训要求

① 实训前做好实训准备，完成预习工作。

② 实训完成后，根据软件测试的过程和结果，完成软件测试报告。

小　　结

本章主要介绍了软件测试。软件测试是保证软件质量的最后一个阶段，经过测试后就要进入软件的运行维护阶段。

而测试的目的是为了发现错误，而不是去证明程序是正确的。一个好的测试用例是能够用最少的测试数据去发现尽可能多的错误。为达到此目的，就要选择相应的测试方法。软件测试方法分为静态测试法和动态测试法，其中动态测试法又分为黑盒测试法和白盒测试法。在软件测试中，通常以动态测试为主。动态测试要先选择测试用例，然后运行程序，将得到的结果和预期的结果比较，从而发现错误。

黑盒测试是一种对功能的测试，它不需要测试人员知道程序的内部结构，其目的是发现功能错误。常用的测试用例设计方法有等价类划分法、边界值分析法、错误推测法和因果图法等。

白盒测试是以了解程序的内部结构为基础的。常用的测试用例设计方法有逻辑覆盖方法、基本路径测试法及对分支和循环结构的测试等。这些方法各有优缺点，适用于不同的场合，通常情况下，综合使用它们。

为了保证软件的质量，在软件交付使用之前应该对软件进行单元测试、集成测试、确认测试及系统测试。单元测试可以发现模块中的问题，集成测试可以发现模块之间的接口问题，它又分为非渐增式测试和渐增式测试。渐增式测试又分为自顶向下结合与自底向上结合两种方法。在实际中，常采用这两种方法相结合的混合方法：软件结构较上层采用自顶向下结合方法，下层采用自底向上结合方法。确认测试可以发现软件系统是否符合用户的功能性能要求，系统测试的目的在于通过与系统的需求定义做比较，发现软件与系统定义不符合或与之矛盾的地方。

经过了软件测试，可以发现系统中隐含的错误，这时就要查找错误的原因和位置，即进行软件的调试。软件调试是一件非常困难的工作。因为软件错误的种类和原因非常多，调试技术依赖经验积累，因此要提高调试的技术，就需要经常总结调试的经验。

习　题　五

一、选择题

1. 软件测试的目的是（　　　）。

A. 试验性运行软件　　　　　　　　　　B. 发现软件错误

C. 证明软件正确　　　　　　　　　　　D. 找出软件中全部错误

2. 软件测试中，白盒测试法是通过分析程序的（　　　）来设计测试用例的。

A. 应用范围　　　　B. 内部逻辑　　　　C. 功能　　　　D. 输入数据

3. 黑盒法是根据程序的（　　　）来设计测试用例的。

A. 应用范围　　　　B. 内部逻辑　　　　C. 功能　　　　D. 输入数据

4. 为了提高软件测试的效率，应该（　　　）。

A. 随机地选取测试数据

B. 取一切可能的输入数据作为测试数据

C. 在完成编码以后制定软件的测试计划

D. 选择发现错误可能性较大的数据作为测试用例

5. 测试的关键问题是（　　　）。

A. 如何组织软件评审　　　　　　　　　B. 如何选择测试用例

C. 如何验证程序的正确性　　　　　　　D. 如何采用综合策略

6. 软件测试用例主要由输入数据和（　　　）两部分组成。

A. 测试计划　　　　B. 测试规则　　　　C. 预期输出结果　　　　D. 以往测试记录分析

7. 下列几种逻辑覆盖标准中，查错能力最强的是（　　　）。

A. 语句覆盖　　　　B. 判定覆盖　　　　C. 条件覆盖　　　　D. 条件组合覆盖

8. 在黑盒测试中，着重检查输入条件组合的方法是（　　　）。

A. 等价类划分法　　B. 边界值分析法　　C. 错误推测法　　　D. 因果图法

9. 单元测试主要针对模块的几个基本特征进行测试，该阶段不能完成的测试是（　　　）。

A. 系统功能　　　　B. 局部数据结构　　C. 重要的执行路径　　D. 错误处理

10. 软件测试过程中的集成测试主要是为了发现（　　　）阶段的错误。

A. 需求分析　　　　B. 概要设计　　　　C. 详细设计　　　　D. 编码

11. 集成测试时，能较早发现高层模块接口错误的测试方法为（　　　）。

A. 自顶向下渐增式测试　　　　　　　　B. 自底向上渐增式测试

C. 非渐增式测试　　　　　　　　　　　D. 系统测试

12. 确认测试以（　　　）文档作为测试的基础。

A. 需求规格说明书　　B. 设计说明书　　C. 源程序　　　　D. 开发计划

二、名词解释

1. 软件测试

2. 黑盒法

3. 白盒法

4. 渐增式测试

5. 非渐增式测试

6. 调试

三、问答题

1. 软件测试的目的是什么？在软件测试中，应注意哪些原则？

2. 什么是白盒测试法？它有哪些覆盖标准？试对它们的检错能力进行比较。

3. 什么是黑盒测试法？采用黑盒技术设计测试用例有哪几种方法？这些方法各有什么特点？

4. 软件测试要经过哪些步骤？这些测试与软件开发各阶段之间有什么关系？各个阶段与什么文档有关？

5. 单元测试有哪些内容？测试中采用什么方法？

6. 什么是集成测试？渐增式测试与非渐增式测试有哪些区别？渐增式测试如何组装模块？

7. 什么是确认测试？该阶段有哪些工作？

8. 调试的目的是什么？调试有哪些技术手段？

四、应用题

1. 某程序的功能是输入代表三角形三条边长的三个整数，判断它们能否组成三角形，若能则输出等边、等腰或任意三角形的类型标记。请分别用黑盒法与白盒法对该程序设计测试用例。

2. 设计一元二次方程求根的程序。设计出相应的黑盒测试方案和白盒测试方案。

3. 设计下列伪码程序的语句覆盖和路径覆盖测试用例：

```
START
INPUT (A, B, C)
IF A>5
        THEN X=10
        ELSE X=1
END IF
IF B>10
        THEN Y=20
        ELSE Y=2
END IF
IF C>15
    THEN Z=30
        ELSE Z=3
END IF
PRINT (X, Y, Z)
STOP
```

第6章 软 件 维 护

软件维护是软件生存周期的最后一个阶段，其所有活动主要发生在软件交付并投入运行之后。本章首先阐明软件维护的目的，即为什么要进行软件维护以及维护的内容和策略。接着分析软件维护的成本，即软件维护的影响因素和高昂代价；阐述软件维护的实施方法，即如何进行软件维护；说明软件的可维护性测量，即如何提高软件可维护性，减少维护的工作量和费用。最后，本章对软件维护的副作用进行分类，提出了消除或减少维护副作用的相应办法，并对软件再工程技术进行阐述。

6.1 软件维护的目的

6.1.1 软件维护的原因

在软件生存期模型中，软件维护是软件生存期的最后一个阶段。事实上，软件维护阶段是软件生存周期中时间最长的一个阶段，所花精力和费用也是最多的一个阶段。

因为软件的构建基础是计算机系统，而计算机系统中硬件与软件的改进是不可避免的，所以变化是所有软件工作中普遍存在的性质。软件产品的运行周期可达5～10年，在这么长的时间内，需要改正软件中隐含的错误；需要把新增的功能加进去；随着硬件与软件运行环境的不断改进，可能需要多次更新软件的版本，以适应运行环境（包括硬件与软件的改进）的变化。这些活动都属于维护工作的范畴。

平均说来，大型软件的维护成本高达开发成本的4倍左右。目前，国外许多软件开发组织把60%以上的人力用于维护已有的软件，而且随着软件数量增多和使用寿命延长，这个百分比还在持续上升。因此，做好维护工作不仅是保证软件正常工作的需要，而且可以避免重大的经济损失。软件工程的目的是要提高软件的可维护性，减少软件维护所需要的工作量，降低软件系统的总成本。

6.1.2 软件维护的定义

国际标准GB/T 11457—1989从软件生存期的层面上对软件维护给出如下定义。

软件的运行维护阶段为软件生存周期中的时间周期，在此期间软件在它的运行环境中被使用。对软件产品进行监视，以期获得满意的性能，当需要时对软件产品进行修改以改正问题或对变换了的需求做出响应。

另一方面，软件的维护是一种技术措施。需要从技术角度加以说明，国际标准GB/T 11457—1989在技术层面上对软件维护给出了如下的定义。

① 在软件产品交付使用后，对其进行修改，目的在于纠正错误。

② 在软件产品交付使用后，对其进行修改，目的在于纠正故障，改正性能和其他属性，或使产品适应已经改变了的运行环境。

6.1.3 软件维护的分类

软件维护的上述定义实际上已经蕴含了软件维护的类型。软件维护按照维护预期的目的不同，可以分为四类：校正性维护、适应性维护、完善性维护和预防性维护。

（1）校正性维护　校正性维护是为了识别和纠正软件系统中潜藏的错误而进行的修改活动。由于软件测试不可能排除大型软件系统中所有错误，测试阶段隐藏下来的软件错误，有可能在软件投入实际运行之后，才逐渐暴露出来并造成系统故障。软件交付使用后，用户将成为新的测试人员，在使用过程中，一旦发现错误，他们会向开发人员报告并要求维护。校正性维护占整个维护工作的21％。

（2）适应性维护　适应性维护是为使软件系统适应不断变化的运行环境而进行修改的活动。一般应用软件的使用寿命很容易超过十年，但其运行环境却更新很快。近年来，硬件基本是一年半一代，操作系统的版本也在不断地更新，外部设备、外存储器和其他系统元素也频繁地升级和变化，这些变动都需要对相应的软件作修改。适应性维护占整个维护工作的25％。

（3）完善性维护　完善性维护是根据用户在使用过程中提出的一些建设性意见，增加软件功能、增强软件性能、提高软件运行效率而进行的维护活动。在一个应用软件成功运行期间，用户也可能请求增加新功能、建议修改已有功能或提出某些改进意见，以便使软件的功能和质量得到进一步完善。软件的版本更新就是完善性维护的一种。完善性维护是软件维护的主要部分，通常占所有软件维护工作量的50％。

（4）预防性维护　预防性维护是为了进一步改善软件系统的可维护性和可靠性，并为以后的改进奠定基础而进行的维护活动。通常，预防性维护定义为："把今天的方法学用于昨天的系统以满足明天的需要"。也就是说，采用先进的软件工程方法对需要维护的软件或软件中的某一部分（重新）进行设计、编制和测试这类维护活动。预防性维护是J. Miller首先创导的。早期开发的软件，是预防性维护的重要对象。这类软件有一部分仍在使用，但开发方法陈旧，文档也不齐全。对它们应该进行预防性维护。在整个维护活动中，预防性维护只占很小的比例，只占4％。预防性维护包括逆向工程和重构工程，这部分留待以后再详细讨论。

通常，软件维护更重要的工作是进行适应性和完善性维护，往往需要重新遍历软件开发的全过程（即首先确定新的需求，然后设计、编码并测试）。

6.2　软件维护的成本

6.2.1　影响软件维护的因素

软件的开发过程对软件的维护有较大的影响。如果采用软件工程的方法开发软件，保证每个阶段都有完整且详细的文档，这样容易进行维护工作，被称为结构化维护。相反，如果不采用软件工程的方法开发软件，则软件只有程序而无文档，维护工作非常困难，被称为非结构化维护。

（1）非结构化维护　因为只有源程序，而文档很少或没有文档，维护活动只能从艰苦的评价代码开始，评价中又经常由于缺乏程序说明文档使评价很难进行。苦读代码是一项艰苦的工作，因为缺乏设计文档，软件结构、数据结构、系统接口、系统性能等很难弄懂，甚至会被误解，所以代码的改动后果难以估量。尤其没有测试方面的文档，一旦引入新错，将导致恶性循环。这就是软件工程时代以前进行维护的情况。

（2）结构化维护　用软件工程的思想开发的软件具有各个阶段的文档，存在完整的软件配置。维护活动就可以从阅读设计文档开始，首先确定软件的重要结构，性能及接口特征，评估这次维护可能带来的影响并规划出一个具体实施方案，然后从修改设计入手（采用以前讨论过的设计技术），设计复审通过之后再修改代码，并参照测试规格说明书对软件进行回归测试，测试通过后交付用户使用。结构化维护是采用软件工程方法学开发软件的自然结果。这对于减少精力、减少花费、提高软件维护的质量有很大的作用。两种维护过程对比如图 6-1 所示。

6.2.2　软件维护的困难性

软件维护的困难性是由于软件规划和开发方法的缺陷。软件开发时采用急功近利还是放眼未来的态度，对软件维护影响极大。一般说来，软件开发若不严格遵循软件开发标准，将导致软件维护的极大困难。这些困难表现在如下几个方面。

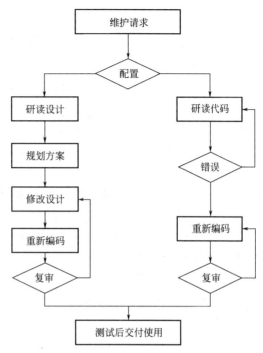

图 6-1　结构化维护与非结构化
维护流程图对比

① 阅读理解别人写的程序非常困难，尤其是当软件配置不全、仅有源代码时，问题尤为严重。这是维护工作一开始就遇到的问题。

② 软件没有文档，或文档不全，或文档不易理解，或与源代码不一致，因而无助于对程序结构、性能、接口的理解。

③ 软件人员流动性很大。维护工作没有软件开发设计人员参加，因而缺少设计时的经验。

④ 很难甚至不可能追踪软件的整个创建过程与版本变化。

⑤ 多数软件设计未考虑修改的需要（有些设计方法采用了功能独立和对象类型等一些便于修改的概念），软件修改不仅困难而且容易出错。

⑥ 软件维护不是一项有吸引力的工作，从事这项工作令人缺乏成就感。

显然，人们期待软件工程学的发展和软件工程方法的实施会改善和克服这些问题。

6.2.3　软件维护成本的分析

在过去的几十年中，软件维护的费用不断上升。1970 年用于维护已有软件的费用只占软件总预算的 35%～40%，1980 年上升为 40%～60%，1990 年上升为 70%～80%。

维护的直接代价是投入了多少金钱，维护还会产生间接代价，即占用更多的资源，造成生产力的下降。据 Boehm.B 报道，每行用 25 美元开发的软件，维护一行代码的费用可能达到 1000 美元，生产力下降了 40 倍，从而严重影响了新软件的开发。P. Leints 的调查结果表明，61% 的机构为维护分配的人力和资源高于新系统的研制，89.9% 的机构认为维护比开发新系统重要，或至少同等重要。

软件维护工作量分为生产性（用于分析与评价，修改设计和代码等）和助动性（用于理解代码功能，解释数据结构、接口特征与性能约束等）两类。下面是维护工作量的一种估算模型：

$$M = P + K \exp(c-d)$$

式中　　M——维护所用总工作量；

　　　　P——生产性工作量；

　　　　K——经验常数；

　　　　c——复杂度，标志设计的好坏及文档完整程度；

　　　　d——对欲维护软件的熟悉程度。

模型表明，倘若未用好的软件开发方法（即未遵循软件工程的思想）或软件开发人员不能参与维护，则维护工作量（及成本）将成指数增长。

6.3　软件维护活动的实施

软件维护活动的实施包括：建立软件维护组织；确定软件维护的流程；保存软件维护记录；评价软件维护活动。

6.3.1　软件维护的组织

软件维护阶段相对来说是漫长且不定期的，所以长期以来很少建立正式的维护机构，而多采用委托给一个维护管理人员负责的办法组织维护力量。然而目前人们普遍认识到，在维护活动开始之前就明确维护责任是十分必要的，这样可以使维护过程得以协调有效地进行。图 6-2 给出了一种组织模式。

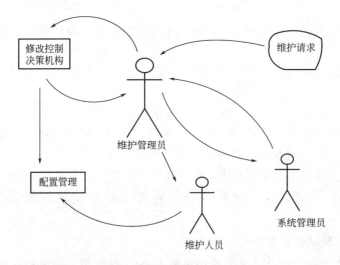

图 6-2　维护机构示意图

每个维护申请通过维护管理员转告给系统管理员进行评价。系统管理员一般都是对程序（某一部分）特别熟悉的技术人员担任，并报告给修改控制决策机构（一个或一组管理者），由它确定最后需要进行的维护活动从而建立维护管理的各自职责。维护机构的大小根据任务的大小和难易程度来决定。这种组织方式能减少维护工作的混乱和盲目性，当然，上述各个岗位都不需要专职人员，但必须为胜任者，并且要早在维护活动开始之前就明确各自责任，避免混乱。

6.3.2　软件维护的流程

软件维护的流程包括以下四个步骤。

第一步：制定维护申请报告。

第二步：审查申请报告并批准。

第三步：进行维护并做详细记录。

第四步：复审。

（1）制定维护申请报告

所有软件维护申请报告应按规定的方式提出，该报告也称为软件问题报告。它是维护阶段的一种文档，由申请维护的用户填写。当遇到一个错误时，用户必须完整地描述错误产生的情况，包括输入数据、错误清单、源程序清单以及其他有关材料。对于适应性或完善性的维护要求，要提交一份简要的维护规格说明。

维护申请报告是一种由用户产生的文档，它用作计划维护任务的基础。维护申请被批准后，维护申请报告就成为外部文档，作为本次维护的依据。在软件维护组织内部还要制定一份软件修改报告，该报告是维护阶段的另一种文档，用来指出以下内容。

① 要求修改的性质。

② 请求修改的优先权。

③ 为满足软件问题报告实际要求的工作量。

④ 预计修改后的状况。

维护机构对维护申请报告评审后回答要不要维护，从而可以避免盲目的维护。

（2）维护过程

经维护机构评审需要维护的申请，则按如图 6-3 所示流程图实施维护，包括以下步骤。

① 首先确定要进行维护的类型。

② 对校正性维护从评价错误的严重性开始。如果非常严重，则将该申请工作放入工作安排队列之首；如果并不严重，则按照评估后得到的优先级放入队列。

③ 对于适应性维护和完善性维护。首先判断维护类型，对适应性维护，按照评估后得到的优先级放入队列；对于改善性维护，则还要考虑是否采取行动，如果接受申请，则同样按照评估后得到的优先级放入队列，如果拒绝申请，则通知请求者，并说明原因。

④ 实施维护任务。不管维护类型如何，大体上要开展相同的技术工作。这些工作包括修改软件设计、必要的代码修改、单元测试、集成测试、确认测试以及复审。

（3）软件维护的复审

在维护任务完成后，要对维护任务进行复审，并对以下问题做总结。

① 在目前情况下，设计、编码、测试中的哪些方面已经完成？

② 各种维护资源已经用了哪些？还有哪些未用？

③ 对于这个工作，主要、次要障碍是什么？

④ 从维护申请的类型来看是否应当有预防性维护？

复审对维护工作能否顺利进行有重大影响，并可以为软件机构的有效管理提供重要的反馈信息。

6.3.3　保存软件维护记录

维护人员在对程序进行修改前要着重做好维护申请报告和软件修改报告两个记录，以便准确估计软件维护的有效程度，确定软件产品的质量，确定维护的实际开销。同时对软件修改内容的有效保存也极端重要。保存维护记录的第一个问题就是哪些数据值得保存？表 6-1 列出了常用的软件维护档案应保存的记录数据。

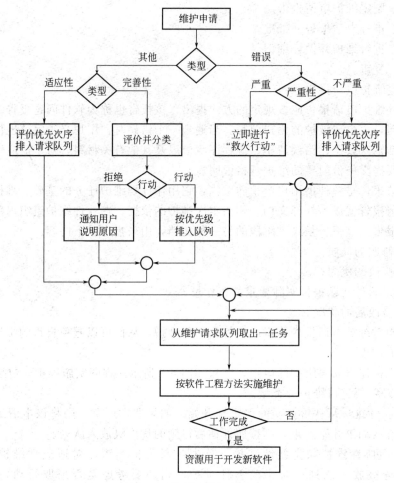

图 6-3　软件维护工作流程

表 6-1　软件维护档案

软件维护档案记录		软件维护档案记录	
程序名称		修改程序增加的源程序语句条数	
源程序语句条数		修改程序减少的源程序语句条数	
机器代码指令条数		修改程序的日期	
所用程序设计语言		软件维护人员的姓名	
程序安装的日期		维护申请报告的名称、维护类型	
程序安装后的运行次数		维护开始时间和维护结束时间	
处理故障次数		花费在维护上的累计"人时"数	
程序改变的层次及名称		维护工作的净收益	

对每项维护工作都应该收集上表数据。利用这些数据可以构建一个数据库，为以后的维护工作打下良好的基础。

6.3.4　评价软件维护活动

维护记录的保存为维护过程的评审提供依据。维护过程的评审可以为以后项目的开发技术、编程语言以及对维护工作的预测与资源分配等诸多方面的决策提供参考。如果维护的档案记录做得比较好，就可以对维护工作做一些定量度量，至少可以从如下几方面进行评价：

① 每次程序运行平均失效的次数。

② 用于每一类维护活动的总人数。

③ 平均每个程序、每种语言、每种维护类型所必需的程序变动数。

④ 维护过程中增加或删除源语句平均花费的人时数。

⑤ 维护每种语言平均花费的"人时"数。

⑥ 一张维护请求表的平均周转时间。

⑦ 不同维护类型所占比例。

据此可对开发技术、语言选择、维护工作计划、资源分配以及其他许多方面进行决策评价。

6.4　软件可维护性

6.4.1　软件可维护性的定义

软件可维护性定义为：软件能够被理解、校正、适应及增强功能的容易程度。软件的可维护性是软件开发的目标之一。软件的可维护性、可用性、可靠性是软件质量的几个主要质量特征。

6.4.2　决定软件可维护性的因素

维护就是在软件交付使用后进行的修改，修改之前必须理解待修改的对象，修改之后应该进行必要的测试，以保证所做修改是正确的。如果是改正性维护，还必须预先进行调试以确定错误的具体位置。因此，决定软件可维护性的因素主要有下述五个。

（1）可理解性　软件可理解性表现为外来读者理解软件的结构、功能、接口和内部处理过程的难易程度。模块化（模块结构良好，高内聚，松耦合）、详细的设计文档、结构化设计、程序内部的文档和良好的高级程序设计语言等，都对提高软件的可理解性有重要贡献。

（2）可测试性　诊断和测试的容易程度取决于软件容易理解的程度。良好的文档对诊断和测试是至关重要的，此外，软件结构、可用的测试工具和调试工具，以及以前设计的测试过程也都是非常重要的。维护人员应该能够得到在开发阶段用过的测试方案，以便进行回归测试。在设计阶段应该尽力把软件设计成容易测试和容易诊断的。

对于程序模块来说，可以用程序复杂度来度量它的可测试性。模块的环形复杂度越大，可执行的路径就越多，因此全面测试它的难度就越高。

（3）可修改性　软件容易修改的程度和设计原理和启发规则直接有关。耦合、内聚、信息隐藏、局部化、控制域与作用域的关系等，都影响软件的可修改性。

（4）可移植性　软件可移植性指的是，把程序从一种计算环境（硬件配置和操作系统）转移到另一种计算环境的难易程度。把与硬件、操作系统以及其他外部设备有关的程序代码集中放到特定的程序模块中，可以把因环境变化而必须修改的程序局限在少数程序模块中，从而降低修改的难度。

（5）可重用性　所谓重用（reuse）是指同一事物不做修改或稍加改动就在不同环境中多次重复使用。大量使用可重用的软件构件来开发软件，可以从下述两个方面提高软件的可维护性。

① 通常，可重用的软件构件在开发时经过很严格的测试，可靠性比较高，且在每次重用过程中都会发现并清除一些错误，随着时间推移，这样的构件将变成实质上无错误的。因此，软件中使用的可重用构件越多，软件的可靠性越高，改正性维护需求越少。

② 很容易修改可重用的软件构件使之再次应用在新环境中，因此，软件中使用的可重用构件越多，适应性和完善性维护也就越容易。

另外，影响软件可维护性的还有程序及文档的一致性、软件可存取性、I/O 方面的通信性、程序设计的结构性、源程序的自描述性、信息无冗余的简洁性、程序易读的清晰性、留有扩充可能的可扩充性。

6.4.3　软件可维护性的度量

软件可维护性与软件质量可靠性同样是难于量化的概念，然而借助维护活动中可以定量估算的属性，能间接地对可维护性做出估计。1979 年，T. Glib 建议把维护过程中各种活动耗费的时间记录下来，并用它们间接度量软件的可维护性。这些时间度量属性是指如下方面。

① 问题识别时间。

② 管理延迟时间。

③ 收集维护工具所用的时间。

④ 分析问题所需时间。

⑤ 形成修改说明书所需时间。

⑥ 纠错（或修改）所用时间。

⑦ 局部测试所用时间。

⑧ 整体测试所用时间。

⑨ 维护复审所用时间。

⑩ 完全恢复所用时间。

上述每种时间度量都能实际记录下来，作为管理者衡量新工具和新技术有效与否的依据。这些数据反映了维护过程的全周期，可以粗略认为，这个周期越短，维护越容易。除了这些面向时间的度量外，有关设计结构和软件复杂性的度量亦可间接说明软件的可维护性。

6.4.4　提高软件的可维护性方法

为提高软件的可维护性，应该从以下几个方面考虑。

（1）建立明确的软件质量目标和优先级　在软件开发过程中，要求全面实现影响可维护性的各项指标，可能需要付出极大的代价。因为其中有一些指标是相互依存的，如可理解性与可测试性、可修改性。但有些是相互抵触的，如效率和可理解性、效率和可移植性等。可维护性各项指标的相对重要性随程序系统的应用领域和运行环境不同而有所差异。例如，对于通信系统的支持软件可能要求可靠性与效率，对于管理信息系统则可能强调可用性和可修改性。所以应该根据用户需求和运行支持环境规定软件可维护性指标的优先级。这对于提高软件系统整体质量，降低软件费用有极大影响。

（2）使用能够提高软件质量的先进技术和工具　在软件系统设计和实现过程中采用程序系统模块化和程序设计结构化技术是获得良好系统结构，提高可理解性，保证软件可维护性的基本要求。在软件维护阶段，使用结构化程序设计技术的要点有如下三条。

① 采用备份方法。当要求修改某个程序模块时，首先对原模块进行备份，然后用新的结构良好的模块整体替换掉原有模块。这种方法只要求理解原模块的外部特性，可以不关心

其内部实现逻辑，这样处理有助于减少维护产生的错误，提供了采用结构化模块逐一替换非结构化模块的途径。

② 采用自动重建结构和重新格式化工具将非结构化代码转换为结构良好的代码。重建结构的步骤如下。

　　a. 借助结构化工具重新构造非结构化代码段。

　　b. 利用重定格式工具对程序进行缩进，悬挂各分段。

　　c. 利用具有代码优化编译功能的编译器进行重新编译。

③ 改进现有系统的不完整文档包括补充、完善系统规格说明书、设计文档、模块设计说明、在源码文件中插入注释等。

（3）进行明确的质量保证审查　为保证软件的可维护性，有四种类型的软件审查。

① 在检查点进行复审　为了保证软件质量，在软件开发的最初阶段就考虑软件的质量要求，并在开发过程每个阶段设置检查点进行检查。在不同的检查点，检查的重点不同，如图 6-4 所示。

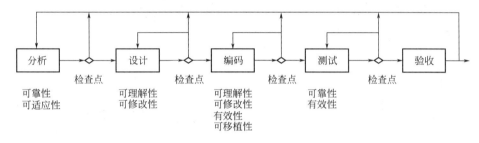

图 6-4　软件开发期间各个检查点的检查重点

② 验收检查　验收检查是软件交付之前的最后一次检查，是软件投入运行之前保证可维护性的最后机会。从可维护性角度出发验收检查必须遵循的最低标准如下。

　　a. 需求和规范标准。需求以可测试的术语书写，专有名词应该加以确定。严格区分必须的、可选的、将来可能的需求。明确系统运行环境、用户组织、测试工具的需求。

　　b. 设计标准。程序系统应该按照结构化设计要求进行模块设计。每个模块应该功能单一，高内聚，低耦合，设计中应该说明可扩充的接口。

　　c. 源代码标准。使用高级语言（尽量使用语言的标准版本），所有代码要求文档化，在源程序内部应该说明其输入输出的特点。

　　d. 文档标准。本系统交付的所有文档种类、规格及引用参照列表。

③ 周期性维护审查　在软件运行期应该定期检查软件系统的运行情况，跟踪软件质量变化。

④ 对软件包的检查　软件包是一种标准化的商品软件。其开发商通常不提供源代码和程序文档。因此，用户维护人员应该仔细分析、研究与软件包配套的用户手册、操作手册、培训教程、版本说明、环境要求以及承诺的技术支持。在此基础上编制软件包的检验程序，以确定软件包所实现功能是否与用户的要求和条件一致。

（4）选择可维护性好的程序设计语言　软件系统的实现语言对于程序的可维护性影响很大。低级语言程序难于理解，当然也难以维护。高级语言程序具有较好的可维护性。不同的高级语言具有不同的特点，可理解性也不同。第四代语言，例如数据库查询语言、图形语言、报表生成器等都具有非过程化特征。程序开发人员只要描述实现的任务，底层算法与代码生成程序员关心不多，由系统自动实现。因此编制的程序容易理解和修改。从维护角度看，第四代语言程序更容易维护。

（5）建立维护文档　软件维护阶段要求的文档有三种。

① 系统开发日志　记录了软件开发的目标、优先次序、设计实现方案、使用的测试技术和工具以及开发进程中出现的问题和解决办法。这些对于维护活动具有极大的参照价值。

② 运行日志　记录软件每天的运行情况——出错历史、类型、发生错误的现场及条件。运行日志是跟踪软件状态，合理评价软件质量，提出和预测维护要求的重要依据。

③ 系统维护日志　每次维护完成后书写维护记录。

6.5　软件维护的副作用

由维护引起的副作用是很常见的，并经常使人晕头转向，但不能因此而放弃维护，只能设法消除或减少副作用。维护的副作用有编码副作用、数据副作用、文档副作用。

（1）编码副作用　一个语句的修改，可能达到了原来的维护目的，但与此同时产生的副作用可能是灾难性的。当我们进行下列修改时，一定要仔细检查一下，是否产生了副作用。

① 删去子程序。

② 改变子程序。

③ 去掉标识符。

④ 为提高性能所做的修改。

⑤ 改变了数据调用方式。

⑥ 改变了算术运算方式。

⑦ 前阶段的工作变动导致了较大的变化。

⑧ 输入/输出的变化。

对副作用的预防，一是在变化之前仔细考虑其可能性，再者是在修改后进行测试。

（2）数据副作用　一般来说，数据结构的变动较少，除非环境、目标发生变化或设计工作不得不推倒重来时才会变动数据结构。如果数据结构发生变动，涉及的问题就比较多，下面的几种数据结构变动要引起足够的重视。

① 局部、全程数据的定义。

② 文件结构的重定义。

③ 全程数据的变化。

④ 数据的初始化。

⑤ 参数变动。

当这些数据结构变动时，既要考虑其一致性、完整性，又要考虑调用这些数据的程序应有哪些改动。

（3）文档副作用　文档是维护的重要基础。文档要在工作中不断产生，而开发中又有许多往返，每次往返都要产生文档的更新，文档的这个变更工作一定要跟上开发的节拍，否则过时的文档会提供错误的信息，甚至还不如没有文档，所以应把文档的及时更新视为文档工作的重要内容。

6.6　软件再工程

所谓软件再工程（Software Reengineering），就是将新技术和新工具应用于老软件的一种较"彻底"的预防性维护。

　　软件再工程不同于一般的软件维护。后者是局部的，以完成纠错或适应需求变化为目的；而软件再工程则是运用逆向工程（Reverse Engineering）、重构（Restructure）等技术，在充分理解原有软件的基础上，进行分解、综合，并重新构建软件，用以提高软件的可理解性、可维护性、可复用性或演化性（Evolvability）。

6.6.1　软件再工程过程模型

　　在 Pessman 建议的一个软件再工程过程模型（如图 6-5 所示）中，为软件再工程定义了六类活动。一般情况下，这些活动是顺序发生的，但每个活动都可能重复，形成一个循环的过程。这个过程可以在任意一个活动之后结束。以下从信息库分析开始，依次对各类活动作简要说明。

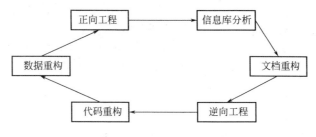

图 6-5　软件再工程过程模型

　　信息库中保存了由软件公司维护的所有应用软件的基本信息，包括应用软件的设计、开发及维护方面的数据，例如最初构建时间、以往维护情况、访问的数据库、接口情况、文档数量与质量、对象与关系、代码复杂性等。在确定对一个软件实施再工程之前，首先要收集上述这些数据然后根据业务重要程度、寿命、当前可维护情况等对应用软件进行分析。

　　文档重构是重新构建原本缺乏文档的应用系统的文档。根据应用系统的重要性和复杂性，可以选择对文档全部重构、部分重构或维持现状。

　　逆向工程是一个恢复原设计的过程。通过分析现存的程序，从中抽取出数据、体系结构和过程的设计信息。

　　代码重构是在保持系统完整的体系结构基础上。对应用系统中难于理解、测试和维护的模块重研进行编码，同时更新文档。

　　数据重构是重新构建系统的数据结构。数据重构是一个全范围的再工程活动，它会导致软件体系架构和代码的改变。

　　正向工程也称革新或改造，它根据现存软件的设计信息，改变或重构现存系统，以达到改善其整体质量的目的。

6.6.2　逆向工程

　　"逆向工程"一词源于硬件制造业。互相竞争的公司为了了解对方设计和制造的机密，在得不到设计文档的情况下，常通过拆卸实物来获取信息。软件的逆向工程是指从源代码出发，重新恢复设计文档和需求规格文档。已经出现了一些 CASE 工具来帮助实现逆向工程，它们或使源代码能以更清晰的方式显示，或直接从源代码中产生流程图或结构图之类的图表。在理想状态下，逆向工程应该能导出多种不同层次的抽象，包括：底层的抽象——过程的设计表示；稍高一点层次的抽象——程序和数据结构信息；相对高层的抽象——数据和控制流模型；高层抽象——实体-关系模型等。

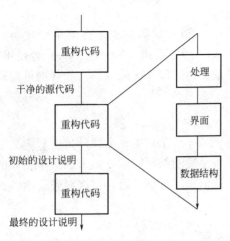

图 6-6　逆向工程过程模型

逆向工程过程如图 6-6 所示，首先分析并重构非结构化的"脏"（Dirty）源代码为结构化的程序设计结构易理解的"干净"（Clean）代码；接下来便提取抽象，这是逆向工程的核心活动，此时工程师必须评价老程序，并从源代码中抽取出需要程序执行的处理、程序的用户界面以及程序的数据结构或数据库结构，相继编写出初始的和最终的设计说明文档。

6.6.3　软件重构

软件重构又可区分为代码重构和数据重构，目的是应用最新的设计和实现技术对老系统的源代码和数据进行修改，以达到提高可维护性，适应未来变化的目的。重构不改变系统的整体体系结构，一般仅局限在单个模块的设计细节和模块内部的局部数据结构。如果超出了模块的边界并涉及软件的体系结构，这时的重构就变成"正向工程"了。

6.7　实验实训

根据本书给出的实训项目图书借阅管理系统，指出系统维护需要的人员有哪些？系统进行维护时哪些数据需要记录？

小　　结

在软件生存期中，维护工作是不可避免的，软件维护阶段是软件生命周期中持续时间最长，也是代价最大的一个阶段。软件进入维护阶段后，有许多维护活动，分别是纠错性维护、完善性维护、适应性维护和预防性维护。

由于软件维护的困难性，软件维护的成本比较高。软件维护的实施过程：建立软件维护组织；确定软件维护的流程；保存软件维护记录；评价软件维护活动。

提高软件的可维护性是软件工程的主要目标。软件的可理解性、可测试行、可修改性、可移植性以及可复用性，是决定软件可维护性的基本因素。

维护工作是开发工作的缩影，但又有自己的特点。要缩小维护的副作用，尽量避免在维护中引入新错误降低软件的质量。要加强对维护的管理尤其是配置管理，有效地对软件配置进行跟踪和控制，避免造成文档的混乱。

软件再工程作为一种新的预防性维护方法，近年来得到很大发展。它通过逆向工程和软件重构等技术，可有效地提高现有软件的可理解性、可维护性和复用性。

习　题　六

一、选择题

1. 在软件生命周期中，工作量所占比例最大的阶段是（　　）阶段。

A. 需求分析　　　　　B. 设计　　　　　　C. 测试　　　　　　D. 维护

2. 在整个软件维护阶段所花费的全部工作中，（　　）所占比重最大。

A. 改正性维护　　　B. 适应性维护　　　C. 完善性维护　　　D. 预防性维护

3. 软件工程对维护工作的主要目标是提高 （　　　），降低维护的代价。

A. 软件的生产率　　　　　　　　　　　　B. 软件的可靠性

C. 软件的可维护性　　　　　　　　　　　D. 维护的效率

4. （　　　）维护是由于开发时测试的不彻底、不完全造成的。

A. 改正性　　　　　　B. 适应性　　　　　　C. 完善性　　　　　　D. 预防性

5. 维护中，因误删除一个标识符而引起的错误是 （　　　）副作用。

A. 文档　　　　　　　B. 数据　　　　　　　C. 编码　　　　　　　D. 设计

6. 产生软件维护的副作用，是指 （　　　）。

A. 开发时的错误　　　　　　　　　　　　B. 隐含的错误

C. 因修改软件而造成的错误　　　　　　　D. 运行时的误操作

7. 软件维护工作中，第一步是确认 （　　　）。

A. 维护环境　　　　　B. 维护类型　　　　　C. 维护要求　　　　　D. 维护者

8. （　　　）因素不是可维护性度量的内容。

A. 可测试性　　　　　B. 可理解性　　　　　C. 可修改性　　　　　D. 可复用性

9. 软件生命期 （　　　）的工作都与软件可维护性有密切的关系。

A. 编码阶段　　　　　B. 设计阶段　　　　　C. 测试阶段　　　　　D. 每个阶段

10. 软件的文档是软件工程实施中的重要成分，它不仅是软件开发各阶段的重要依据，而且也影响软件的 （　　　）。

A. 可测试性　　　　　B. 可维护性　　　　　C. 可扩充性　　　　　D. 可移植性

二、名词解释

1. 软件维护

2. 软件可维护性

3. 改正性维护

4. 完善性维护

5. 适应性维护

6. 预防性维护

7. 软件重构

三、简答题

1. 软件维护有哪些内容？

2. 软件可维护性度量的特征是什么？

3. 软件维护的流程是什么？

4. 维护的副作用有哪些？

5. 简述维护的四种类型。

6. 试述维护的过程。

7. 试述提高可维护性的方法。

8. 试述软件再工程的过程。

第7章　面向对象方法

在软件开发领域，传统的结构化方法长期占据着主导地位，但伴随着社会信息化的迅速发展，软件产品越来越丰富，软件需求的变化愈来愈快，结构化方法暴露出了很多的缺陷，软件开发似乎陷入了新一轮的危机。正当人们一筹莫展之际，面向对象方法却显示出它巨大的魅力，也为最终解决软件危机带来了新的希望。面向对象方法学引导软件开发者摆脱以系统功能看待软件结构的固有思维方式，以全新的世界观看待软件的构成。面向对象方法遵循人类认识世界的一般规律，以其朴素的思维方式，把客观世界的问题空间与计算机世界解决问题的解空间平滑的连接起来，而"对象"的相对稳定性，使构造易重用、易维护的软件产品成为可能。

面向对象方法的发展历史沿袭了计算机软件技术发展的一般规律，它是由一种程序设计技术，经过计算机学者们的不断探索与研究，逐步升华为完整的软件开发方法学。

1967年，挪威计算中心的Kisten Nygaard和Ole Johan Dahl开发了Simula 67语言，它提供了比子程序更高一级的抽象和封装，引入了数据抽象和类的概念，它被认为是第一个面向对象程序设计语言。20世纪70年代初，Palo Alto研究中心的Alan Kay所在的研究小组开发出Smalltalk语言，之后又开发出Smalltalk-80。Smalltalk-80被认为是最纯正的面向对象语言，它对后来出现的面向对象语言，如Object-C、C++、Self、Eiffl都产生了深远的影响。可以说，当前面向对象程序设计中的大部分概念均来源于该语言。

随着面向对象语言的出现并成为功能强大的软件开发工具，面向对象程序设计也就应运而生，得到越来越多的软件开发者的青睐。在面向对象语言得到蓬勃发展的20世纪80年代中后期，计算机科学家们逐渐认识到"面向对象"思想的巨大潜力，他们把目光拓展到更广阔的应用范围，使其思想扩展到软件领域的多个层面。1980年，Grady Booch提出了面向对象设计的概念，之后引入了面向对象分析。1985年，第一个商用面向对象数据库问世。1990年以来，面向对象分析、测试、度量和管理等研究都得到长足发展。逐步形成了面向对象的分析、面向对象的设计、面向对象的测试、面向对象的维护、面向对象的数据库、面向对象的软件开发环境以及面向对象的体系结构等技术方向，迎来了面向对象方法的辉煌时代。

7.1　面向对象方法的基础知识

7.1.1　面向对象方法的世界观

下面通过考察一个具体的事例，来初步认识面向对象方法的原理。比如，飞机按照不同的用途和功能大致可以分为客机、运输机、战斗机、轰炸机。假设不考虑飞机具体的用途和型号，每一架飞机无论大小都有它的一些基本组成部分，诸如机身、机翼、尾翼、起落装置、动力装置等，这些组成部件分别具有不同的功能，不同的飞机可以承担不同的职责。据此，可以把飞机看作是一个事物的类别，是一个抽象的概念，即面向对象方法中的"类"；而一架战斗机则是具体的实体，是客观存在的，即面向对象方法中的"对象"；飞机的组成结构是对象的静态特征（面向对象方法中也称为"属性"）；而飞机的作用可以看作是对象对外呈现的行为，是它的动态特征。概括地说，在面向对象观点中，把现实世界中客观存在的实体（生物或非生物的）与对象相对应，而现实世界中的某一类具有相似属性和行为的对象集合则对应到了面向对象中的抽象概念——类。从认识论的角度看，物质和认识（意识）构成了现实世界。物质无处不存在，它表达了世界上具体的事物，世界是物质的世界，同时意识是对客观存在的反映，物质决定意识，意识是对客观能动地反映。如图 7-1 所示。

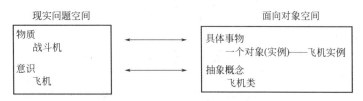

图 7-1　现实问题空间到面向对象解空间之间的映射

　　面向对象方法模拟现实世界，它将对象作为一个整体来考虑，即将对象的属性和行为作为了一个相互依存、不可分割的整体。在软件设计过程中，把一个对象看作一个软件结构模块，它包含有描述该对象的数据（属性）及该对象的若干操作或方法（行为）。对象本身可以接受外界发送来的或自身产生的消息（服务请求），通过其操作为外界或自身提供一系列服务：诸如改变对象状态、传递消息、执行动作等。而外界只需要向对象发出相应消息即可，无需（也无法）了解对象内部实现的细节。即对象能够经过完好封装，它对外界的表现类似于"黑盒子"。恰如一个普通的飞行员驾驶飞机，通常驾驶员只需关心操作规程与仪表盘上的各种数据，而不必关心飞机内部复杂的组成结构和各个部件是如何协调工作的。

　　可以把面向对象方法的特点归纳如下。

　　① 从问题域中客观存在的事物出发来构造软件系统，用对象作为对这些事物的抽象表示，并以此作为系统的基本构成单位。

　　② 事物的静态特征（即可以用一些数据来表达的特征）用对象的属性表示，事物的动态特征（即事物的行为）用对象的服务（或操作）表示。

　　③ 对象的属性与服务结合为一个独立的实体，对外屏蔽其内部实现细节，即封装。

　　④ 把具有相同属性和相同服务的对象归为一类，类（也称对象类）是这些对象的抽象描述，每个对象是其类中的一个实例。

　　⑤ 通过在不同程度上运用抽象的原则，可以得到较一般的类和较特殊的类。特殊类继承一般类的属性与服务，面向对象方法支持对这种继承关系的描述与实现，从而简化系统的构造过程及其文档。

　　⑥ 复杂的对象可以用简单的对象作为其构成部分，称作聚合。

　　⑦ 对象之间通过消息连接进行通信，以实现对象之间的动态联系。

　　⑧ 通过实例连接表达对象之间的静态关系。

　　可见，在面向对象方法开发的软件系统中，以类的形式进行描述，并通过对类的引用而创建的对象是系统的基本构成单位。这些对象对应着问题域中的各个事物，它们的属性与服务刻画了事物的静态特征和动态特征。对象类之间的继承关系、聚合关系、消息连接和实例连接表达了问题域中事物之间实际存在的各种关系。简言之，面向对象系统是由类及其对象与它们之间的各种关联对问题域的直接映射。

　　在面向对象程序设计方法兴起的早期，它代表一种新兴的程序设计思想，使用对象、类、继承、封装、消息等基本概念来进行程序设计。自 20 世纪 80 年代后，面向对象的思想方法以超乎人们想象的速度迅速渗透到计算机软件领域的几乎所有分支，并且还在向一些新的领域扩展，远远超出了程序设计语言和编程技术的范畴。因此，面向对象方法已经不纯粹是一种软件开发方法，而是一种观察世界、研究问题的方法学。

7.1.2 面向对象方法的基本概念

（1）面向对象方法的定义 Coad 和 Yourdon 给出了一个定义："面向对象＝对象＋类＋继承＋消息通信"。如果一个软件系统是使用这样四个概念设计和实现的，则认为这个软件系统是面向对象的。一个面向对象程序的每一个主要成分是对象，计算是通过新的对象的建立和对象之间的消息通信来执行的。

从软件开发的角度来看面向对象方法，则是一整套关于如何看待问题空间与解空间的关系，以什么观点来研究问题并进行求解，以及如何构造系统的软件方法学。面向对象方法强调直接以问题空间（现实世界）中的事物为中心来思考问题、认识问题，并根据这些事物的本质特征，把它们抽象地表示为系统中的对象，作为系统的基本构成单位。

因此，对于软件开发者来说，可以把面向对象方法非形式地定义为：是一种运用对象、类、继承、封装、聚合、消息传送、多态性等概念来构造软件系统的方法。其中对象和消息传送分别是表现事物及事物间相互联系的概念。类和继承是适应人们对事物分类以及从一般到特殊的思维过程的描述范式。方法是允许作用于该类对象上的各种操作。这种对象、类、消息和方法的软件设计范式的基本点在于对象的封装性和继承性。通过封装能将对象的定义和对象的实现分开，通过继承能体现类与类之间的关系，以及由此带来的实体的多态性，从而构成了面向对象的各种特征。

（2）对象（Object） 在面向对象方法中把组成客观世界的实体称之为问题空间的对象。实质上，在问题空间中有意义的、与所要解决的问题有关系的任何事物都可以看作对象。现实中的对象是五彩缤纷、数不胜数的，可以是有形的物理实体（如书本、计算机、汽车、飞机、建筑物、行星、恒星等）、人或组织（教师、学生、经理、学校、企业、外交部、国务院等），也可以是人为的概念（哲学、法律、政策等），甚至是任何有明确边界和意义的事物（交易、访问、事故等）。

对象是由描述该对象属性的数据（静态特征）以及可以对这些数据施加的所有操作（动态行为）封装在一起构成的统一体。这个封装体有可以唯一标识它的名字，而且通过其动态行为向外界提供一组服务（或方法）。

通常对象的引用者仅对其提供的服务感兴趣，无需了解它的内部成分，因此，对象只需向外界提供其使用接口而无需公开它的内部实现。对象的属性值只能由这个对象的服务存取，不仅使得对象的使用变得非常简单、方便，而且更具安全性和可靠性。

对象的特点是以数据为中心，但对象与传统意义上的数据是不同的，它是一个封装体，模块独立性好，可以主动执行自己的操作，不同对象之间本质上具有并行性。

由于客观世界的复杂性和多样性，复杂的对象可由相对比较简单的对象以某种方式组成，甚至整个世界也可以从一些最原始的对象开始，经过层层组合而成。

可以归纳出对象的两个要素。

属性：是用来描述对象静态特征的一个数据项。类似传统程序设计中的变量或数据。

服务：是用来描述对象动态特征（行为）的一个操作序列。类似传统程序设计中的过程或函数。

一个对象可以有多项属性和多项服务。一个对象的属性和服务被结合成一个整体，对象的属性值只能由这个对象的服务存取。

（3）类或对象类（Class） 在面向对象方法中，类是具有相同属性和服务的一组对象的集合。一个类的实质是定义了一种对象类型（因此也称对象类），它为属于该类的全部对象提供了统一的抽象描述，其内部模式与对象一样，也包括属性和方法两个主要部分。这与人类习惯于把有相似特征的事物归为一类的思维方式是一致的。

换句话说，一个对象是属于对应类的一个实例。同属一个类的对象具有定义形式相同的属性与服务，其外部特性和内部实现都是相同的，但每个对象实例的属性值并不一定相同。因此，同一个类的对象实例虽然在内部状态的表现形式上相同，但它们可以有不同的内部状态，这些对象并不是完全一模一样的。

可以举例说明类与对象之间的关系，比如中国历史上战国时期人才辈出，可以将一些代表性人物命名为一个"战国人物"类，这些人物有人类共同的属性和行为，也有那个时代所特有的属性和行为，而李悝、孙膑、庞涓、乐毅、田单、苏秦、张仪、蔺相如、廉颇、吴起、屈原、商鞅、荀子、墨子、韩非等"战国人物"都是这个类中的具体对象（也称为实例）。因此，类是对具有相同属性和行为的一组相似的对象的抽象，类在现实世界中并不能真正存在，只有对象才是真实的实体。

参照 UML 的表示方法，类与对象的表示形式如图 7-2 示。其中图 7-2(a) 是类的表示符号，它表示一个类以及由它创建的所有对象。矩形框的上栏为类名，中栏列出该类对象的全部属性，下栏列出该类对象的全部操作（或服务）；图 7-2(b) 是一个类的例子，包括类名及其属性和服务（本例未列出具体服务）的表示；图 7-2(c) 则是相应对象的表示法，对象名后必须标示出所属类名。

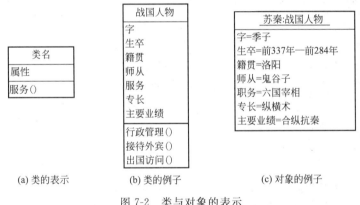

图 7-2　类与对象的表示

综上所述，类是对一组对象的抽象，它将该组对象所具有的共同特征（包括属性特征和操作特征）抽取出来，由该组对象所共享。在系统构成上，则形成了一个具有特定功能的模块和一种代码共享的手段。

（4）封装性（encapsulation）　封装是面向对象方法的一个重要概念，它是一种信息隐蔽技术。封装的含义是：把对象的全部属性和全部服务整合在一起，形成一个不可分割的独立单位（即对象）；同时尽可能隐蔽对象的内部细节，对外形成一个边界，只保留有限的对外接口使之与外部发生联系，对象的外部不能直接地存取对象的属性，只能通过几个允许外部使用的服务与对象发生联系。封装的目的在于将对象的使用者和对象的设计者分开，使用者不必知道行为的实际细节，只需用设计者提供的消息来访问该对象。

可以归纳出封装性的三个要素。

① 有一个清晰的边界。所有对象的内部数据和实现操作的代码都被封装在这个边界内。

② 有确定的接口（即协议）。这些接口就是对象可以接受的消息，只能通过向对象发送

消息来使用它。

③ 受保护的内部实现。内部实现给出了对象提供的功能细节，它不能被该对象以外的其他成分直接访问。

封装性使得对象的接口部分和实现部分分离开，就使得用面向对象技术所设计的软件的可理解性、可修改性大为改善，这也是软件技术追求的目标之一。

（5）继承性（Inheritance） 继承性是面向对象方法的重要特性之一。类似于通常意义上人类家族血统的"继承"关系，一个类可以继承它上层的父类（或称基类），也可以被其下层的子类继承，从而形成一种层次结构。这种继承具有传递性，即如果 C 继承 B，B 继承 A，则 C（间接）继承 A。所以，一个类实际上继承了层次结构中在其上面的所有类的全部描述。也就是说，属于某类的对象除了具有该类所描述的性质外，还具有类等级中该类上层父类描述的一切性质。

类的继承机制分为单继承和多重继承。当一个类只允许有一个基类时称为单继承。即，当类等级为树形结构时，类的继承是单继承；当允许一个类有多个基类时，类的继承是多重继承。多重继承的类可以组合多个基类的性质构成所需要的性质。

在面向对象的软件技术中，继承性提供了子类自动地共享基类中定义的数据和方法的机制。从而，使软件设计者在设计一个新类时能够直接获得已有类的性质和特征，而不必重复定义它们。由此可见，继承性是面向对象方法中一个十分重要的概念，它为软件重用开辟了一条有效途径。也是面向对象技术提高软件开发效率的重要原因之一。

（6）消息（Message） 面向对象方法中所谓的消息就是向某个对象发出的服务请求，它应含有下述信息：一个消息由下述三部分组成：接收消息的对象；消息选择符（也称为消息名）；零个或多个参数。

消息只告诉接收对象需要完成什么操作，但并不指示接收者怎样完成操作。消息完全由接收者解释，接收者独立决定采用什么方法完成所需的操作。

以下是一个消息举例。

MyCircle 是一个半径 5cm、圆心位于（100，200）的 Circle 类的对象，也就是 Circle 类的一个实例。当要求它以橙色在屏幕上显示自己时，在 C＋＋语言中应该向它发下列消息：MyCircle. Show（Orange）。

当面向对象系统中的某个对象在接收到其他对象（或其他系统成分）发出的消息请求时，它就响应这个请求，完成所要求的任务。同样该对象在执行过程中，也可以通过传递消息与别的对象联系，请求它们完成所要求的任务。因此，面向对象系统的运行就是依赖在对象间传递消息来进行的。

（7）结构与连接 客观世界中的事物都不是孤立的，因此，我们面对的大多数问题都涉及到多个事物，而且事物之间往往存在着各种各样的关联与结构，并由此构成一个有机的整体。与此对应，在一个问题域相应的解空间中，仅用一些对象（以及它们所属类）描述问题域是不够的，为有效地映射问题域，应进一步刻画对象之间的各种关联。对象之间存在的关联可以归纳为以下几种：对象的分类关系；对象之间的组成关系；对象属性之间的静态联系；对象行为之间的动态联系。

在面向对象方法中利用一般-特殊结构、整体-部分结构、实例连接和消息连接描述对象之间的以上四种关系。

① 一般-特殊结构（Generalization-Specialization）。一般-特殊结构又称作分类结构，反映了类的继承关系。它可以表示为以类为结点、以继承关系为边的连通有向图。仅由一些存

在单继承的类形成的结构是一个树形结构。由一些存在多继承的类形成的结构是一个网状结构。简单的一般-特殊结构举例如：预警机是一种特殊类型的飞机，它除了可以继承一般飞机的特性外，还配备有自身的预警系统，预警系统是一般飞机不具备的。

② 整体-部分结构（Whole-Part）。整体-部分结构又称为组装结构，反映了对象之间的组成关系。现实世界中有很多复杂事物是由一些更基本的事物组成，因此，相应的复杂对象也可以由一些简单的对象组合而成。比如，CPU、存储器、显示器、机箱等是电脑的组成部分，它们共同组成一台完整的电脑。

③ 实例连接（Instan ceconnection）。问题空间中很多事物存在着一些内在的联系，它们之间的关系往往不受其他事物变化的影响，具有一定的稳定性。相应地，在面向对象方法中用实例连接反映对象与对象间的这种静态关系。例如上级与下级关系、教师与学生关系、亲属之间的关系等等。这种关系的实现可以通过对象的属性表达出来，把这种关系称为实例连接

④ 消息连接（Message connection）。当求解问题域中某一特定问题时，往往依赖若干实体的配合才能完成。因此，在相应的面向对象系统中，需要解空间中若干对象相互合作执行一系列操作完成某个任务，这些操作的完成则是由消息连接启动的。可以说，若一个对象在执行操作时，需要通过消息请求另一个对象为它完成某个操作（服务），则说第一个对象与第二个对象之间存在着消息连接。消息连接是有向的，从消息发送者指向消息接收者，消息连接反映了系统运行时对象之间的动态联系。

一般-特殊结构、整体-部分结构、实例连接和消息连接，均是面向对象分析与面向对象设计阶段必须考虑的重要概念。只有在分析、设计阶段认清问题域中的这些结构与连接关系，编程时才能准确而有效地反映问题域。

（8）多态性（Polymorphism）　多态性是面向对象方法中另一个重要的概念。多态性是指在父类中定义的属性或服务被子类继承之后，可以具有不同的数据类型或表现出不同的行为。这使得同一个属性或服务名在父类及其各个子类中具有不同的语义。换言之，多态性是指在类继承结构的不同层次中可以共同使用同一个属性或服务（操作）的名字，然而不同层次中的每个类却各自按自己的需要来定义该属性的数据类型或该服务的实现算法。当对象接收到发送给它的消息时，根据该对象所属于的类动态选用在该类中定义的数据类型或实现算法。

多态性可举例如下。

例如，在一般类"几何图形"中定义了一个"计算面积"服务，但并不确定执行时到底计算一个什么图形的面积。特殊类圆和多边形都继承了几何图形类的计算面积服务，但其功能却不同：一个是计算出一个圆的面积，一个是计算出一个多边形的面积。进而在多边形类更下层的特殊类矩形中计算面积服务又可以采用一个比计算一般的多边形更高效的算法来计算一个矩形的面积。这样，当系统的其余部分请求计算出任何一种几何图形的面积时，消息中给出的服务名同样都是"计算面积"，而圆、多边形、矩形等类的对象接收到这个消息时却各自执行不同的计算面积算法。

7.1.3　面向对象方法的基本过程

从问题域的分析来看，面向对象方法尽管与传统方法有着巨大的差别，但从方法学的角度来看，它也是对传统方法的继承和发扬。面向对象思想贯穿于软件开发的全过程，它包括面向对象的分析、面向对象的设计、面向对象的编程、面向对象的测试和面向对象的软件维护等主要内容。

面向对象分析和面向对象设计的理论与技术形成于 20 世纪 80 年代后期，目前仍是十分活跃的研究领域。随着一系列关于面向对象分析与设计专著的不断问世，面向对象方法已经从早期主要注重于程序设计的理论与技术，逐渐发展成为一套较为完整的软件工程体系。目前出现的各种面向对象分析与面向对象设计方法尽管在具体的策略、表示法、过程及模型构成等方面有所差别，对于面向对象分析与面向对象设计的职责划分也不尽相同，但在方法论上是一致的。

传统结构化方法受瀑布模型约束，强调严格的阶段性，面向对象方法则通常按照喷泉式的过程模型开发软件，没有严格的阶段划分，但这并不意味着无序开发，仍需要规划出主要的开发阶段，仅仅是不再强调下一阶段的开始必须建立在前一阶段完整描述的基础上，而阶段之间的界限通常是模糊不清的，使软件开发过程更加适应各种变化。因此，类似于传统方法，运用面向对象方法开发软件，也需要经过以下主要步骤。

(1) 面向对象分析 (Object-Oriented Analysis，OOA)　OOA 的主要任务是分析问题域，找出和列举与问题域有关的对象和类，确定其属性、行为、以及彼此间的静态与动态关系。

OOA 是对问题域中客观事物的直接映射，它把各项事物映射为对象，用对象的属性和服务分别描述事物的静态特征和动态行为。同时，OOA 模型也要表达问题域中事物之间的关系：把具有相同属性和相同服务的对象归结为一类；用一般-特殊结构（又称分类结构）描述一般类与特殊类之间的关系（即继承关系）；用整体-部分结构描述事物间的组成关系；用实例连接和消息连接表示事物之间的静态联系和动态联系。

OOA 对问题域的观察、分析和认识是很直接的，对问题域的描述也是很直接的。它所采用的概念及术语与问题域中的事物保持了最大程度的一致。由于 OOA 模型是问题域的精确表达，因此，它是建立软件系统的关键步骤。

(2) 面向对象设计 (Object-Oriented Design，OOD)　尽管 OOA 与 OOD 之间可以实现平滑过渡，但阶段划分仍然是人们解决复杂问题的惯用手法。本阶段的任务是向实现过渡，即在 OOA 模型基础上进一步补充、完善与实现相关的成分。

OOD 主要工作有两方面：一是对前一阶段的求精，可能会发现新的对象和类；二是确定解空间的对象和类层次结构，设计出与实现有关的接口对象和类以及主要数据结构。

由于 OOA 与 OOD 采用一致的表示法，这使得从 OOA 到 OOD 不存在表达方式的转换，只是局部的修改或调整，并增加一些与实现相关的独立部分。分析与设计的顺利过渡正是面向对象方法优于传统软件开发方法的重要因素之一。

(3) 面向对象编程 (Object-Oriented Programming，OOP)　OOP 的任务是选择适当的语言工具和系统环境，实现或重用类和类层次结构，必要时增加相关的内部服务和数据结构。

理想的 OO 开发规范要求在 OOA 和 OOD 阶段中对系统需要设立的每个对象类及其内部构成（属性和服务）与外部关系（结构以及静态、动态联系）都达到明确的认识和清晰的描述，而不是把许多问题留给程序员去重新思考。程序员需要动脑筋的工作仅仅是：用具体的数据结构来定义对象的属性，用具体的语句来实现表示服务功能的算法。

(4) 面向对象测试 (Object-Oriented testing，OOT)　OOT 是指用 OO 技术开发的软件，在测试过程中继续运用 OO 技术，进行以对象概念为中心的软件测试，以更准确地发现程序错误并提高测试效率。OOT 通常可以分为两个阶段：第一阶段是类与对象级测试，主要采用白盒与黑盒相结合的方法；第二阶段是系统级测试，以黑盒法为主。

在用面向对象程序设计语言编写的程序中，对象的封装性使对象成为一个独立的程序单位，而只通过有限的接口与外部发生关系，从而大大减少了错误的影响范围。面向对象测试以对象的类作为基本测试单位，查错范围主要是类定义之内的属性和服务，以及有限的对外接口（消息）所涉及的部分。

当然，对 OO 系统的测试也并非尽如人意，由于 OO 系统中存在着复杂的相互依赖关系，它们包括一般-特殊连接、整体-部分连接、实例连接、消息连接、聚合和多态性等。因此，一个测试者如果对类层次结构及其关联没有深刻的理解和全面的认识，就不可能对系统进行完整的测试。

有时也把 OOP 和 OOT 合称为面向对象实现（Object-Oriented Implementation，OOI）。

（5）面向对象维护（Object-OrientedMaintaining，OOM）　传统软件开发方法中，各个阶段的表示模型不一致，程序不能直接地映射问题域，极大地增加了维护的难度。在面向对象方法中，程序与问题域一致，各个阶段的表示一致，从而大大降低了理解的难度，给维护工作创造了有利条件。提高软件维护效率的另一个重要原因是，将系统中最容易变化的因素作为对象的服务封装在对象内部，对象的封装性使一个对象的修改对整个系统的影响降低到最小。

7.1.4　面向对象方法的与传统方法的比较

结构化软件开发方法与面向对象方法在软件开发过程中所采用的建模工具及语言对照如表 7-1 与表 7-2 所示。可见，结构化方法在软件开发的不同阶段采用了完全不同的建模工具，而面向对象方法在软件开发的分析与设计阶段则采用完全相同的建模工具。

表 7-1　结构化方法的建模工具

开发阶段	结构化分析	结构化设计		结构化程序设计
		总体设计	详细设计	
建模工具及语言	数据流图	层次图	流程图 N-S 图 PAD 图 PDL 语言	结构化语言 （首选）

表 7-2　面向对象方法的建模工具

开发阶段	面向对象分析	面向对象设计	面向对象程序设计
建模工具及语言	类图＋辅助模型	类图＋辅助模型	面向对象程序设计语言（首选）

面向对象方法相对于传统方法的优势可以归纳为以下几点。

① 分析、设计与实现的平滑过渡。传统的结构化方法由于采用僵化的瀑布模型，生命周期每个阶段之间界限分明，每个阶段采用的表示图式（模型图）不一致，比如：需求分析采用数据流图，概要设计采用的是软件结构图，详细设计则采用流程图或伪码，各阶段的衔接没有统一的表达形式。面向对象分析与设计则采用统一的表示模型，每个建模元素都有统一的含义，分析与设计没有明显的界限。若采用面向对象的程序设计语言编程实现系统，则可以做到软件开发各阶段之间的无缝衔接。另外，面向对象方法通常采用喷泉型的过程模型，这在某种程度上更是鼓励开发人员模糊阶段之间的分界线，把系统开发看作是一个反复迭代、完善的过程，从而也体现了逐步求精思想的内涵。

② 系统结构稳定性好。面向对象方法以"对象"为中心构造软件系统，用对象模拟问题空间中的实体，以对象间的联系刻画实体间的联系。每个对象都可以呈现出它自身的属性

（静态特征）和行为（动态特征），具有相对的独立性，当系统的功能需求变化时，往往只需要对其做一些局部性的修改，系统整体结构比较稳定。传统的设计方法以算法为核心，开发过程基于功能分析和功能分解。软件系统的结构紧密依赖于系统所要完成的功能，当功能需求发生变化时将引起软件结构的修改，系统整体结构稳定性较差。

③ 开发出的软件容易理解。面向对象软件系统以对象为核心，对象封装了自身的数据与计算，具有很强的独立性，对象之间只是通过单纯的传递消息互相联系，以模拟现实世界中不同事物彼此之间的联系。而传统的设计方法是面向过程的，它是以算法为核心，把数据和过程作为相互独立的部分。因此，面向对象的软件系统与传统方法相比更容易理解。

④ 开发出的软件容易维护和测试。由于面向对象的软件系统稳定性好、容易理解，对象之间的联系仅仅依赖消息传递，软件的修改可以控制在适当的范围内，软件维护比较容易。而传统方法遵从功能分解的设计理念，模块之间的联系紧凑（紧密），数据和计算过程相互分离，功能的改变往往导致整体结构的变化。因此，软件结构稳定性差，维护起来涉及面广，直接导致软件的可维护性比较差。显然，易理解的面向对象的软件系统也较传统方法设计出的软件更容易测试和调试。

⑤ "对象"可重用性好。面向对象软件系统由大量的对象（类）构成，这些对象（类）封装性好、独立性强，适于构件化，便于重用。重用一个对象类有两种方法，一种方法是创建该类的实例，从而直接使用它；另一种方法是利用继承性机制从它派生出一个满足当前需要的新类。子类不仅可以重用其父类的数据结构和程序代码，而且可以在父类代码的基础上方便地修改和扩充。而传统的软件重用技术是用标准函数库中的函数作为"预制件"来建造新的软件系统。但标准函数缺乏必要的"柔性"，不能适应不同的应用场合，不是理想的可重用的软件成分。

⑥ 可以有效降低软件开发的总成本。由面向对象思想衍生出的基于构件的软件开发技术，以构件作为构造软件系统的基本元素，使得软件重用发挥得淋漓尽致。对于软件开发者来说，可以充分利用按照规范设计、经过严格测试的成熟构件，将它们原封不动或稍加"裁剪"后应用于新的软件系统，不仅可以达到提高质量、缩短开发周期、降低总成本的目的，而且也使人们期待已久的"积木化"软件开发时代成为可能。

⑦ 适于开发不同类型软件。软件系统从其需求情况来看，有一类软件的需求比较明确且在一定时期内相对稳定；而另一类软件则是需求不明确或经常变化。实践表明，结构化方法针对前者具有较强的适用性，这是由它按照自上而下、不易返工、僵化的瀑布模型进行软件设计自身的特征所决定的。而面向对象方法则不仅适用于前者，同时，由于其开发的软件系统易于维护，更能够适应需求不断变化的软件系统。

⑧ 便于开发者与用户交流。软件开发离不开用户的直接参与，面向对象方法由于采用了与人类习惯的思维方式构造软件，软件系统中的"对象"与现实世界中的"实体"基本上存在一一对应关系。用户与开发者在软件系统开发的各个阶段中对于真实存在的"对象"基本上不存在认识上的差距，在软件开发的全过程中用户都可以很容易地参与进来。而传统方法中由于分析与设计分别采用了数据流图、软件结构图以及伪码或流程图等不同的建模工具，用户理解起来困难，不易适应。

当然，事物都是相对的，面向对象方法也并非十全十美，结构化方法采用了许多人类在长期工程实践中行之有效的原则与策略（如自顶向下、逐步求精），经过长期实践和完善，形成了一套成熟的技术和实用的工具，比较容易掌握。而面向对象方法尽管强调运用人类在日常的逻辑思维中经常采用的思想方法与原则，但在软件系统的分析与设计中，目前存在着多种构建对象模型的途径，每种方法各有所长；此外，面向对象系统建模复杂，初次接触往往不易掌握，这是该方法的主要缺陷。但随着 UML 的出现，这种局面已经得到很大的改善。总之，通过综合比较，面向对象方法占有显著优势。

7.2　面向对象的系统分析

建立软件系统的首要任务就是进行系统分析，分析的目的就是全面理解软件系统的需求并对其进行适当的表达。面向对象分析则是以面向对象的观点对问题空间所涵盖的范围及要解决的问题进行理解、抽象，并建立软件系统的分析模型。

7.2.1　关于模型

随着软件需求的复杂性不断增加，人们认识到简明准确的模型表示方法是理解复杂系统的关键。建立模型（建模）的主要目的就是为了减少复杂性，利用它把知识规范地表示出来。人们常常在正式建造实物之前，首先建立一个简化的模型，以便更透彻地了解它的本质，抓住问题的要害。例如建筑模型用于向客户展示建筑物的整体结构；大型水利设施在建造前通常需要制作模型进行仿真实验，以便检验是否存在设计缺陷。在软件开发中模型则是用于映射问题域中实体及其关联的逻辑成分与结构。

模型的定义：模型是为了理解事物而对事物做出的一种抽象，是对事物的一种无歧义的书面描述。

模型的组成：由一组表示特定语义的图示符号和组织这些符号的规则组成，利用它们来定义和描述问题域中的术语和概念。在面向对象系统中，用于建模的元素主要包含表示类和对象的符号（包括属性和服务的表示）以及表示类和（或）对象之间关联的符号。

在软件开发领域中项目失败的原因多种多样，而所有成功的项目在很多方面都是相似的，其中共同的一点就是采用了系统建模。在面向对象方法中，通过对软件系统进行建模，可以达到以下目的。

① 利于开发者理解领域知识，捕获用户的需求。对系统进行分析的过程也是开发者不断学习用户领域知识的过程。当开发者能够建立起一个用户满意的模型时，说明他已经理解了用户领域中的知识，至少是抓住了与将要建立的系统的本质有关的知识。正如 James Rumbaugh 所说，建模就是要抓住系统最本质的部分。

② 利于开发者与用户之间相互沟通。用户通常不是计算机专家，而开发者通常也不熟悉用户领域知识，两者的沟通就有一定的难度。通过建立一个双方都容易理解的模型有利于这种沟通，可以使用户、分析人员、设计人员、程序员等取得一致，从而为建立正确的软件系统奠定良好的基础。

③ 利于进行系统设计。在编写代码之前，软件系统的模型可以帮助软件开发人员方便地研究软件的多种构架和设计方案，从中找出最适合的解决方案，简化实现。模型还能够说明在最终设计中所要解决的许多问题，可以研究多种设计方案。

④ 可以使实现细节和需求分开。软件系统的模型可以从多个角度来描述系统，有些侧重于系统的外部行为和系统中与现实世界对应的有关信息，而有些则侧重于描述系统中的类以及类的内部操作。因此，通过模型可以将实现细节和需求分开。

⑤ 能够得到有用的实际产品。通过建模，可以得到这样一些实际产品：类的声明，数据库结构，配置草案，或者还有初始的用户界面等，这些产品可以直接应用于后续的阶段中。

⑥ 通过模型可以建立系统的文档。软件系统的模型用视图来组织信息，有众多反映需求的用例图以及静态结构图、状态图、交互图等，通过这些视图可以组织、查询、检查以及编辑大型系统有关的信息。

⑦ 有利于理解复杂的系统。对大型复杂系统直接理解往往有困难，只有通过建立模型，抓住系统的主要方面，对系统进行抽象，才能够有利于正确理解系统。

7.2.2　面向对象分析的基本原则

OOA 是面向对象软件开发过程中的关键阶段，分析工作的好坏直接影响到软件开发的成败。面对问题空间中纷繁多样的实体和各种复杂的关联，如何抽丝剥茧、理清思路，把握问题的实质，将其复杂性控制在一定的范围内，是系统分析者需要把握的原则。唯有在OOA 中灵活、高效地控制复杂性，才能高质量地完成分析任务。下面是 OOA 中应该遵循的一些控制复杂性原则。

（1）抽象（Abstraction）　抽象是指在研究问题过程中忽略个别的、非本质的事物特征，仅注重于事物的共性、本质性特征的抽取。抽象分为过程抽象和数据抽象。在 OO 方法中大量使用抽象原则，比如：对象是对现实世界中事物的抽象，类则是对象的抽象；属性是事物静态特征的抽象；服务是事物动态特征的抽象。

（2）分类（Classification）　分类是人类长期以来认识事物的习惯手段，在 OO 方法中把具有相同属性和服务的对象划分为一个类，体现了分类原则的运用。OO 方法中的一般-特殊结构（又称分类结构）也是一种形式的分类，它通过若干特殊类对一般类的继承，衍生出多个新的类别。例如：一个多边形类可以衍生出凹多边形和凸多边形两个新类。

（3）聚合（Aggregation）　聚合的原则是把一个复杂的事物看成若干比较简单的事物的组装体。OO 方法中整体-部分结构就是聚合思想的体现，运用聚合原则可以把事物的整体和它的组成部分区分开来，分别用整体对象和部分对象来进行描述。OOA 中运用该原则可以使一些复杂对象划分为若干简单对象的组装结构。例如汽车是由发动机、车厢、车轮等一个个部件组成，在 OOA 中可以把汽车作为整体对象，把发动机、车厢、车轮等作为部分对象，通过整体-部分结构表达它们之间的组成关系；再如大学是由若干学院、科研机构及后勤等部门组成，把大学作为整体对象，而学院、科研机构及后勤等部门作为部分对象，构成整体-部分结构。

（4）关联（Association）　人类思考问题时经常运用的另一种思想方法是关联。当事物之间确实存在着某种外在或内在联系时，容易使人们通过一个事物联想到另外的事物。在OOA 中运用关联原则就是在系统模型中发现对象之间的静态联系并明确地表示它们。

在 OOA 中可以运用关联原则表示对象之间的静态联系。在现实中存在很多静态联系，例如：教师和学生之间存在着教学关系；雇主与雇员之间存在着雇佣关系。如果这种联系信息是系统责任所需要的，则在 OOA 模型中可以通过实例连接明确地表示这种联系。

（5）消息通信（Communicationwith Message）　这一原则限制对象之间只能通过消息进行通信，而不允许一个对象直接地存取另一个对象的内部属性。在 OOA 中使用消息通信原则能够识别出对象之间的动态联系。

（6）粒度控制（Scalecontrolling）　粒度控制实质上是传统的功能划分思想在 OO 方法中的体现。当人们在研究一个问题域时既需要考虑整体，也需要兼顾局部。但实际中，在面对一个复杂的问题域时，由于人们思维的局限性，不可能在同一时刻既考虑整体，又关注局部。因此需要对问题的规模进行控制，将一个复杂的整体划分出相对独立的若干组成部分，便于进行任务分配、各个击破。这一思想可以在不同层次上反复应用，形成多个层次的"整体"与"局部",就是粒度控制原则。

　　在 OOA 中运用粒度控制原则可以把整个系统划分出若干个"主题",也就是把 OOA 模型中的类按一定的原则进行组合,形成不同的概念范畴——主题。如果一些主题比较琐碎并有一定的相关性,则可以归并为较大的主题。这样使 OOA 模型具有大小不同的粒度层次,从而降低了模型的复杂性,有利于分析员和读者在不同范围内进行思考和设计。

　　(7) 行为分析　现实世界中事物的行为是复杂的。由大量的事物所构成的问题域中各种行为往往相互依赖、相互交织。对行为进行分析时主要考虑的因素有以下几点。

　　① 确定行为的归属和作用范围。

　　② 认识事物之间行为的依赖关系。

　　③ 认识行为的起因,区分主动行为和被动行为。

　　④ 认识系统的并发行为。

　　⑤ 认识对象状态对行为的影响。

7.2.3　面向对象分析的任务与过程

　　(1) 面向对象分析的任务　OOA 是在一个系统的开发过程中进行了系统业务调查以后,按照面向对象的思想来分析问题。其主要任务是分析问题域,找出问题解决方案,发现对象,分析对象的内部构成和外部关系,建立软件系统的对象模型。

　　大型复杂系统的对象模型可以分为下述五个层次。

　　① 主题层。依据粒度控制的原则,通过划分主题把对象模型分解成几个不同的概念范畴,使得复杂、庞大的系统易于理解。主题是指导读者(包括系统分析员、软件设计人员、领域专家、管理人员、用户等,总之,泛指所有需要读懂系统模型的人)理解大型而复杂模型的一种机制。

　　② 类和对象层。给出直接反映问题域和系统责任的类和对象。

　　③ 结构层。描述类和对象之间的继承关系(一般-特殊结构)和聚合关系(整体-部分结构)。

　　④ 属性层。描述类和对象的属性以及属性的静态依赖关系(实例连接)。

　　⑤ 服务层。描述类和对象的服务以及服务的动态依赖关系(消息连接)。

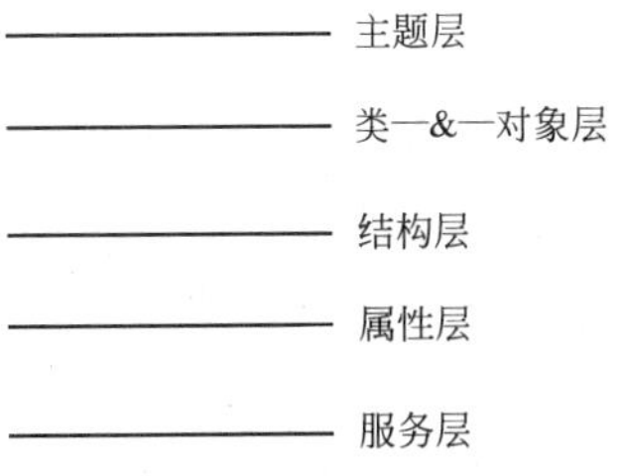

　　五个层次大致体现了问题依次由较高层抽象到较底层内部细节的深入过程,也就是说,自上而下反映出对象模型的更多细节。如图 7-3 所示。

　　上述五个层次对应着在面向对象分析过程中建立对象模型的五项主要活动:找出类—&—对象(类及其对象);识别结构;定义属性;定义服务。因此,在概念上可以认为面向对象分析大体上按照上述顺序进行。但在实际中,分析不可能严格地按预定顺序进行,大型、复杂系统的模型需要反复构造、完善才能建成。通常,先构造出模型的子集,然后再逐渐扩充,直到完全、充分地理解了整个问题,才能最终把模型建立起来。

　　OOA 的主要结果是建立系统基本模型——类图。类图的主要构成成分是:类、属性、服务、一般-特殊结构、整体-部分结构、实例连接和消息连接。

　　类图可由以下三个层次构成。

　　对象层:给出系统中所有反映问题域与系统责任的对象。用类符号表达属于每一类的对象。类作为对象的抽象描述,是构成系统的基本单位。

图 7-3　复杂问题对象模型的五个层次

特征层：给出每一个类（及其所代表的对象）的内部特征。即给出每个类的属性与服务。这个层次描述了对象的内部构成状况，以分析阶段所能达到的程度为限给出对象的内部细节。

关系层：给出各个类（及其所代表的对象）彼此之间的关系。这些关系包括：表示继承关系的一般-特殊结构；表示组装关系的整体-部分结构；表示对象间静态关系的实例连接；表示对象间动态关系的消息连接。

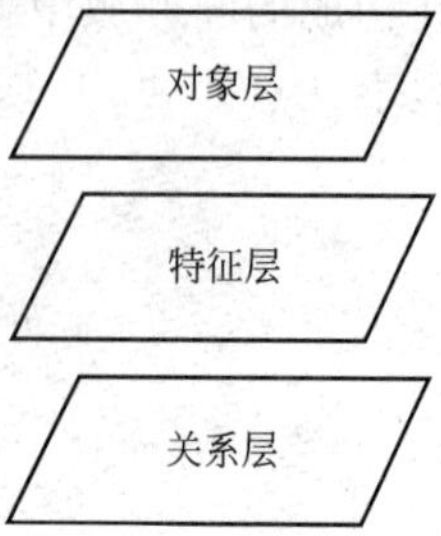

OOA 基本模型的三个层次分别描述了：系统中应设立哪几类对象；每一类对象的内部构成；各类对象与外部的关系。三个层次的信息（包括图形符号和文字）叠加在一起，形成一个完整的类图。图 7-4 是三个层次构成 OOA 基本模型的示意图。

类图作为主要的分析结果，在相当大的程度上反映了问题域的总体结构、基本成分、各成分的内部特征以及彼此之间的各种关系。但正如其他一些分析方法一样，仅凭这些图形文档并不足以准确、完整地表达分析阶段得到的全部系统信息。因此，一个有效的方法是给出系统的详细说明，OOA 中的详细说明主要由所谓的"类描述模板"构成。对于 OOA 基本模型中的每个类，都要建立一个类描述模板。其中的信息包括：对整个类（及其对象）的说明，对每个属性和每个服务的说明，以及其他必要的说明。这些说明主要以文字形式给出（诸如类、属性及服务的名词解释、属性与服务的约束说明等），也可以有一些图形（如状态转换图、服务流程图等）。

图 7-4 OOA 基本模型类图的三个层次

综上所述，面向对象分析的主要任务就是建立类图以及相关说明。

（2）面向对象分析的基本过程

OOA 的基本过程大体如下。

① 分析问题域。分析应用领域的业务范围、业务规则和业务处理过程，确定系统的责任、范围和边界，确定系统的需求。在分析中需要着重对系统与外部的用户和其他系统的交互进行分析，确定交互的内容、步骤和顺序。

② 定义对象与类。识别对象和类，确定它们的内部特征：属性与服务。这一步需要利用抽象原则，即把客观现实世界抽象成为一个概念模型，它是认识从特殊到一般的上升过程。系统分析员不必了解问题域中事物和现象的一切方面，只需研究与系统目标有关的事物及其本质特征，舍弃个体事物的细节差异，抽取其共同的特征，从而发现对象和类。

③ 识别对象间的关联。在发现和定义对象与类的过程中，需要同时识别对象与对象、类与类之间的各种外部联系，包括结构性的静态联系和行为性的动态联系，包括一般-特殊、整体-部分、实例连接、消息连接等联系。这一步需要利用分类、聚合、关联等原则，从分析现实世界事物中的各种内在或外在的联系中获得。

④ 划分主题。对于大型、复杂的系统可以划分主题。

⑤ 建立系统的静态结构模型　分析系统的静态结构，建立系统的静态结构模型，并且把它们用图形和文字表达出来。这主要是在前面对于类、对象及其联系的分析基础上，绘制类图和对象图、系统与子系统的结构图等，编制相应的说明文档。

⑥ 建立系统的动态行为模型　利用行为分析原则，区分各种行为，建立系统的动态行为模型，并且把它们用图形和文字表达出来，如绘制用例图、交互图、活动图、状态图等，编制相应的说明文档。

OOA 过程与整个面向对象系统开发过程类似，也充分体现了迭代的特征。由于对领域问题的认识是一个不断深化的过程，在一步步推进的过程中应有一定的灵活性，允许补充完善上一步遗漏的内容。因此，以上面向对象的分析过程并不具有严格的顺序，而是一个反复精化的过程。

7.2.4　明确问题域与系统责任

在 OOA 中，与任何系统分析类似，分析员应通过研究用户需求与问题域明确系统责任。所谓系统责任是指被开发系统应该具备的职能。分析员对问题域进行深入研究后，可以把客观存在的事物映射为系统中的对象，系统责任则要求系统的每一项职责都要落实到某些对象来完成，这其中就有些对象仅仅是为了完成系统责任而设立的，不是问题域直接涉及的对象。因此，由问题域得到的对象与系统责任要求的对象两者的范畴有很大一部分是重合的，但又不完全一致。同时，也表明两者从不同的角度告诉分析员应该设立哪些对象，分析员需要时时考虑这两个方面。如果只考虑问题域，不考虑系统责任，则不容易正确地进行抽象（不知道哪些事物以及它们的哪些特征是该舍弃的，哪些是该提取的），还可能使某些功能需求得不到落实。反之，如果单纯考虑系统责任，则容易使分析的思路受某些面向功能的分析方法影响，使系统中的对象不能真正地映射问题域，失去面向对象方法的根本特色与优势。

此外，系统边界也是分析工作中的考虑重点。在系统的运行中会有很多与系统进行交互的活动者，这些活动者包括人员、设备和外部系统。通过对这些交互行为的研究，可以使分析员发现一些与系统边界以外的活动者打交道的接口对象。

OOA 以发现对象为切入点，如何发现各种可能有用的候选对象至关重要。通过对问题域、系统边界和系统责任三个方面的研究，考虑各种能启发分析员发现对象的因素，找出可能有用的候选对象。在对问题域研究中，可以发现人员、组织、物品、设备、事件、表格、结构等实体类候选对象；在对系统边界考虑中，可以发现与系统边界以外的活动者进行交互的接口类候选对象；在对系统责任的研究中，可以发现与某些功能有关的系统安装、配置、信息备份、浏览等候选对象。

7.2.5　定义对象与类

（1）确定对象与类　在问题域分析中找到许多候选对象之后，要对它们逐个进行筛选，看它们是不是 OOA 模型真正需要的，从而过滤掉一些没有价值的对象。然后要想办法精简、合并一些对象，并区分哪些对象是应该推迟到 OOD 阶段考虑的。

对象经过筛选、精简后，就可以为每一种对象定义一个类，用一个类符号表示，并对类进行命名。类名通常采用问题域专家及用户习惯的名词或带有定语的名词，如飞机、计算机、空调器、动车组、体育器材、内燃机车、太空舱等。

把陆续发现的属性和服务填写到类符号中，就可得到这些对象的类。在定义对象类时，需要对一些异常情况进行检查，必要时作出修改或调整。

（2）形成对象层　分析员在对象层要完成的工作是对问题域和系统责任进行深入调查研究，从而发现对象并确定它们的类。可以按以下步骤进行。

① 用类符号表示每个类，把它们画出来（有条件的应使用软件工具），便形成了 OOA 的基本模型（即类图）中的对象层。

② 在类描述模板中填写关于每个类的详细说明。

③ 在发现对象的活动中能够认识的属性和服务均可随时加入类符号；能够识别出的结构和连接，均可随时在类符号之间画出。

7.2.6　识别对象间的结构

在识别出系统中的对象以及类之后，进而分析和定义它们的内部特征，得到了构成系统的各个基本单位——对象类。下面将分析重点从各个单独的对象转移到对象以外，分析和认识各对象类之间的关系，以建立 OOA 基本模型（类图）的关系层。只有定义和描述了对象类之间的关系，各个对象类才能构成一个整体、有机的系统模型。对象（以及它们的类）与外部的关联，有以下几种。

对象之间的继承关系（也称分类关系），用一般-特殊结构表示。

对象之间的组成关系，用整体-部分结构表示。

对象之间的静态联系，用实例连接表示。

对象之间的动态关系，用消息连接表示。

上述四种关联包括两种结构和两种连接，它们将构成 OOA 基本模型（类图）的关系层。由于分析工作的复杂性和反复性，在建立关系层之前通常不可能建立完善的、不再变化的对象层和特征层，那么定义关系层不只是在已有的类之间建立这些关系。实际上，对结构与连接的分析还将启发分析员进一步完善对象层和特征层，包括发现一些原先未认识的类、重新考虑某些对象的分类、对某些类进行调整以及对某些类的属性和服务进行增删或调整其位置。

由于实例连接和消息连接的识别分别与属性和服务的确定关系密切，这两种连接的识别可以与它们一起进行。下面先介绍两种结构的识别。

① 一般-特殊结构（继承关系）的识别。在 OOA 建立类图的对象层后，通过对每个类的仔细研究和分析，运用抽象原则，可能会发现一些一般-特殊结构，它是继承关系的体现。现实中存在着大量的一般-特殊结构：军用飞机和民用飞机可以抽象出一般类"飞机"；通用计算机和专用计算机可以抽象出一般类"计算机"；货运列车和客运列车可以抽象出一般类"火车"；汉朝著名的政治家、军事家、科学家、文学家和历史学家等名人可以抽象出一般类"汉朝名人"；企业中的总经理、部门经理和一般员工可以抽象出一般类"雇员"。

在具体确定一般-特殊结构时，还要考虑问题域的客观实际，比如说汽车、火车、飞机和轮船有很多共同的属性，可以抽象出一般类"运输工具"，这是很自然的。但如果认为汽车和飞机有某些属性是相同的，而把汽车说成是飞机的特殊类，那就大错特错了。要强调一点，现实中的情况是非常复杂的，只有充分了解问题域，才能正确地识别出其中的一般-特殊结构。

为正确表达继承关系，应在一般-特殊结构中恰如其分地分配属性和方法。将体现共性的属性和方法放在一般类中，而将体现个性的属性和方法放到特殊类中。一般-特殊结构应该客观反映问题域中的一般-特殊关系，而不能仅仅为了提取某个公共属性而引入一个一般-特殊结构。

在命名时应使每个特殊类的名字能够充分地反映它自己的特征。比较合适的特殊类名字可由相应的一般类名加上能描述该特殊类性质的形容词来组成。例如对于名为食品的一般类，其特殊类可称为肉类食品、谷类食品、蔬菜类食品等。

每个一般-特殊结构可以是层次型的或网格（lattice）型的，它们分别体现了单继承和多继承关系。反映单继承的一般-特殊结构就是层次结构，如图 7-5 所示。

反映多继承的一般-特殊结构就是网格结构，如图 7-6(a) 与（b）所示。

从以上示例可见网格能够起到以下作用：描述复杂的特殊类；有效地表示公共部分；对模型的复杂程度影响较小。

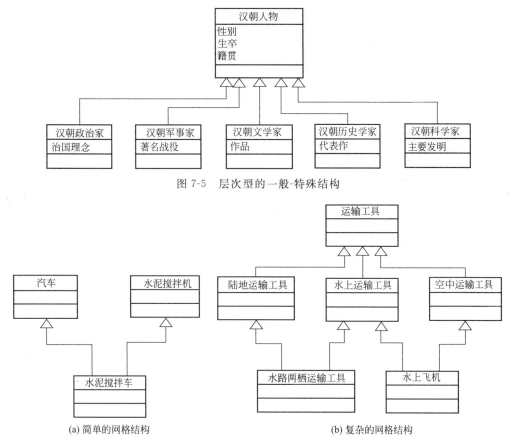

图 7-5　层次型的一般-特殊结构

(a) 简单的网格结构　　　(b) 复杂的网格结构

图 7-6　网格型的一般-特殊结构

② 整体-部分结构（组成关系）的识别。整体-部分关系是组成关系的体现，它是人类思维的基本方法之一。在面向对象分析中，它对于在问题域和系统责任的边界区域中识别类—&—对象（类及其对象）是非常有用的。同时它还能将问题域中具有整体-部分关系的类—&—对象组织到一起。

在类图中识别整体-部分结构时，主要考虑的因素有：在不同类之间是否存在总成-部件、容器-内容、集合-成员等关系。除此以外，还应参照以前相同或类似问题的面向对象分析结果，确定能直接复用的整体-部分结构。图 7-7 是一个整体-部分结构的例子，表明中国传统思想流派是由儒家、道家、墨家、法家、名家、阴阳家等诸家组合而成。

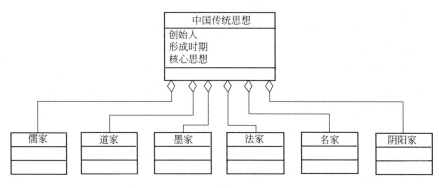

图 7-7　整体-部分结构

此外，整体与部分之间的连线两端通常可以标上数字或字母，表示一对一、一对多、多对多等关系。

③ 多重结构。多重结构包括一般-特殊结构、整体-部分结构或两者的各种组合结构。多重结构通常是自底向上的，但有时也可以用实例连接来依次映射。

7.2.7 划分主题

主题相当于 UML 中的"包"。在 OOA 中，划分主题是粒度控制原则的体现，它是一种指导读者或用户针对大型复杂模型的研究机制。实际中，可以根据具体情况决定是否划分主题，对于类的数目比较少的小型系统，则无需划分主题。

在利用面向对象方法对系统进行初步分析的基础上，划分主题有助于分解大型项目以便建立各个工作小组。主题所提供的机制可控制一个用户必须同时考虑的模型数目，从而降低问题的复杂性。同时它还可以给出面向对象分析模型的总体概貌。

主题所依据的原理是整体-部分关系的扩充。真实系统往往有着大量的对象和复杂的结构，人们直接面对庞大的模型去分析、理解，常常会顾此失彼。而任何方法及其应用是否成功的一个重要标志就是它应该提供好的通信条件以避免分析人员和用户的信息过量，主题划分则是一个很好的选择。

尽管主题看上去类似于子系统，但主题的划分应该以问题域为依据而不是用功能分解方法得到。此外，还应该按照使不同主题之间相互依赖和交互最少的原则来确定主题。

在粒度控制原则的指导下划分主题时，主题可以在不同层次上反复应用，形成多个层次的"整体"与"局部"。在面向对象分析中，另一个需要遵循的就是著名的 $7+2$ 原则，当某一个"整体"的"局部"成分超过 9 个，则应该考虑适当的合并，以减少复杂性。

实践表明，合理、有效地使用主题划分有助于读者在不同的认识层次上理解和分析模型。

7.2.8 定义属性与实例连接

（1）定义属性 属性反映了类—&—对象的静态特征。类的属性实质上描述的是状态信息，每个实例的属性值表达了该实例的实际状态值。

分析员在定义属性时的主要工作是研究当前的问题域和系统责任，针对本系统定义的每一类对象，按照问题域的实际情况，以系统责任为目标进行正确的抽象，从而找出每一类对象应有的属性。具体应从问题陈述中搞清：哪些性质在当前问题的背景下完全刻画了被标识的某个对象？通常，属性对应于带定语的名词。如"运动员的身高"、"干部的级别"、"汽车的颜色"可以分别得到"运动员"类的属性"身高"、"干部"类的属性"级别"、"汽车"类的属性"颜色"等。属性在问题陈述中不一定有完整的显式的描述，要识别出所关心的潜在属性，需要对应用领域有深刻的理解。属性的定义应遵循以下原则（策略）。

① 每个对象至少应含有一个属性，使得对象的实例能够被唯一地标识。

② 必须仔细地定义属性的取值。属性的取值必须能应用于对象类中的每一个实例。

③ 在一般-特殊结构中，较一般的属性应放在一般-特殊结构中较高层的类或对象中，较特殊的属性应放在较低层的类或对象中。对象所继承的属性必须与一般-特殊结构一致。子对象不能继承那些不是为该子对象定义的属性。所继承的属性必须在问题域中有意义。

④ 所有系统的存储数据需求必须说明为属性。

在定义属性的过程中，为避免出现冗余的或不正确的识别，通常应注意以下问题。

① 对于应用领域中的某个实体，在不同的系统责任下既可能作为属性也可能作为对象。比如，一台电视机若作为一个客房的用品可以看作是客房的属性，若考虑电视机本身的特征则须将它看作一个对象。

② 对象的导出属性应当略去。比如，"学生"类设置了"出生年月"属性，则没有必要再把"年龄"设为属性。因"年龄"可由"出生年月"的当前值导出。

③ 如果属性只适应于对象的某些实例，而不适应于对象的另外一些实例，则往往意味着存在另一类对象，而且这两类对象之间可能存在着继承关系。

④ 仅有一个属性的对象可以标识为其他对象的属性。

⑤对于对象的某一个属性，如果该对象的某一个特定实例针对该属性有多重属性值，则应当将该对象分为几个对象。

（2）实例连接（静态联系）的发现　对象之间的另一种关系是实例连接，它反映了对象间的静态联系。所谓静态联系是指最终可通过对象属性来表示的一个对象对另一个对象的依赖关系，这种关系在现实中是大量存在的，并常常与系统责任有关。例如：教师为学生授课，推销员为顾客提供服务，项目经理负责项目的实施，一家公司订购另一家公司的产品，两个城市之间有航线连通等，都属于这种关系。如果这些关系是系统责任要求表达的，或者为实现系统责任目标提供了某些必要的信息，则 OOA 应该把它们表示出来，即在以上每两类对象之间建立实例连接。

实例连接是对象实例之间的一种二元关系，在实现之后的关系中它将落实到每一对具有这种关系的对象实例之间，例如具体地指明哪个教师为哪些学生授课。但是在 OOA 中没有必要作如此具体的表示，只需在具有这种实例连接关系的对象类之间统一地给出这种关系的定义。

实例连接的表示法如图 7-8 所示，在这里只讨论实例连接中的一种最简单的情况。即两类对象之间不带属性的实例连接，其表示法如图 7-8(a) 所示；在具有实例连接关系的类之间画一条连接线把它们连接起来；连接线的旁边给出表明其意义的连接名（无误解时可以缺省）；在连接线的两端用数字标明其多重性。这种多重性有三种情况：一对一的连接、一对多的连接和多对多的连接［如图 7-8(c) 所示］。(b) 和 (d) 是两个具体的例子。

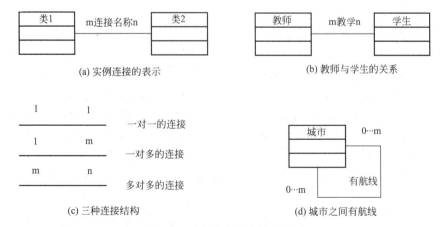

图 7-8　实例连接的表示及例子

实例连接线每一端所标的数，其方式和整体-部分结构类似，可以是一个固定的数、一个不定的数、一对固定的或不固定的数，各种方式的含义也和整体-部分结构一样。线的一端所标的数表明本端的一个对象将和另一端几个对象建立连接，即它是本端对另一端的要求。例如，一个教师可能教多个学生，一个学生也可以和多个教师发生教学联系。

实例连接一般可用对象指针（也可用对象标识）来实现。即在被连接的两个类中选择其中一个，在它的对象中设立一个指针类型的属性，用于指向另一个类中与它有连接关系的对象实例。这种属性一般只要在一个类的对象中设立就够了（除非系统要求从两个方向都能快速地相互查找和引用）。若连接线的某一端标注的多重性是固定的，且数量较少，则在这一端的对象中设立指针对实现较为有利。例如，在图 7-8(b) 的例子中，在学生对象中设立指向教师对象的指针较好，若在教师对象中设指针，则将因数量不定而带来空间浪费或处理上的麻烦。

实例连接与整体-部分结构有某些相似之处，在概念上它们都是对象实例间的一种静态关系，并且都是通过对象的属性来体现的。但是，整体-部分结构中的对象在现实世界中含有明显的"has-a"语义，实例连接中的对象之间则没有。

7.2.9　定义服务与消息连接

（1）定义服务　　服务体现了对象的动态行为。服务的定义可以有助于明确对象之间的通信（消息连接），说明所标识各种对象是如何共同协作，使系统运作起来。

服务的发现和定义与问题域和系统责任密切相关，因此，在使用行为分析原则时，应对以下两个方面着重考虑：对象的状态和行为分类。

① 对象状态。对象的行为规则往往和对象所处的状态有关。面向对象技术中的对象状态包含两种含义：一是对象或者类的所有属性的当前值；二是对象或者类的整体行为（例如响应消息）的某些规则所能适应的（对象或类的）状况、情况、条件、形式或生存周期阶段。

按上述第一种含义，对象的每一个属性的不同取值所构成的组合都可看作对象的一种新的状态。这使得对象的状态数量变得十分巨大，甚至是无穷的。要求系统开发人员识别出如此众多对象状态既无可能亦无必要。按第二种含义，虽然在大部分情况下对象的不同状态也是通过不同的属性值来体现的，但是认识和区别对象的状态只着眼于它对对象行为规则的不同影响。即仅当对象的行为规则有所不同时，才称对象处于不同状态。所以按这种定义，需要识别的状态数目并不很多，可以构画出一个状态转换图（其具体表示见本章后续介绍的UML），以帮助分析对象的行为。

② 行为分类。为了准确、完整地定义对象的各种服务，应明确区分对象行为的不同类别。

a. 系统行为。与对象有关的某些行为实际上不是对象自身的行为，而是系统把对象看作一个整体来处理时施加于对象的行为。例如，对象的创建、复制、存储到外存、从外存恢复、删除等。对于这类行为除非有特别的要求，OOA 一般不必为之定义相应的服务。

b. 算法简单的服务。按照严格的封装原则，任何读、写对象属性的操作都不能从对象外部直接进行，而应由对象中相应的服务完成。这样在实现每个对象时就需要在每个对象中设立许多这样的服务。其算法十分简单，只是读取或设置一个属性的值，这是对象自身的行为。

c. 算法复杂的服务。此类服务描述了对象所映射事物的固有行为，其算法不是简单地读或写一个属性值，而要进行某些计算或监控操作。例如，对某些属性的值进行计算得到某种结果，对数据进行加工处理，对设备或外系统进行监控并处理输入、输出信息等。

定义服务时还应注意以下问题：服务的命名应采用动词或动词加名词所组成的动宾结构，服务名应尽可能准确地反映该服务的职能。对于功能比较复杂的服务，要给出一个服务

流程图，表明该服务是怎样执行的。服务流程
图可以借鉴结构化方法中的一些详细设计工具
来表示，这并不违反 OO 方法的基本原则，而
恰恰说明传统方法中的精髓仍具有其实用价值。
服务流程图可以采用图 7-9 所示的表示符号。此
外，还可以利用用例图、交互图、活动图等工
具来协助定义服务。

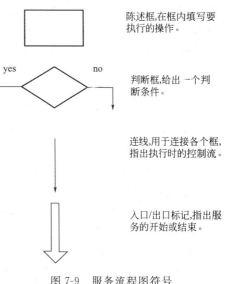

陈述框,在框内填写要
执行的操作。

判断框,给出一个判
断条件。

连线,用于连接各个框,
指出执行时的控制流。

入口/出口标记,指出服
务的开始或结束。

图 7-9　服务流程图符号

　　（2）消息连接（动态联系）的确定　　与实
例连接形成对照的是对象之间的消息连接，它
体现了对象间的动态联系，是对象之间在行为
（服务）上的依赖关系。当一个对象请求另一个
对象提供某种服务时会发生消息连接。因此，
消息连接通常需要在定义服务以后才可以明确。
现实世界中存在大量的消息连接，比如：地面
控制中心向宇宙飞船发出动作指令、交通信号
灯向车辆或行人发出信号、经理要求秘书起草一份文件等，都可以看作是两个对象之间的消
息连接。它表示的是一种动态的并带有时效性的连接。

　　消息连接可以用一个带单箭头的连线表示，箭头尾部连接发送消息的对象，箭头指向接
收消息的对象。

7.3　面向对象的系统设计

　　面向对象设计（OOD）是将 OOA 所创建的分析模型转化为设计模型。在 OOA 时，主
要考虑系统做什么，而不关心系统如何实现。在面向对象方法中，OOD 是系统分析到系统
实现的一个中间过渡阶段，其任务是为系统实现而对 OOA 阶段所创建的分析模型进行必要
的扩充和完善。而且 OOD 和 OOA 采用相同的符号表示，阶段之间没有明显的分界线，是
平滑过渡的。因此，许多分析结果可以直接映射成设计结果，同时，在 OOA 模型中为系统
的实现的目的补充一些新的类，或在原有类中补充一些属性和操作。此外，在设计过程中又
往往会加深和补充对系统需求的理解，从而进一步完善分析结果。可见，OOD 和 OOA 是
一个反复迭代的过程，与 OO 方法通常采用的喷泉模型相吻合。

7.3.1　面向对象设计的基本准则

　　在 OOD 过程中，应当遵循一些必要的准则，下面仅列举一些常用的 OOD 准则。
　　（1）模块化与信息隐蔽　　在 OO 方法中，类及其封装性提供了对模块化和信息隐蔽的自
然支持。
　　（2）抽象　　OO 方法中，每个阶段对应不同的抽象层次。在 OOD 阶段，已经不再关注
对于问题域中事物的抽象，而是考虑对实现的抽象。比如：有些 OO 程序语言提供了一个
类，用它作为继承结构的开始点，所有用户定义的类都直接或间接以这个类为基类。Small-
talk 提供了一个类 Object 作为所有类的继承树的根，而 C++ 则支持多重继承结构。每一种
结构都包含了一组类，它们是（或应该是）某种概念的特殊化。这个概念应抽象地由结构的
根类来表示，因此，每个继承结构的根类应当是目标概念的一个抽象模型。这个抽象模型生
成一个类，它不用于产生实例。它定义了一个最小的共有界面，许多派生类可以加到这个界

面上以给出概念的一个特定视图。

（3）弱耦合　一个单独模块应尽量不依赖于其他模块。如果在类 A 的实例中建立了类 B 的实例，或者如果类 A 的操作需要类 B 的实例作为参数，或者如果类 A 是类 B 的一个派生类，则称类 A "依赖于"类 B。弱耦合的准则要求一个类应当尽可能少地依赖于其他类，但系统本身的结构性使得依赖难以避免。

耦合程度部分依赖于所使用的分解方法。比如：类 A 要求类 B 提供服务，则称类 A 依赖于类 B。这种依赖性可通过复制类 A 中的类 B 的功能来消除，但代码的复制减少了系统的灵活性并增加了维护的困难。此外，继承结构损害了弱耦合的概念。这是因为在建立一般-特殊关系的时候，继承自然地引入了依赖。

因此，弱耦合在实际使用时应综合考虑各种因素。

（4）强内聚　类是现实中某种实体的模型，因而它是一种自然的内聚模块。内聚与耦合往往相互制约、此消彼长。

（5）可扩充性　面向对象方法的继承机制使得设计易于扩充。继承性以两种方式支持扩充设计。第一，类的继承关系有助于重用已有定义，使定义新的类更加容易。随着继承结构逐渐变深，新类定义继承的规格说明和实现的量也就逐渐增大，这通常意味着：当继承结构增长时，开发一个新类的工作量反而逐渐减小。第二，在面向对象的语言中，类型系统的多态性也支持可扩充的设计。

（6）支持重用　在 OOD 阶段，重用有两方面的含义：一是尽量使用已有的类（包括开发环境提供的类库，及以往开发类似系统时创建的类）；二是如果确实需要创建新类，则在设计这些新类的协议时，应该考虑将来的可重复使用性。

（7）类的设计准则　类实例是面向对象系统中的基本组成部分，因此，每个独立的类的设计对整个应用系统都有影响。下面介绍进行类的设计时所要考虑的一些准则。

① 类的公共接口的单独成员应该是类的操作符。
② 类 A 的实例不应该直接发送消息给类 B 的成分。
③ 操作符是公共的，当且仅当类实例的用户可用。
④ 属于类的每个操作符要么访问，要么修改类的某个数据。
⑤ 类必须尽可能少地依赖其他类。
⑥ 两个类之间的互相作用应该是显式的。
⑦ 采用子类继承超类的公共接口，开发子类成为超类的专用。
⑧ 继承结构的根类应该是目标概念的抽象模型。

前四条准则着重讲述类接口的适当形式和使用。准则①要求的信息隐蔽增强了开发表示独立的设计。准则②进一步说明类这种封装性，它禁止访问用作类的部分表示的类实例。这些准则都强调了一个类是由其操作集来刻划的，而不是其表示的思想。准则③把公共接口定义为在类表示中包含了全部的公共操作集。准则④要求属于类的每个操作符都必须表示其建模的概念行为。这四条准则为设计者指明了开发、分解类接口以及类表示的方向。

后四条准则着重考虑类之间的关系。准则⑤要求设计者尽可能少地连接一个类与其他类。如果一个正被设计的类需要另一个类的许多设施，也许这种功能应表示成一个新类。准则⑥试图减少或者消除全局信息。一个类所需要的任何信息都应该从另一个类中用参数显式地传递给它。准则⑦禁止使用继承性开发新类的公共接口之外的部分。利用类实例作为另一个类的部分表示的最佳方法是，在新设计的类表示中声明支持类实例。准则⑧鼓励设计者开发类的继承结构，这种类是抽象的特殊。这些抽象导致了更多的可复用子类，并确定了子类之间的不同。

7.3.2　面向对象设计过程

OOD 通常经过下列主要过程。

（1）系统结构设计　一个复杂的软件系统由若干子系统组成，一个子系统由若干个软件组成。设计系统结构的主要任务是设计组件与子系统，以及它们的静态和动态关系。

（2）对象与类设计　在 OOA 的对象模型的基础上具体设计对象与类的属性、方法（设计数据结构与操作的实现算法），设计对象与类的各种外部联系的实现结构，设计消息与事件的内容、格式等。

（3）交互部分设计　交互部分包括人机交互与外部系统交互两部分。人机交互部分提供用户界面，是系统与用户直接打交道的部分，实现系统的外部表现。设计人机交互部分的主要任务是设计用户界面，其内容包括用户分类，描述交互场景，设计人机交互操作命令、命令层次和操作顺序等。外部系统交互则是所开发系统与其他相关系统的接口。为达到以上两种目的通常要设计必要的交互类。

（4）数据管理部分设计　数据管理部分负责数据的管理，包括数据的录入、操纵、检索、存储，以及对永久性数据的访问控制等。设计数据管理部分的主要任务是：选择数据存储管理模式，设计数据库与数据文件的逻辑结构和物理结构，设计实现数据管理的对象类。

7.3.3　系统结构设计

系统结构设计着重于构造软件的总体框架。在这个阶段，标识在计算机环境中解决问题所需要的概念，并增加了一批需要的类。这些类包括那些可使应用软件与系统的外部世界交互的类。此阶段得到的结果是适合应用软件要求的类、类之间的关系、应用的子系统视图规格说明。通常，利用面向对象设计得到的系统框架如图 7-10 所示。

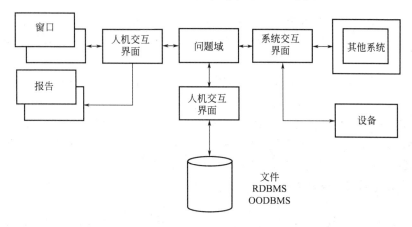

图 7-10　OOD 导出的体系结构

（1）系统结构　系统级的抉择将影响对应用软件各个子系统的任务分配，但不影响各个类的结构。

客户/服务器（C/S）结构是一种典型的系统设计结构，该结构既可在过程性系统中使用，又可在面向对象的系统中使用。C/S 结构的基本思想在于功能的分布，一些功能放在前端机（客户子系统）上执行，另一些功能放在后端机（服务器子系统）上执行。是让系统的一个部分（服务器）提供一组服务给系统的另一个部分（客户）。请求服务的对象都归于客户子系统，而接受请求提供服务的部分就是服务器。

（2）系统设计的规则　开发一个应用的体系结构可以遵守以下几个简单规则。

① 最小化各构件间的通信。子系统各个高层构件之间的通信量应当达到最小。一个用户界面应当能够自行处理交互、改正错误和控制硬件，而不需打扰主应用。

② 隐藏复杂性。子系统应当把那些成组的类打包，形成高度的内聚。

③ 逻辑功能分组。虽然输入和输出设备可能相互间不通信，但逻辑上把它们分组到一个处理输入/输出的子系统中。这样就提供了一个单元，它很容易识别并定位问题域中的事件。

类与通过概念封装的子系统十分类似。事实上，每个子系统都可以被当作一个类来实现，这个类聚集了它的构件，提供了一组操作。一个类的实例可能不止一个子系统的一部分。系统设计标识在计算机环境中实现问题解决所需要的概念，并增加了一批必要的类。这些类包括那些可使应用软件与系统的外部世界交互的类。这些交互则包括与其他软件系统（如数据库管理系统、鼠标和键盘）的界面，与收集数据或者负责控制的硬件设备的界面等。

这个阶段的结果是给出适合应用软件要求的类、类间的联系以及应用的子系统视图规格说明。

7.3.4　类的设计

（1）类设计的目标　标识应用所需概念是类设计的第一步。应用分析过程包括了对问题域所需类的模型化。但在最终实现应用时不仅有这些类，还需要追加一些类。类设计的主要目标如下。

① 单一概念的类或类组。在分析与设计阶段，常常需要使用多个类来表示一个"概念"。在使用面向对象方法开发软件时，常常把一个概念进行分解，用一组类来表示这个概念。当然，也可以只用一个独立的类来表示一个概念。究竟采取什么方式，这需要适当平衡。

② 可复用的构件。人们希望所开发构件可以在未来的应用中使用。因此，需要一些附加特性。例如，在相关的类的集合中界面的标准化、在一个集合内部的类满足"插接相容性"等。

③ 可靠的构件。应用软件必须是可靠的（健壮的和正确定义的）软件。而这种可靠性与它的构件有关。每个构件必须经过充分的测试。但由于成本关系，往往测试不够完备。然而，如果要建立可复用的类，则必须通过严格、充分的测试确保构件的可靠性。

④ 可集成的构件。人们希望把类的实例用到其他类的开发和应用中，这要求类的界面应当尽可能小，表示一个类所需要的数据和操作都包含在类定义中。因此，类的设计应当尽量减少命名冲突。面向对象语言的消息语法，可通过鉴别带有实例名的操作名来减少可能的命名冲突。

类结构提供的封装特性，使得把概念集成到应用的工作变得很容易。封装特性保证了把一个概念的所有细节都组合在一个界面下，而信息隐蔽则保证了实现级的名字将不会同其他类的名字互相干扰。

（2）以重用为基础设计类　重用是建立在已经存在的类库的基础上的，利用既存类来设计类有四种方式，即选择、分解、配置和演变，这是面向对象技术的一个重要优点。许多类的设计都基于既存类的复用。

① 选择。设计类最简单的方法是从既存构件中简单地选择合乎要求的构件。一个面向对象开发环境应提供常用构件库，大多数语言环境都带有一个原始构件库（如整数、实数和字符），它是提供其他所有功能的基础层。任何基本构件库（如"基本数据结构"构件）都

应建立在这些原始层上。例如列表、集合、栈和队列等，都是一些一般的和可复用的类。原始层还包括一组提供其他应用领域服务的一般类，如窗口系统和图形图元等。

② 分解。最初标识的"类"常常是几个概念的组合。在着手设计时，可能会发现所标识的操作落在分散的几个概念中，或者会发现，数据属性被分开放到模型中拆散概念形成的几个组内。这样就必须把一个类分成几个类，希望新标识的类容易实现，或者它们已经存在。

③ 配置。在设计类时，可能会要求由既存类的实例提供类的某些特性。通过把相应类的实例声明为新类的属性来配置新类。

④ 演变。要开发的新类可能与一个既存类非常类似，但不完全相同。此时，不适宜采用"选择"操作，但可以将一个既存类演变成一个新类，可以利用继承机制来表示一般——特殊的关系。特殊化处理有三种可能的方式，例如由既存类建立子类、通过继承层次由既存类建立新类和建立既存类的父类等。

（3）类设计方法　　通常，类中的实例具有相同的属性和操作，应当建立一个机制来表示类中实例的数据表示、操作定义和引用过程。这时，类的设计是由数据模型化、功能定义和抽象数据类型定义混合而成的。类是某些概念的一个数据模型，类的属性就是模型中的数据域，类的操作就是数据模型允许的操作。

类的标识有主动和被动之分。被动类是以数据为中心的，它们是根据系统的其他对象发送来的消息而修改其封装数据的；主动类则提供许多由系统履行的基本操作。

类中对象的组成包括了私有数据结构（private）、共享界面操作（public）和私有操作（operation），而消息则通过界面执行控制和过程性命令。因此，要分别讨论它们的实现。

类的设计描述包括两部分。

① 协议描述（protocol description）。协议描述定义了每个类可以接收的消息，建立一个类的界面。协议描述由一组消息及对每个消息的相应注释组成。

② 实现描述（implementation description）。实现描述说明了每个操作的实现细节，这些操作应包含在类的消息中。实现描述由以下信息构成。

a. 类名和对一个类引用的规格说明。

b. 私有数据结构的规格说明，包括数据项和其类型的指示。

c. 每个操作的过程描述。

实现描述必须包含充足的信息，以提供对协议描述中所描述的所有消息的适当处理。接受一个类所提供服务的用户必须熟悉执行服务的协议；而服务的提供者（对象类本身）必须关心服务如何提供给用户，即实现细节的封装问题。

因此，类的设计主要包括以下几个方面。

① 界面。类的界面构成了类的规格说明，定义了与其他类的交互。界面包括操作特征及先决条件和后置条件。操作特征包括它的名字和应归入参数的类。

② 命名操作。操作的命名指示了设计人员所采取的视点。操作的目的是操纵一个类的实例（该操作定义在此类上），或者提供有关该实例状态的信息。操作名应反映这个目的。传送给操作的信息是操作的另一特征，要求数据量不要很多。操作发送消息给对象，这些对象必须在消息的参数中出现。因此，操作可能会引起其他对象改变它们的状态，并改变它自己对象的状态。

③ 界面的级别。类定义中有三种不同的存取级别。

a. 共有界面（Public）。类 A 的共有界面的使用者是所有使用类 A 的实例的对象的集合。这个界面是该类操作的一个列表，它包括通常使用的算法运算和输入输出函数。这些操作的实现和类的数据元素的确切表示，对类的用户来说都是隐蔽的。

b. 私有界面（Private）。类的私有界面是一些操作的集合，这些操作仅为该类的其他操作所使用。它们是依赖于实现的，同时它们进一步把实现的细节对外部世界隐蔽起来。

c. 子类（subclass）。类 A 的子类界面是一个操作的集合，使用这些操作可存取类 A 子类的实例。这些操作多少有点依赖于实现的。它们允许子类对类的细节进行特殊的存取。

④ 标准界面。在设计类的层次时，结构的根类提供了一个模型或标准界面，它们能够描述在子类中可找到的那些概念。根类是抽象的，且不必实现界面上的每个操作，但它应提供将在每个子类中实现的操作的标准特征。

⑤ 内部结构。在类的内部定义了两种类型的数据：数据模型的成员和支持信息。数据模型的成员提供了概念的表示；支持信息仅仅是为了帮助概念的实现。数据模型对象的标识和定义主要是分析阶段的任务，在设计阶段可以做必要的补充，而支持数据对象的标识是类设计和实现级的任务。

⑥ 消息模式。要根据功能模型及动态模型，以及实际情况设计对象的消息模式。对象之间相互传递消息的机制是：当一个对象接收了一条消息后，就在该对象中寻找消息指定的操作名。假如没有找到，就到它的父类中寻找，直到查找成功，或查找失败（找完根类对象）为止。如果找到了所需的操作，就执行这个操作，执行的过程中会有进一步的消息发送。消息发送的方法是完全一样的，不考虑具体的接收者。消息模式和处理能力共同构成对象的外部特性。

确定各类之间的继承关系时，将各对象的公共性质放在较上层的类中描述，通过继承而共享对公共性质的描述。这里需要说明的是，类实质上定义的是对象的类型，它描述了它们所有性质。类又是一种分层结构，类的上层可以有父类，下层有子类。子类直接继承父类的全部描述，这也叫传递性。在实现时，利用继承性可把通用的类和专用的类存储于类库中，根据需要可以复用它们。

7.3.5 交互部分设计

交互部分的设计包括人机交互与外部系统交互两部分。其中，与外部系统交互一般仅需设计相应的接口类，完成数据通信的职责。下面主要讨论用户界面的设计。

在 OOA 阶段主要关注于问题域，在 OOD 阶段则必须根据需求给出用户界面的详细设计，包括有效的人机交互所必需的实际显示和输入。由于界面设计的一些内容在本书前面章节已有讨论，本节从 OOD 的角度概述用户界面设计需要考虑的几个主要方面。

（1）用户分类　进行用户分类的目的是明确使用对象，针对不同的使用对象设计不同的用户界面，以适合不同用户的需要。分类的原则如下。

① 按技能水平分类。外行、初学者、熟练者、专家。

② 按组织层次分类。行政人员、管理人员、专业技术人员、其他办事员。

③ 按职能分类。顾客、职员。

（2）设计命令层　命令层的设计直接关系到系统能否向用户提供一个"友好的"界面，是检验用户是否能够最终接受所开发软件的重要因素。因此，受到开发者的普遍重视。

① 研究现行的人机交互活动的内容和准则。由于市场上有很多人们熟悉的图形用户界面，比如 Windows 程序的界面一般都具有统一的风格，而且为广大用户所接受。在这里"用户是上帝"的法则是不可取代的，因此在设计用户界面时应考虑人们的日常习惯。

② 建立一个初始的命令层次。命令层次设计的是否合理、实用，将会对系统开发的成

功与否产生影响。

③ 精化命令层。为进一步完善初始命令层次，应考虑以下因素。

a. 命令次序。可以按照使用频率或用户习惯的工作步骤排列命令次序。

b. 整体-部分关系。找到整体-部分模式，帮助在命令层中对操作进行分块。

c. 宽度与深度关系。考虑到人的短时记忆能力，应适度控制命令层的宽度和深度。

d. 操作步骤。在执行系统功能时，应尽量减少单击、拖动和键盘操作的次数，必要时设计便捷操作方式。

（3）使用原型　建立一个用户界面原型，通过对原型的使用，可以使用户对人机交互活动进行体验、实地操作，收集用户的反映，通过反复演示、修改的迭代，使界面越来越有效。

（4）设计人机交互类　当用户界面确定后，需要根据实际情况设计必要的人机交互类。首先从组织窗口和构件的用户界面的设计开始。窗口需要进一步细化，通常包括类窗口、条件窗口、检查窗口、文档窗口、画图窗口、过滤器窗口、模型控制窗口、运行策略窗口、模板窗口等。

每个类包括窗口的菜单条、下拉菜单、弹出菜单的定义。还要定义用于创建菜单、加亮选择项、引用相应的响应的操作。每个类还负责窗口的实际显示。所有有关物理对话的处理都封装在类的内部。必要时，还要增加在窗口中画图形图符的类、在窗口中选择项目的类、字体控制类、支持剪切和粘贴的类等。与机器有关的操作实现应隐蔽在这些类中。

7.3.6　数据管理部分设计

数据管理部分主要与永久对象的设计相关。所谓永久对象可以描述为：如果对象要保持到下一次程序运行，它必须被保持在一个永久性介质上，该介质可以有不同的组织方式，这些对象被称为永久对象。

数据管理部分是系统存储、管理永久对象的基本设施，它建立在某种数据存储管理系统上，并且隔离了数据存储管理模式（文件、关系数据库或面向对象数据库）的影响。

三种数据存储管理模式的主要特点如下。

① 文件管理系统。提供基本的文件处理能力。文件系统具有成本低、使用简便的优点，但它提供的存取与管理功能有限，使用中有较大的局限性。

② 关系数据库管理系统（RDBMS）。关系数据库管理系统建立在关系理论的基础上，它使用若干表格来管理数据。通常根据规范化的要求，可对表格和它们的各栏重新组织，以减少数据冗余，保证修改一致性数据不致出错。规范化的要求用"范式"来定义。

③ 面向对象数据库管理系统（OODBMS）。目前，面向对象的数据库管理系统有三种类型：第一种是扩充的 RDBMS，它是在关系数据模型基础上提供对象管理功能，并向用户提供面向对象的应用程序接口；第二种是扩充的面向对象程序设计语言（OOPL），它是在OOPL 的基础上，扩充数据库管理系统的功能，使之能够长久地存取、管理对象；第三种是"纯"的 OODBMS，它建立在纯粹的面向对象数据模型上。

扩充的 RDBMS 主要对 RDBMS 扩充了抽象数据类型和继承性，再加上一些一般用途的操作来创建和操纵类与对象；扩充的 OOPL 对面向对象程序设计语言嵌入了在数据库中长期管理存储对象的语法和功能。这样，可以统一管理程序中的数据结构和存储的数据结构，为用户提供了一个统一视图，无需在它们之间做数据转换。"纯"的 OODBMS 由于理论上还不太成熟，缺乏关系数据模型那样坚实的数学基础，仍然有大量的工作有待完成。

数据管理部分的设计与所选的数据存储管理模式密切相关。其着重点是能够存储对象自身，除了"纯"的面向对象数据库外，都需要在相应的类中增加一些属性和服务，用于完成保存、恢复对象的工作。具体设计过程可参见有关文献。

7.4 面向对象的程序设计

面向对象方法把软件开发的分析、设计和实现自然地联系在一起。虽然面向对象设计原则上不依赖于特定的实现环境，但是实现的结果和成本却在很大程度上取决于实现环境。因此，直接支持面向对象设计范式的面向对象程序语言、开发环境及类库等，对于面向对象系统实现来说是非常重要的。

面向对象程序设计（OOP）是在完成 OOA、OOD 的基础上，利用特定的面向对象语言，具体实现软件各项功能的过程。面向对象的程序设计语言适合用来实现面向对象设计结果。事实上，具有方便的开发环境和丰富的类库的面向对象程序设计语言，是实现面向对象设计的最佳选择。

7.4.1 面向对象程序设计语言的发展

面向对象程序设计语言（OOPL，Object-Oriented Programming Languages）是目前最为流行的一类高级语言。支持部分或绝大部分面向对象特性的程序设计语言即可称为基于对象的或面向对象的程序设计语言。最早的 OOPL 的雏形是 1967 年出现的 Simula67 语言，它是第一个引入数据抽象和类思想的程序设计语言，随后出现了"纯的"的面向对象的程序设计语言 Smalltalk，在 20 世纪 80 年代趋于成熟。目前较为流行的 OOPL 有 Java、C#、Eiffel 以及从 C 派生出的 C++等。

C++语言是较早从面向过程的语言 C 的基础上发展起来的具有面向对象特征的混合型程序设计语言。1979 年，AT&T 的 BjarneStroustrup 参照 Simula67 着手对 C 语言进行扩充、改进，形成了带类的 C，1980～1985 年期间，AT&T 推出了 C++1.0，引入了虚函数、重载以及引用等特征。1985～1989 年间，又增加继承、抽象类、静态成员函数，发布了 C++2.0 版。1993 年，在 C++语言获得一定程度的成功后，Stroustrup 在 C++中实现了模板，这使得进行通用编程成为可能，同时还对许多特征进行了完善。C++语言继承了 C 语言的所有优点，同时增加了对面向对象编程的全面支持，成为功能完善的面向对象程序设计语言。

随着软件产业的发展，比较早的面向过程的语言在随后的发展中也纷纷吸收了许多面向对象的概念，比如，基于 C 的 Objective-C，基于 BASIC 的 VisualBasic 及 VisualBasic. NET，基于 Pascal 的 ObjectPascal，基于 Ada 的 Ada95 等。

Java 语言则是全面挑战 C++语言、适用于网络计算环境的 OO 语言。微软公司推出的 C# 则是集 C++和 Java 等高级语言优点与一体的 OO 编程语言。

OOPL 标志着软件技术划时代意义的进展，它的出现极大地提高了软件开发能力，推动程序设计语言和软件开发工具与环境的发展。因此，面向对象程序设计从它诞生起就得到了广泛的重视。

7.4.2 面向对象程序设计语言的特征

OOPL 以其内在机制体现了 OOP 的核心思想，同时为 OOP 的实际应用提供了有效的支持和规范化的约束。尽管使用传统编程语言也可以体现一些 OOP 风格，但由于传统编程语言中缺少像继承性这样的 OOPL 所独有的基本机制，所以仍然不如使用 OOPL 进行开发更为规范、高效、易于重用和易于维护。

纯 OOPL 为 OOP 的发展起到了奠基作用，混合式 OOPL 则使得 OOP 为软件产业所真正接受。在 OOPL 中广泛使用了动态联编、多态性、多重继承等技术，类库和程序设计环境则是决定一个 OOPL 是否适用的两个关键因素。

OOPL 的基本特征有七个，即对象、类、继承性、信息隐藏、强类型化、并发性、持久性。但是，目前还没有哪一种语言能够同时具备这些特征。流行的 OOPL 都可以归入以下 6 类语言之一。

① 基于对象的语言，支持对象。

② 基于类的语言，对象属于类。

③ 面向对象的语言，类支持继承性。

④ 面向对象的数据抽象语言，类支持信息隐藏。

⑤ 面向对象的强类型化语言，类型可以在编译时确定。

⑥ 支持并发性与持久性的面向对象的强类型化语言。

例如，比较流行的 C++语言对应于第 5 类，因为它尚不支持并发和持久。

不论采用何种面向对象语言进行编码，它们都有共性的一面，即符合面向对象编程的规定，具有面向对象编程风格。

面向对象的程序设计语言必须支持下列概念。

① 封装的对象。

② 类和实例的概念。

③ 类的继承。

④ 类的多态性。

OOPL 中的基础构件是对象和类，基本机制是方法、消息和继承性。提高软件开发的抽象层次、提高软件的重用性，是 OOP 的基本思想和基本手段。把焦点集中在类和类层次结构的设计、实现和重用上，是面向对象程序设计与传统程序设计的本质区别。

7.4.3　面向对象系统的实现途径

从 OOA、OOD 到 OOP 是一种自然的过渡。一般而言，所有语言都可以完成面向对象实现，但某些语言能够提供更丰富的语法，能够显式地描绘在面向对象分析和面向对象设计过程中所使用的表示法。然而在实际中，由于受生产环境与从业人员技术水平的限制，人们对各种程序设计语言的喜好很难强求一致，这或多或少地影响了面向对象系统的实现方式。因此，有必要说明面向对象的设计结果在利用过程型语言、面向软件包的语言、面向对象的语言实现时各自的特点。

（1）面向对象设计与过程型语言　　过程型语言，如 C、Pascal、FORTRAN、COBOL 等，都直接支持过程抽象，但可以增加数据抽象及封装（如利用结构化设计的信息隐蔽模块等）。虽然某些公共部分可以作为单独的子程序，但无法明确地表示继承性，也无法明确支持整体与部分、类与成员、对象与属性等关系，需要程序员凭借自身的素质和经验实现相关的机制。面向过程型语言的面向对象设计尽管在技术上不令人满意，但它确实也是一种实用且可行的方法：从面向对象分析，到面向对象设计，再到具有面向对象特性的过程型语言。

（2）面向对象设计与基于对象的语言　　基于对象的语言，也叫做面向软件包的语言，如 Ada 等，能够直接支持过程抽象、数据抽象、封装、对象与属性关系。虽然某些公共部分可作为单独的子程序，但它仍无法明确地表示继承性，也无法明确地表示类与成员、整体与部分的关系。也许，基于对象语言的面向对象设计比较符合人的习惯，代表着一种可行的开发方法：从面向对象分析，到面向对象设计，再到具有面向对象特性的基于对象的语言。

（3）面向对象设计与面向对象的程序设计语言　　面向对象的程序设计语言，包括C++、Smalltalk、Actor、Object-C、Eiffel、Java等，都直接支持过程抽象、数据抽象、封装、继承，以及对象与属性、类与成员的关系。虽然它们并不明确地支持整体与部分关系，但可以方便地表示组装对象。因此，从面向对象分析，到面向对象设计，再到面向对象程序设计语言，是一种与表示法十分一致的途径。

（4）面向对象设计与面向对象数据库语言（OODBL，Object-Oriented Database Language）、面向对象数据库管理系统（OODBMS）及其语言，是面向对象程序设计语言（OOPL）与数据管理能力的组合。

OODBMS有四种不同的体系结构。

① 大属性：扩充关系型DBMS，能容纳大属性，如一个文档。

② 松散耦合：一个OOPL与大量的DBMS组合在一起。

③ 紧密耦合：一个OOPL与某个专用的DBMS集成为一个系统。

④ 扩充关系型：扩充关系型DBMS，能容纳"过程"之类的属性。

紧密耦合体系结构在程序设计和数据操纵中使用了同一种语言，它更能显式地表达面向对象分析和面向对象设计的语义。

7.5　面向对象系统的测试

面向对象的测试（OOT）与面向对象的编程（OOP）这两项工作实质上都可以归入到面向对象的实现中。面向对象方法使用更加贴近自然的概念和技术完成软件开发工作，因此，在测试面向对象程序系统时，除了沿用传统的测试技术之外，还必须研究与面向对象程序系统特点相适应的新的测试技术。

尽管许多常用的面向对象软件的测试方法和技巧与面向过程的软件相同，或者可以从传统的测试方法和技巧中演化而来，但实践和研究表明，它们之间还是存在许多不同，面向对象的软件测试要面对某些新的挑战。与此同时，作为增量开发过程一部分，设计良好的面向对象软件为改善传统测试过程提供了机遇。

在面向对象编程语言中，继承和多态的特征对测试者来说是一个新的技术难点。面向对象技术不仅给编程语言带来了变化，而且给软件开发的很多方面也带来了变化。对于面向对象的软件测试，使用了增量开发过程，重新调整并使用新的符号来分析和设计，并充分利用编程语言的新特性，这些变化提高了软件的可维护性、复用性和灵活性等等。

7.5.1　面向对象系统测试的特点

面向对象技术中特有的封装、继承和多态机制，给面向对象测试带来了一些新的特点，增加了测试和调试的难度。

在面向对象程序中，对象是属性和操作的封装体。对象彼此之间通过发送消息启动相应的操作，并且通过修改对象状态达到转换系统运行状态的目的。但是对象并没有明显地规定用什么次序启动它的操作才是合法的。因此，在测试类的实现时，测试人员面对的不是一段顺序的代码，所以传统的测试方法（即选择一组输入数据，运行待测程序处理，通过比较实际结果和预期的输出结果判断程序是否有错）就不完全适用了。

在传统的程序中，复用无非是从已有的程序中复制一段代码，加入当前的程序中，或者调用标准的库函数。而面向对象程序中不仅要测试父类，对于继承的子类也需要展开进行测试。随着继承层次的加深，虽然可复用的构件越来越多，但是，测试的工作量和难度也随之增加。

面向对象的开发是渐进的迭代开发，并且从分析、设计到实现使用相同的语义结构，如类、属性、操作、消息等。阶段复审对面向对象方法来说仍然是十分重要的，面向对象的测试必须扩大到面向对象分析和面向对象设计阶段。

分析和设计模型不能进行传统意义上的测试，因为它们不能被执行。然而，正式的技术复审可用于检查分析和设计模型的正确性和一致性。为了保证分析和设计模型的正确性和一致性，分析人员和业务人员应该对分析和设计模型中的主要内容（如类图、交互图、活动图、接口描述和界面描述等）进行仔细的讨论，确定正确的分析和设计模型。

为了保持模型之间的一致性，应该检查每个类以及类之间的连接，如果一个类在模型的某一部分有表示，而在模型的其他部分没有正确的反映，则一致性是有问题的。检查一致性可以从分析模型开始，采用深度优先的策略，一直跟踪到设计模型，配合正确性检查，保持模型间的一致性。

每次的开发迭代都要进行单元测试和集成测试，测试设计人员要规划每一次迭代需要的测试工作。迭代的每一个构造都需要做集成测试，迭代结束时进行系统测试。设计和实现测试采取的方法是创建测试规程和测试用例，测试规程说明如何执行一个测试。有时可能还需要创建使测试自动化的测试构件。按照测试规程执行各种测试，并系统地处理每个测试的结果，当发现有缺陷的构造时，要重新测试，甚至可能要送回给其他核心工作流，以修复严重的缺陷。

出于开发工作的迭代性，一些在早期创建的测试用例也可以在后续用做回归测试用例。在迭代中对回归测试的需要逐步增长，这意味着后期迭代将包括大量的回归测试。

7.5.2　面向对象系统测试的过程

测试活动的主要目的是执行并评估测试模型所描述的测试。测试设计人员首先要规划每次迭代中与测试相关的事宜，他们制定测试的目标和测试计划，设计测试用例以及执行这些测试用例的测试规程。如果需要，他们要通知构件工程师建立使测试自动化的测试构件。然后按照测试计划由集成测试人员和系统测试人员利用这些测试用例、测试规程以及测试构件作为输入，测试每一个构造并捕获所有的缺陷。最后将这些缺陷反馈给测试设计人员和其他工作流的负责人，由测试设计人员对测试结果进行系统的评估。

测试阶段具体包括如下几个活动。

（1）制定测试计划　由测试设计人员根据用况模型、分析模型、设计模型、实现模型以及构架描述和补充需求来制定测试计划，目的是为了规划一次迭代中的测试工作，包括描述测试策略、估计测试工作所需要的人力以及系统资源、制定测试工作的进度。测试设计人员在准备测试计划时应该考虑用况模型和补充性需求等制品，来辅助制定测试进度、预算测试的工作量。

这里，"用况"这个概念容易和"过程"、"用例"等混淆。用况描述一个过程，例如一个业务过程。而过程（process）描述事件、动作和事务处理的自始至终的发生顺序，这些时间或动作的发生顺序要产生一些对用况的参与者或组织机构有意义的结果。

测试设计人员应该为迭代开发创建一套通用的测试策略，其中应该详细描述测试类型、测试方法、测试时间，以及测试结果评价等内容。

每个测试用例、测试规程和测试构件的开发、执行和评估都需要一定的成本，而系统是不可能完全被测试的。因此，一般的测试设计准则是：所设计的测试用例和测试规程能以最小的代价来测试最重要的用况，并且对风险性最大的需求进行测试。

（2）设计测试用例　传统测试是由软件的输入、加工、输出或模块的算法细节驱动的，而面向对象测试的关键是设计合适的操作序列及测试类的状态。由于面向对象方法的核心技术是封装、继承和多态，这给面向对象软件的测试用例设计带来了困难。本活动由测试设计人员根据用况模型、分析模型、设计模型、实现模型以及测试计划来设计测试用例和测试规程。具体步骤如下。

① 设计集成测试用例。集成测试用例用于验证被组装成构造的构件之间能够正常交互。测试设计人员应设计一组测试用例，以便有效地完成测试计划中规定的测试目标。为此，测试设计人员应尽可能寻找一组互不重叠的测试用例，以尽可能少的测试用例，发现尽可能多的问题。测试设计人员设计集成测试用例时，首先要认真考虑用况的交互图，从中选择若干组感兴趣的场景——参与者、输入信息、输出结果和系统初始状态的组合。稍后，当执行相应的集成测试时，可以捕获到系统内对象之间的实际交互，比如，通过跟踪打印输出或者通过单步执行，将中间结果与交互图进行比较，两者应相同，否则，就是发现了缺陷。

② 设计系统测试用例。系统测试用于测试系统功能整体上是否正确，在不同条件下的用况组合的运行是否有效。这些条件包括不同的硬件配置、不同程度的系统负载、不同数量的参与者，以及不同规模的数据库。测试设计人员在设计系统测试用例时，应对以下用况组合的优先级进行排序：

执行并行功能时需要的用况组合；

可能被并行执行的用况组合；

在对象并行运行时，有可能相互影响的用况组合；

包含多进程的用况组合；

经常性的并且可能以复杂的却不可预知的方式消耗系统资源的用况组合。

在设计系统测试用例时，还要考虑事件流和一些特殊需求。

③ 设计回归测试用例。一个构造如果在前面的迭代中已经通过了集成测试和系统测试，在后续的迭代开发中产生的构件可能会与其有接口或依赖关系，为了验证将它们集成在一起是否有缺陷，除了添加一些必要的测试用例进行接口的验证外，充分利用前面已经使用过的测试用例来验证后续的构造是非常有效的。设计回归测试用例时，要注意它的灵活性，它要能够适应被测试软件的变化。

应该注意集成测试主要在于客户对象，而不是在服务器对象中发现错误。

（3）实现测试　构件工程师根据测试用例、测试规程和被测软件的实现模型设计并实现测试构件，实现测试规程自动化。实现测试构件有两种方法。

① 依赖于测试自动化工具。构件工程师根据测试规程，在测试自动化工具环境中执行测试规程所描述的动作，测试工具会自动记录这些动作，构件工程师整理这些记录，并做适当的调整，生成一个测试构件。这种构件通常是以脚本语言实现的，例如 VisualBasic 的测试脚本。

② 由构件工程师以测试规程为需求规格说明，进行分析和设计后，使用编程语言开发的测试构件。开发测试构件的工程师需要有更高超的编程技巧和责任心。

（4）执行集成测试　由集成测试人员根据测试用例、测试规程、测试构件和实现模型对一次迭代内创建的每个构造执行集成测试，并且将集成测试的结果返回给测试设计人员和相关的工作流负责人员，集成测试的工作步骤如下。

① 对每一个测试用例执行测试规程（手工或自动），实现与构造相关的集成测试。

② 将测试结果和预期结果相比较，研究两者的偏离原因。

③ 把缺陷报告给相关工作流的负责人员，由他们对构件的缺陷进行修改。

④ 把缺陷报告给测试设计人员，由他们对测试结果和缺陷类型进行统计分析，评估整个测试的结果。

（5）执行系统测试　当集成测试已表明系统满足了当前迭代中所确定的集成质量目标，就可以开始进行系统测试。根据测试用例、测试规程、测试构件和实现模型对迭代开发的结果进行系统测试，并且将测试中发现的问题反馈给测试设计人员和相关工作流的负责人员。

（6）评估测试　这是由测试设计人员根据测试计划、测试用例、测试规程、测试构件和测试执行者反馈的测试缺陷，对一次迭代内的测试工作做出的评估。测试设计人员将测试工作的结果和测试计划勾画的目标进行对比，他们准备了一些度量标准，用来确定软件的质量水平，并确定还需要进一步做多少测试工作。测试设计人员尤其看重两条度量标准。

① 测试完全性（完整性）。测试设计人员分析测试用例，统计功能覆盖率和结构覆盖率。为了使测试更加完全，还应该检查是否考虑了其他方面的测试用例，例如，压力测试、安装测试和配置测试等。测试设计人员用测试用例使用数量和测试构件代码执行数量来衡量测试完全性。

② 可靠性。根据已经发现的缺陷进行缺陷趋势分析，测试人员创建缺陷趋势图，以阐明特定类别的缺陷在时间跨度上的分布。测试人员还要创建能够描述在时间跨度上测试成功率的趋势图，即已达到预期结果的测试比率图。

缺陷趋势通常都遵循一定的模式，例如，在测试刚开始时，新的缺陷一般增加很快，过一段时间后就会相对平稳，然后开始减少。根据这种模式，就可能预算出还需要多少工作量才能够达到令人满意的质量水平。基于缺陷趋势分析，测试设计人员可能提出进一步的建议。

由于 OOA 分析和 OOD 设计模型不能被直接执行，无法进行传统意义上的测试。然而，可用正式的技术复审检查分析和设计模型的正确性和一致性。

① OOA 和 OOD 模型的正确性。用于表示分析和设计模型的符号体系和语法，是为了和项目选定的特定分析和设计方法相联系的，因此，语法正确性基于符号是否被合适使用，而且要对每个模型复审以保证保持合适的建模约定。

在分析和设计阶段，语义正确性必须基于模型对现实世界问题域的符合度来判断，如果模型精确地反映了现实世界，则它语义是正确的。为了确定模型是否确实在事实上反映了现实世界，应该将它送给问题域专家，专家将检查类定义和类层次以发现遗漏和含混。评估类关系（实例连接）以确定它们是否精确地反映了现实世界的对象连接。

② OOA 和 OOD 模型的一致性。对 OOA 和 OOD 模型的一致性判断可以通过考虑模型中实体间的关系。为了评估一致性，应该检查每个类以及类之间的连接。这些信息可以从OOA 模型得到。

7.5.3　面向对象的测试策略

面向对象的测试主要有以下策略。

（1）面向对象的单元测试　当考虑面向对象软件时，单元的概念发生了变化。封装驱动了类和对象的定义，这意味着每个类和对象包装了属性和操纵这些属性的操作，而不是个体的模块。最小的可测试单位是封装的类或对象，类包含一组不同的操作，并且某个特殊操作可能作为类的一部分存在，因此，单元测试的意义发生了变化，即不再孤立地测试单个操作，而是将操作作为类的一部分。

对 OO 软件的类测试等价于传统软件的单元测试，但传统软件的单元测试往往关注模块的算法细节和模块接口间流动的数据，而 OO 软件的类测试是由封装在类中的操作和类的状态行为所驱动的。

（2）面向对象的集成测试　面向对象的集成测试与传统方法的集成测试不同，传统的自顶向下和自底向上集成策略在这里是没有意义的。由于构成类成分的直接和间接的交互，一次集成一个操作到类中一般是不可能的。

面向对象的集成测试有两种策略：第一种称为基于线程的测试，即集成对应系统的一个输入或时间所需要的一组类，每个线程被分别测试并集成，使用回归测试以保证集成后没有产生副作用。第二种称为基于使用的测试，先测试那些主动类，然后测试依赖于主动类的其他类，逐渐增加依赖类测试，直到构造完整个系统。

（3）面向对象的有效性测试　在有效性测试方面，面向对象软件与传统软件没有什么区别，测试内容主要集中在用户可见的动作和用户可识别的系统输出上。为了协助有效性测试的导出，测试人员应该利用作为分析模型一部分的使用实例，使用实例提供了在用户交互需求中很可能发现错误的一个场景。传统的黑盒测试方法可用于驱动有效性测试。

7.5.4　面向对象软件的测试用例设计

OO 类是测试用例设计的目标。因为属性和操作是被封装的，对类之外操作的测试通常是徒劳的。虽然封装是 OO 的本质设计概念，但是它可能会成为测试的障碍，测试需要对对象的具体和抽象状态的报告。然而，封装却使得这些信息在某种程度上难以获得。

继承也造成了对测试用例设计者的挑战。我们知道，即使是彻底复用的，对每个新的使用语境也需要重测试。此外，多重继承增加了需要测试的语境数量，从而使测试进一步复杂化。如果从父类导出的子类被用于相同的问题域，有可能对父类导出的测试用例集可以用于子类的测试，然而，如果子类被用于完全不同的语境，则父类的测试用例将没有多大用处，必须设计新的测试用例集。

（1）传统测试用例设计方法的可用性　白盒测试方法可用于对为类定义的操作的测试，基本路径、循环测试或数据流技术可以帮助保证已经测试了操作中的每一条语句。

黑盒测试方法对 OO 系统同样适用，例如用例图可以为黑盒及基于状态的测试的设计提供有用的输入。

（2）基于故障的测试　在 OO 系统中，基于故障的测试的目标是设计最有可能发现故障的测试。因为产品或系统必须符合客户需求，因此，完成基于故障的测试所需的初步计划是从分析模型开始。

测试人员查找可能的故障（即，系统实现中有可能产生错误的方面），为了确定是否存在这些故障，需要设计测试用例对设计或代码进行测试。当然，这些技术的有效性依赖于测试人员如何感觉"可能的故障"。

集成测试在消息连接中查找似乎可能的故障，会遇到三种类型的故障：未预期的结果、错误的操作/消息使用、不正确的调用。为了在函数（操作）调用时确定可能的故障，必须检查操作的行为。

对象的"行为"通过其属性被赋予的值而定义，集成测试应该检查属性以确定是否对对象行为的不同类型产生合适的值。

集成测试试图在客户对象，而不是服务器对象中发现错误，用传统的术语来说，集成测试的关注点是确定是否调用代码中存在错误，而不是被调用代码中。用调用操作作为线索，这是发现实施调用代码的测试需求的一种方式。

（3）基于场景的测试设计　基于故障的测试忽略了两种主要的错误类型：不正确的规约；子系统间的交互。

当和不正确的规约关联的错误发生时，产品不做用户希望的事情，它可能做错误的事情，或它可能省略了重要的功能。在任一情形下，质量（对要求的符合度）均受到影响。当一个子系统建立环境（如事件、数据流）的行为使得另一个子系统失败时，发生和子系统交互相关联的错误。

基于场景的测试关心用户做什么而不是产品做什么。它意味着捕获用户必须完成的任务（通过使用实例），然后应用它们或它们的变体作为测试。

场景揭示交互错误，为了达到此目标，测试用例必须比基于故障的测试更复杂和更现实。

基于场景的测试往往在单个测试中处理多个子系统（用户并不限制他们自己一次只用一个子系统）。

（4）测试表层结构和深层结构　表层结构指面向对象程序的外部可观察的结构，即对终端用户立即可见的结构。不是处理函数，而是很多面向对象系统的用户可能被给定一些以某种方式操纵的对象。但是不管接口是什么，测试仍然基于用户任务进行。捕获这些任务涉及到理解、观察以及和代表性用户（以及很多值得考虑的非代表性用户）的交谈。

例如，在传统的具有面向命令的界面的系统中，用户可能使用所有命令的列表作为检查表。如果不存在执行某命令的测试场景，测试可能忽略某些用户任务（或具有无用命令的界面）。在基于对象的界面中，测试员可能使用所有的对象列表作为检查表。

深层结构指 OO 程序的内部技术细节，即通过检查设计和代码而理解的结构。深层结构测试被设计用以测试作为 OO 系统的子系统和对象设计的一部分而建立的依赖、行为和通信机制。分析和设计模型被用来作为深层结构测试的基础。

7.6　统一建模语言 UML

UML（Unified Modeling Language，统一建模语言）是一种建模语言，它是 Rational公司和它的合作伙伴共同制定的、用于可视化构造软件系统模型的建模语言。它不是一个独立的软件工程的方法，而是面向对象软件工程方法中的一部分，用于面向对象分析与设计过程中的系统建模。它融合了早期各种建模语言的优点，在面向对象的分析和设计上完全实现了可视化建模。

7.6.1　UML 概念

UML 由视图（Views）、图（Diagrams）、模型元素（Model elements）和通用机制（General mechanism）等几个部分构成。

视图用来表示被建模系统的各个方面（即从不同的角度出发建立，为系统建立多个模型，这些模型都反映同一个系统，且具有一致性）。视图由多个图构成，它不是一个图片而是在某一个抽象层上，对系统的抽象表示。如果要为系统建立一个完整的模型图只需定义一定数量的视图，每个视图表示系统的某一个特殊的方面。另外，视图还把建模语言和系统开发时选择的方法或过程连接起来。

图由各种图片构成，用来描述一个视图的内容。UML 语言定义了九种不同的图的类型，把它们有机地结合起来就可以描述系统的所有视图。

模型元素代表面向对象中的类、对象、消息和关系等概念，是构成图的最基本的常用概念。一个模型元素可以用在多个不同的图中，无论怎样使用，它总是具有相同的含义和相同的符号。

通用机制用于表示其他信息，比如注释、模型元素的语义等。另外，它还提供扩展机制，使 UML 语言能够适应一个特殊的方法（或过程）、或扩充至一个组织或用户。

7.6.2 UML 组成

（1）视图 给复杂的系统建模是一件困难和耗时的事情。从理想化的角度来说，整个系统像是一张图画，这张图画清晰而又直观地描述了系统的结构和功能，既易于理解又易于交流，但事实上，要画出这张图画几乎是不可能的，因为一个简单的图画并不能完全反映出系统中需要的所有信息。

描述一个系统涉及到该系统的许多方面，比如：功能性方面，它包括静态结构和动态交互；非功能性方面（定时需求、可靠性、展开性等）和组织管理方面（工作组、映射代码模块）等。完整地描述系统，通常的做法是用一组视图反映系统的各个方面，每个视图代表完整系统描述中的一个抽象，显示这个系统中的一个特定的方面。每个视图由一组图构成，图中包含了强调系统中某一方面的信息。

① 用例视图。用例视图是被称为参与者的外部用户所能观察到的系统功能的模型图。用例是系统中的一个功能单元，可以被描述为参与者与系统之间的一次交互作用。用例模型的用途是列出系统中的用例和参与者，并显示哪个参与者参与了哪个用例的执行。

参与者是与系统、子系统或类发生交互作用的外部用户、进程或其他系统的理想化概念。作为外部用户与系统发生交互作用，这是参与者的特征。在系统的实际运作中，一个实际用户可能对应系统的多个参与者。不同的用户也可以只对应于一个参与者，从而代表同一参与者的不同实例。

每个参与者可以参与一个或多个用例。它通过交换信息与用例发生交互作用（因此也与用例所在的系统或类发生了交互作用），而参与者的内部实现与用例是不相关的，参与者可以被一组定义它的状态的属性充分描述。

参与者可以是人、另一个计算机系统或一些可运行的进程。

② 逻辑视图。用例视图只考虑系统应提供什么样的功能，对这些功能的内部运作情况不予考虑，为了揭示系统内部的设计和协作状况，要使用逻辑视图描述系统。

逻辑视图用来显示系统内部的功能是怎样设计的，它利用系统的静态结构和动态行为来刻画系统功能。静态结构描述类、对象和它们之间的关系等；而动态行为主要描述对象之间的动态协作，当对象之间彼此发送消息时产生动态协作，并具有一致性和并发性等性质。同时接口和类的内部结构都要在逻辑视图中定义。

③ 组件视图。组件视图用来显示代码组件的组织方式。它描述了实现模块和它们之间的依赖关系。组件视图由组件图构成，不同类型的代码模块形成不同的组件。组件按照一定的结构和依赖关系呈现。组件视图主要供开发者使用。

④ 并发视图。并发视图用来显示系统的并发工作状况。并发视图将系统划分为进程和处理机方式，通过划分引入并发机制，利用并发高效地使用资源，并行执行和处理异步事件。除了划分系统为并发执行的控制线程外，并发视图还必须处理通信和这些线程之间的同步问题。

并发视图供系统开发者和集成者使用，它由动态图（状态图、序列图、协作图、活动图）和执行图（组件图、配置图）构成。

⑤ 配置视图。配置视图用来显示系统的物理架构（即系统的物理展开）。比如：计算机、设备以及它们之间的连接方式，其中计算机和设备称为节点，它由配置图表示。配置视

图还包括一个映射，该映射显示在物理架构中组件是怎样展开的，比如：在每台独立的计算机上，哪一个程序或对象在运行。

配置视图提供给开发者、集成者和测试者。

（2）图　图由图片组成，图片是模型元素的符号化。把这些符号有机地组织起来形成的图表示了系统的一个特殊部分或某个方面。一个典型的系统模型应有多个各种类型的图。UML 中包含类图、对象图、用例图、状态图、顺序图、协作图、活动图、组件图和配置图共九种。

① 类图。类图是描述模型的静态结构，表示系统中的类、类与类之间的关系。它由许多（静态）说明性的模型元素（例如类、包和它们之间的关系，这些元素和它们的内容互相连接）组成。

类的 UML 表示是一个长方形，垂直地分为三个区，如图 7-11 所示。顶部区域显示类的名字，中间的区域列出类的属性，底部的区域列出类的操作。当在一个类图上画一个类元素时，必须要有顶端的区域，下面的两个区域是可选择的（当图描述仅仅用于显示分类器间关系的高层细节时，下面的两个区域是不必要的）。在该类图中类名称是教师，其属性有姓名、工号、年龄、性别、职称、电话和家庭住址，这些属性均为私有属性，在图中用"-"来表示；操作有创建、销毁和更新，它们的属性为公有属性，在图中用"+"来表示。

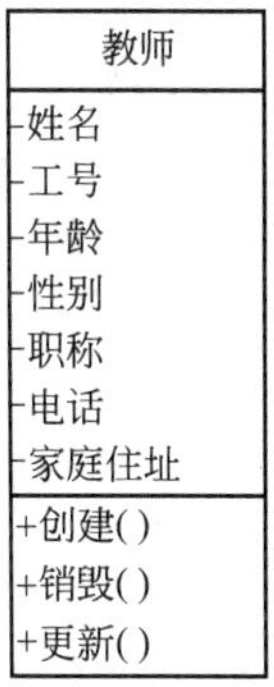

图 7-11 仅是最简单的类图，在复杂类图（如图 7-12）中类与类之间有一些关系。常见的关系有一般化关系、关联关系、依赖关系。其中，关联关系又分为聚合关系和合成关系。

一般关系表现为继承或实现关系（is a），关联关系表现为变量（has a），依赖关系表现为函数中的参数（use a）。

类与类之间的这些关系都体现在类图的内部结构之中，通过类的属性和操作这些术语反映出来。

② 对象图。对象图是显示了一组对象和他们之间的关系。使用对象图来说明数据结构，类图中的类或组件等的实例的静态快照。对象图和类图一样反映系统的静态过程，但它是从实际的或原型化的情景来表达的。

图 7-11　简单
类图

对象图显示某时刻对象和对象之间的关系。一个对象图可看成一个类图的特殊用例，实例和类可在其中显示。对象也和合作图相联系，合作图显示处于语境中的对象原型（类元角色）。

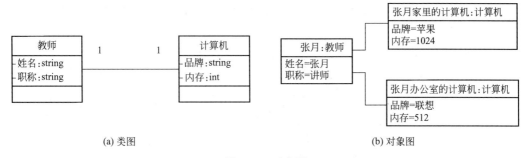

图 7-12　对象图

对象图是类图的实例，几乎使用与类图完全相同的标识。他们的不同点在于对象图显示类的多个对象实例，一个对象图是类图的一个实例。由于对象存在生命周期，对象图只能在系统某一时间段存在。

对象图的表示方法：对于对象图来说无需提供单独的形式。类图中就包含了对象，所以只有对象而无类的类图就是一个对象图。图 7-12(b) 中的对象图就是类图的一个实例。

③ 用例图。用例是对客户、用户或系统使用另一个系统或业务的方式的静态描述。如图 7-13 学生信息管理用例图。用例图显示了若干角色以及这些角色与系统提供的用例之间的连接关系。用例图仅仅从角色（触发系统功能的用户等）使用系统的角度描述系统中的信息。也就是站在系统外部察看系统功能，它并不描述系统内部对该功能的具体操作方式。如图 7-13 学生信息管理用例图。用例图的详细描述将会在静态建模中讲述。

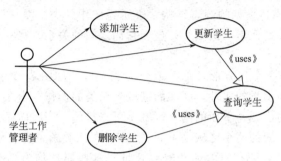

图 7-13　学生信息管理用例图

④ 状态图。状态图是对类所描述事物的补充说明，它显示了类的所有对象可能具有的状态，以及引起状态变化的事件。状态图实际上是一种由状态、变迁、事件和活动组成的状态机。它描述从状态到状态的控制流，常用于系统的动态特性建模。

并不是所有类都有相应的状态图，状态图仅用于具有下列特点的类：具有若干个确定的状态，类的行为在这些状态下会受到影响且被不同的状态改变。

状态图可以有一个起点和多个终点。起点（初始态）用一个黑圆点表示。终点（终态）用黑圆点外加一个圆表示。状态图中的状态用一个圆角四边形表示。形态之间为状态转换，用一条带箭头的线表示。引起状态转换的事件可以用状态转换线旁边的标签来表示。如图 7-14 所示，支票类的状态图描述了当某人付了一张支票，则支票对象的状态从未付转移到已付。当支票对象被创建时，它的状态为未付。

图 7-14　支票类的状态图

⑤ 顺序图。顺序图用来显示多个对象之间的动态协作，如图 7-15 所示。该用例描述了打印文件的顺序。

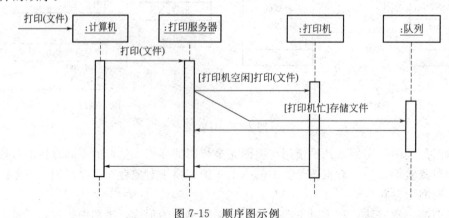

图 7-15　顺序图示例

顺序图重点是显示对象之间发送的消息的时间顺序。它也显示对象之间的交互，即在系统执行时，某个指定时间点将发生的事情。顺序图由多个用垂直线显示的对象组成，图中时间从上到下推移，并且顺序图显示对象之间随着时间的推移而交换的消息或函数。消息是用带消息箭头的直线表示的，并且它位于垂直对象线之间。时间说明以及其他注释以脚本形式存在，并将其放置在顺序图的页边空白处。

顺序图可以用两种形态来显示：一般形态和实例形态。其中，实例形态会详细地描述一个特定情节；它会为一个不确定的交互提供详细说明。实例形态没有任何条件、分支或循环，它只显示所选定情节的交互。而一般形态会描述一个情节中所有可能出现的情况，因此一般形态中通常会包括分支、条件和循环。

消息是对象之间的一种通信。分为三种：简单消息、同步消息或异步消息。一般来说，接收到一个消息就被认为是发生了一个事件。消息可以是信号、操作调用或类似的事物。当对象接收到一个消息时，该对象中的一项活动就会启动，把这一过程称作激活。

⑥ 协作图。协作图（也叫合作图）是一种交互图，强调的是发送和接收消息的对象之间的组织结构。一个协作图显示了一系列的对象和在这些对象之间的联系以及对象间发送和接收的消息。协作图和序列图的作用一样，反映的也是动态协作。如图 7-16 所示。

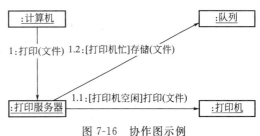

图 7-16　协作图示例

协作图强调参与一个交互对象的组织，它由以下基本元素组成：活动者、对象、连接和消息。在 UML 中，使用实线标记两个对象之间的连接，画法同对象图一样。图中含有若干个对象及它们之间的关系，对象之间流动的消息用消息箭头表示，箭头中间用标签标识消息被发送的序号、条件、迭代方式、返回值等。

协作图中的消息，由带有标记的箭头表示。协作图包含类元角色和关联角色，而不仅仅是类元和关联。类元角色和关联角色描述了对象的配置和当一个协作的实例执行时可能出现的连接。当协作被实例化时，对象受限于类元角色，连接受限于关联角色。关联角色也可以被各种不同的临时连接所担当，虽然整个系统中可能有其他的对象，但只有涉及协作的对象才会被表示出来。换而言之，协作图只对相互之间具有交互作用的对象和对象间的关联建模，而忽略了其他对象和关联。

因此协作图或序列图都反映对象之间的交互，所以建模者可以任意选择一种反映对象间的协作。用协作图可以显示对象角色之间的关系，如为实现某个操作或达到某种结果而在对象间交换的一组消息。如果需要强调时间和序列，最好选择序列图；如果需要强调上下文相关，最好选择协作图。

⑦ 活动图。活动图（动态图）是阐明了业务用例实现的工作流程。如图 7-17 就是一个活动图。

活动图由各种动作状态构成，每个动作状态包含可执行动作的规范说明。当某个动作执行完毕，该动作的状态就会随着改变。这样，动作状态的控制就从一个状态流向另一个与之相连的状态。

一个活动图包括以下元素。

a. 活动状态。表示在工作流程中执行某个活动或步骤。

b. 转移。表示各种活动状态的先后顺序。这种转移可称为完成转移。它不同于一般的

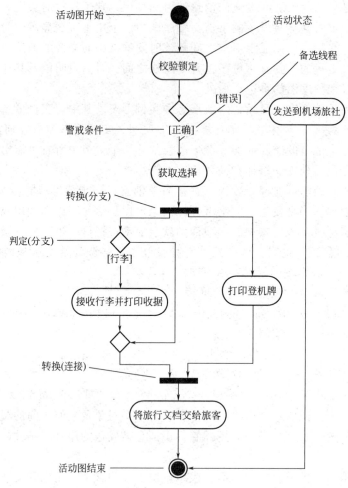

图 7-17   活动图示例

转移，因为它不需要明显的触发器事件，而是通过完成活动（用活动状态表示）来触发。

c. 决策。为其定义了一组警戒条件。这些警戒条件决定在活动完成后将执行一组备选转移中的哪一个转移，同时也可以使用判定图标来表示线程重新合并的位置。决策和警戒条件能够显示业务用例的工作流程中的备选线程。

d. 同步示意条。用于显示平行分支流，能够显示业务用例的工作流程中的并行线程。

图 7-17 描述的内容：从活动图的开始位置开始，首先进行检验，若检验错误则转到"发送到机场旅行社"这个状态，并且退出活动；若检验正确，则进入到"获取选择"这个状态，此时有两个动作可供选择，分别是打印登机牌和行李托运活动。根据具体情况，进行选择。然后转入"将旅行文档交给旅客"状态，最后活动图结束。

⑧ 组件图。组件图的主要目是显示系统组件间的结构关系。在 UML2 中，组件被认为是独立的，在一个系统或子系统中的封装单位，提供一个或多个接口。

组件图为开发者提供了将要建立的系统的高层次的架构视图，这将帮助开发者开始建立实现的路标，并决定关于任务分配及（或）增进需求技能。组件可以是源代码、二进制文件或可执行文件组件。组件包含了逻辑类或逻辑类的实现信息，因此逻辑视图与组件视图之间存在着映射关系。组件之间也存在依赖关系，利用这种依赖关系可以分析一个组件的变化会给其他的组件带来怎样的影响。在 UML 中用一个大方块，并且在它的左边有两个凸出的小方块，来表示组件。如图 7-18 所示。这个例子显示两个组件之间的关系：一个使用了库存系统组件的指令系统组件。

⑨ 配置图。配置图（如图 7-19 所示）用来显示系统中软件和硬件的物理架构。通常配置图中显示实际的计算机和设备（用节点表示），以及各个节点之间的关系（还可以显示关系的类型），每个节点内部显示的可执行的组件和对象清晰地反映出哪个软件运行在哪个节点上。组件之间的依赖关系也可以显示在配置图中。

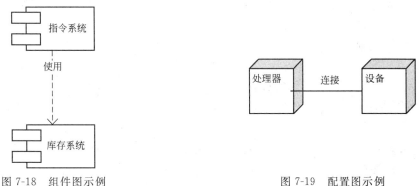

图 7-18　组件图示例　　　　　　　　　　图 7-19　配置图示例

图中显示了处理器、设备和连接。其中可以定义处理器的版型（比如使用的 PC 机就是处理器的一种类型）、特性（包括处理器的速度和内存量等）以及计划的信息（比如用计划字段记录处理器使用的进程计划），这些都可以在处理器规范窗口中进行定义。设备比如打印机、扫描仪等。处理器和设备都属于网络上的节点。也可以在设备规范窗口中给出设备设置版型和描述它的特性。连接表示节点之间的网络连接。另外可以在处理器图标下添加进程，指定处理器运行的优先级。

（3）模型元素　在 UML 中，模型元素由一些基本的构造元素以及它们之间的连接关系组成。一个元素（符号）可以存在于多个不同类型的图中，但是具体以怎样的方式出现在哪种类型的图中要符合一定的规则。

图 7-20 列出了一些模型元素的图形符号。

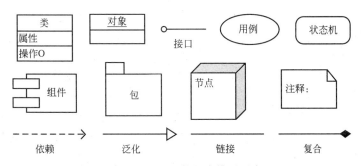

图 7-20　UML 的基本模型元素

各图形符号的具体含义如下。

① 类是对一组具有相同属性、相同操作、相同关系和相同语义的对象的描述。

② 对象是类的实例。

③ 接口是描述一个类或组件的服务的操作集。

④ 用例是对一组动作序列的描述。

⑤ 状态机描述了一个对象响应事件所经历的状态序列。

⑥ 组件是系统中物理的、可替代的部件。

⑦ 包是把元素组织成组的机制。

⑧ 节点是在运行时存在的物理元素。

⑨ 注解依附于一个或一组元素之上，对其进行约束或解释。

⑩ 依赖是一种使用关系，它描述了一个事物的变化会影响到另一个使用它的事物；链接是一种结构关系，说明一个事物的对象与另一个事物的对象间的联系；泛化是一种一般事物（父类）和特殊事物（子类）之间的关系；复合是一种聚合形式，表示某个部分可能只属于一个整体，并且整体的生存期决定该部分的生存期。

(4) 公共机制　UML 语言利用公共机制为图附加一些信息，在建模过程中，这些信息通常无法用基本的模型元素表示。UML 规定了四种公共机制：规格说明、修饰、通用划分、扩展机制。它们描述为达到对象建模目的的四种策略。

① 规格说明。UML 不只是一个图形语言，它还规定了对于每一个 UML 图形的文字说明的语法和语义。

模型元素含有一些性质，这些性质以数值方式体现。一个性质用一个名字和一个值表示，又称加标签值，加标签值用整数或字符串等类型详细说明。

② 修饰。大多数的 UML 元素有唯一的直接图形表示法，表达该元素的最重要的特征，除此之外，还可以对该元素加上各种修饰，说明其他方面的细节特征。通过添加修饰，建模者就可以方便地把类型与实例区别开。例如：当某个元素代表一个类型时，它的名字被显示成黑体字；当用这个元素代表其对应类型的实例时，它的名字下面加下划线，同时还要指明实例的名字和类型的名字。

③ 通用划分。UML 的模型元素有两种划分，即型-实例、接口-实现。型-实例是一个通用描述符与单个元素项之间的对应关系，如类与对象的划分、数据类型与数据值的划分；在接口-实现的划分中，接口声明了一个约定，而实现则负责执行接口的全部语义。

④ 扩展机制。UML 的语言扩展机制允许 UML 的使用人员根据需要自定义一些构造型语言成分，扩展 UML 或使其用户化，便于完成软件系统的开发。

(5) 扩展机制　为避免增加 UML 语言整体的复杂性，UML 并没有吸收所有面向对象的建模技术和机制，而是给 UML 设计了扩展机制，允许用户以受控的方式对语言进行扩展。这些机制包括构造型、标记值和约束。

① 构造型。构造型指在一个已经定义的模型元素基础上构造的一种新的模型元素。构造型可以被看作特殊的类（带有属性和操作），但是在它们与其他元素的关系上以及它们的使用上有特殊的约束。从本质上讲，构造型是往 UML 中添加新的符号集。

构造型的信息内容和形式与已存在的基本模型元素相同，但新模型元素有自己的具体特性（各构造型可以提供自己的标记值集）、语义（各构造型可以提供自己的约束）和表示法（各构造型可以提供自己的图标）。

UML 中，构造型用双尖括号（<<>>）内的文字字符串表示，它可以放在表示基本模型元素符号的里边。构造型也可以用图标表示。

② 标记值。标记值是存储元素相关信息的一对字符串，即标记字符串和值字符串。标记值可以附加在任何独立的元素之上，包括模型元素和视图元素。标记是建模者需要记录的一些特性的名字，值是给定元素的特性的值。

标记值可以用来存储元素的任意信息，也可以用来存储有关构造型模型元素的信息。标记值用字符串表示，字符串有标记名、等号和值。它们被规则的放置在大括号内。标记值的语法表示如下：

〈tag1＝value1，tag2＝value2，…，tagN＝valueN〉。

③ 对象约束语言 OCL。仅仅使用 UML 中的图形符号，有时候不能很好地表达所要建模的对象的一些相关细节。为了表达这些细节问题，通常需要对模型中的元素增加一些约束。这些约束条件可以采用自然语言描述，但容易产生二义性的问题。为了能无歧义地描述约束条件，最好是采用形式化语言。但一般形式化语言比较复杂，只有具备很好的数学知识的人才能熟练运用，普通的开发人员使用起来比较困难。

对象约束语言（Object Constraint Language，OCL）很好地解决了这个问题。首先 OCL 是一个形式化语言，纯的规约语言，因而一个 OCL 表达式并不会带来任何副作用的。采用 OCL 描述不会产生二义性问题，当对一个 OCL 表达式求值时，它仅仅返回一个值，不会改变模型中的任何部分。这意味着系统的状态从来不会因为 OCL 的求值而被改变；同时，OCL 又不像其他形式化语言那样复杂，任何人只要对程序设计或建模比较熟悉就可以很容易地掌握和使用。

使用 OCL 的优势：OCL 便于建模工具分析 UML 模型；OCL 能使建模工具基于 OCL 表达式产生代码，例如，工具可能产生代码去强化 OCL 约束，如操作的前置条件和后置条件；OCL 可以更加精确地建模，使模型避免产生误解。但是，OCL 的最大弊端就是由于 OCL 语法不规则，并且有一些稀奇古怪的缩写格式，所以很难阅读。

OCL 表达式的通用形式如下：

包语境

package〈packagePath〉

表达式语境{context〈contexuallnstanceName〉：〈modelElement〉

〈expressionType〉〈expressionName〉：

〈expressionBody〉}　　　　　　　表达式

〈expressionType〉〈expressionName〉：

〈expressionBody〉}　　　　　　　表达式

…

endpackage

其中黑体表示 OCL 关键词，其他元素包括（package、endpackage）表示可选元素。可以看出，OCL 表达式可以分解为三部分：包语境（可选）、表达式语境（必选）和一个或多个表达式。

OCL 表达式共有八种不同的类型，被分为两类：说明约束的（inv：，pre：，post：）和说明属性、操作体、局部变量的（init：，body：，def：，let：和 derive）。下面介绍后面所要用到的类型的符号语义。

a. 不变量（inv）：表示对所有类元的实例，不变量必须是 true。

b. 前置条件（pre）：操作执行前，前置条件必须为 true。

c. 后置条件（post）：操作执行后，后置条件必须为 true。

d. 初始值（init）：定义属性或关联端的初始值。

因此在 UML 中，OCL 是说明类的不变量（Invariant）、前置条件（Precondition）、后置条件（Postcondition）以及其他各种约束条件的标准语言。

7.6.3 静态建模

用面向对象方法处理实际问题时，需要建立面向对象的模型。建立模型的两种方法分别是静态建模和动态建模。用例模型是静态建模最常用的方法。用例模型是把应满足用户需求的基本功能集聚合起来表示的强大工具。对于正在构造的新系统，用例描述系统应该做什么；对于已构造完毕的系统，用例则反映了系统能够完成什么样的功能。构建用例模型是通过开发者与客户或最终使用者共同协商完成的，他们要反复讨论需求的规格说明，达成共识，明确系统的基本功能，为后阶段的工作打下基础。

用例模型的基本组成部件是用例、角色和系统。

用例用于描述系统的功能，也就是从用户的角度观察系统应支持哪些功能，帮助分析人员理解系统的行为，它是对系统功能的宏观描述，一个完整的系统中通常包含若干个用例，每个用例具体说明应完成的功能。角色是与系统进行交互的外部实体，它可以是系统用户也可以是其它系统或硬件设备，总之凡是需要与系统交互的任何东西都可以称作角色。系统的边界线以内的区域即用例的活动区域。

在一个基本功能集已经实现的系统中，系统运转的大致过程是外部角色先初始化用例，然后用例执行其所代表的功能，执行完后用例便给角色返回一些值，这个值可以是角色需要的来自系统中的任何东西。在用例模型中系统仿佛是实现各种用例的黑盒子，只关心该系统实现了哪些功能，并不关心内部的具体实现细节，比如系统是如何实现的。用例模型主要应用在工程开发的初期，进行系统需求分析时使用，通过分析使开发者在头脑中明确需要开发的系统功能有哪些。

用例模型由用例图构成，用例图中显示角色和用例之间的关系。用例图在宏观上给出模型的总体轮廓，而用例的真正实现细节描述，则以文本的方式书写用例图所表示的图形化的用例模型。可视化模型本身并不能提供用例模型必需的所有信息，也就是说从可视化的模型只能看出系统应具有哪些功能，每个功能的含义和具体实现步骤必须使用用例图和文本描述。

（1）用例图　在前面简单介绍过用例图。在 UML 语言中用例模型也就是用例视图，是用例图描述的。用例模型可以由若干个用例图组成，用例图中包含系统、角色和用例等三种模型元素。图示用例图时，既要画出三种模型元素，同时还要画出元素之间的各种关系通用化关联依赖，如图 7-21 所示。

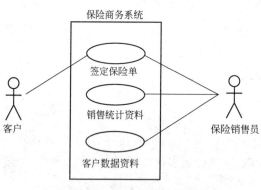

图 7-21　保险业务用例图

（2）系统　系统是用例模型的一个组成部分，代表的是一部机器或一个商务活动等，而并不是真正实现的软件系统。系统的边界用来说明构建的用例模型的应用范围，比如一台自助式售货机被看作系统应提供售货、供货、提取销售款等功能。这些功能在自动售货机之内的区域起作用，自动售货机之外的情况不考虑。

另外一个需要考虑因素，就是系统最初的规模应有多大。一般的做法是先识别出系统的基本功能集，然后以此为基础，定义一个稳定的、精确的系统架构，以后再不断地扩充系统功能，逐步完善。这样做的好处在于避免了一开始系统太大，需求分析不易明确，从而导致浪费大量的开发时间。

　　在建模初期，定义一些术语是很有必要的，因为在描述系统、用例或进行作用域分析时，采用统一的术语和定义能够规范表述系统的含义，不致出现误解。当然必要时可以随意扩充这些术语和定义。用例图中的系统用一个长方框表示系统的名字，写在方框上或方框里面。

　　（3）角色　角色是与系统交互的人或事。所谓"与系统交互"，指的是角色向系统发送消息，从系统中接收消息，或是在系统中交换信息。只要使用用例，与系统互相交流的任何人或事都是角色。比如，某人使用系统中提供的用例，则该人就是角色；与系统进行通信（通过用例）的某种硬件设备也是角色。

　　角色是一个群体概念，代表的是一类能使用某个功能的人或事，角色不是指某个个体。比如在自动售货系统中，系统有售货、供货、提取销售款等功能，启动售货功能的是人，那么，人就是角色。如果再把人具体化，则该人可以是张三（张三买矿泉水），也可以是李四（李四买可乐），但是张三和李四这些具体的个体对象不能称作角色。事实上，一个具体的人（比如张三）在系统中可以具有多种不同的角色。比如，上述的自动售货系统中，张三既可以为售货机添加新物品（执行供货），也可以将售货机中的现金取走（执行提取销售款）。通常系统会对角色的行为有所约束，使其不能随便执行某些功能。比如，可以约束供货的人不能同时又是提取销售款的人，以免有舞弊行为。角色都有名字，它的名字反映了该角色的身份和行为（比如顾客），注意不能将角色的名字表示成角色的某个实例（比如张三），也不能表示成角色所需完成的功能（比如售货）。

　　角色与系统进行通信的收、发消息机制与面向对象编程中的消息机制很像。角色是启动用例的前提条件。角色先发送消息给用例，初始化用例后，用例开始执行，在执行过程中，该用例也可能向一个或多个角色发送消息（可以是其他角色，也可以是初始化该用例的角色）。

　　角色可以分成主要角色和次要角色。主要角色指的是执行系统主要功能的角色，比如在保险系统中主要角色是能够行使注册和管理保险大权的角色。次要角色指的是使用系统的次要功能的角色。次要功能是指一般完成维护系统的功能（比如管理数据库、通信、备份等）。比如，在保险系统中，能够检索该公司的一些基本统计数据的管理者或会员都属次要角色。将角色分级的主要目的是，保证把系统的所有功能表示出来，而主要功能是使用系统的角色最关心的部分。角色也可以分成主动角色和被动角色。主动角色可以初始化用例，而被动角色则不行，仅仅参与一个或多个用例在某个时刻与用例通信。

　　① 发现角色。通过回答下列的一些问题可以帮助建模者发现角色。

　　a. 使用系统主要功能的人是谁，即主要角色。

　　b. 需要借助于系统完成日常工作的人是谁。

　　c. 谁来维护管理系统次要角色保证系统正常工作。

　　d. 系统控制的硬件设备有哪些？

　　e. 系统需要与哪些其他系统交互？其他系统包括计算机系统，也包括该系统将要使用的计算机中的其他应用软件。其他系统也分成两类，一类是启动该系统的系统，另一类是该系统要使用的系统。

　　f. 对系统产生的结果感兴趣的人或事是哪些？

　　在寻找系统用户的时候，不要把目光只停留在使用计算机的人员身上，直接或间接地与系统交互或从系统中获取信息的任何人和任何事都是用户。在完成了角色的识别工作之后，建模者就可以建立使用系统或与系统交互的实体了，即可以从角色的角度出发，考虑角色需要系统完成什么样的功能，从而建立角色需要的用例。

② UML中的角色。UML中用一个小人形图形表示角色类，小人的下方书写角色名字，如图7-22所示。

③ 角色之间的关系。因为角色是类，所以它拥有与类相同的关系。在用例图中只用通用化关系描述若干个角色之间的行为。泛化关系的含义：是把某些角色的共同行为（原角色中的部分行为），抽取出来表示成通用行为，且把它们描述成为超类。这样，在定义某一具体的角色时，仅仅把具体的角色所特有的那部分行为定义一下就行了，具体角色的通用行为则不必重新定义，只要继承超类中相应的行为即可。角色之间的泛化关系用带空心三角形（作为箭头）的直线表示，箭头端指向超类。

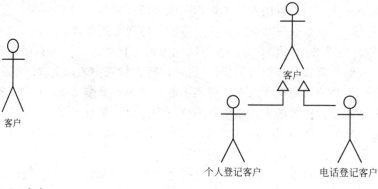

图 7-22　角色　　　　　　　　图 7-23　角色之间的泛化关系

图7-23示例的是保险业务中部分角色之间的关系，其中客户类就是超类，它描述了客户的基本行为。比如选择险种，由于客户申请保险业务的方式可以不同，故又可以把客户具体分为两类：一类是用电话委托方式申请，用电话申请客户类表示；另一类则是亲自登门办理，用个人登记客户类表示。显然电话申请客户类与个人登记客户类的基本行为与客户类一致，这两个类的差别仅仅在于申请的方式不同，于是在定义这两个类的行为时，基本行为可以从客户类中继承得到（从而不必重复定义），与客户类不同的行为则定义在各自的角色类中。

（4）用例

① 用例的定义。用例代表的是一个完整的功能。UML中的用例是动作步骤的集合。动作是系统的一次执行，与角色通信，或进行计算，或在系统内工作都可以称作动作。用例应支持多种可能发生的动作。比如自动售饮料系统中当顾客付款之后，系统自动送出顾客想要的饮料，这是一个动作；付款后，若需要的饮料无货，则提示可否买其他货物或退款等等。系统中的每种可执行情况就是一个动作，每个动作由许多具体步骤实现。

用例具有以下的特征。

a. 用例总由角色初始化。即用例所代表的功能必须由角色激活，而后才能执行。

b. 用例为角色提供值。用例必须为角色提供实在的值，虽然这个值并不总是重要的，但是能被角色识别客户。

c. 用例具有完全性。用例是一个完整的描述。虽然编程实现时一个用例可以被分解为多个小用例，每个小用例之间互相调用执行，一个小用例可以先执行完毕，但是该小用例执行结束并不能说明这个用例执行结束。也就是说不管用例内部的小用例是如何通信工作的，只有最终产生了返回给角色的结果值，才能说用例执行完毕。

　　用例的命名方式与角色相似，通常使用用例实际执行功能的名字命名，比如签定保险单、修改注册人等。用例的名称一般由多个词组成，通过词组反映出用例的含义。

　　用例和角色之间也有连接关系，用例和角色之间的关系属于关联，又称作通信关联。这种关联表明哪个角色能与该用例通信。关联关系是双向的一对一关系，即角色可以与用例通信，用例也可以与角色通信。

　　② 找出用例。实际上从识别角色的时候起，发现用例的过程就已经开始了。对于已识别的角色通过询问下列问题就可发现用例。

　　a. 角色需要从系统中获得哪种功能？角色需要做什么？

　　b. 角色需要读取产生、删除、修改或存储系统中的某种信息吗？

　　c. 系统中发生的事件需要通知角色吗？或者角色需要通知系统某件事吗？这些事件功能能干些什么？

　　d. 如果使用系统的新功能处理角色的日常工作是否提高了工作效率？

　　e. 系统需要的输入/输出是什么信息？这些输入/输出信息从哪儿来到哪儿去？

　　f. 系统当前的这种实现方法要解决的问题是什么？

　　③ UML 中的用例　　UML 中的用例用椭圆形表示，用例的名字写在椭圆的内部或下方，用例位于系统边界的内部。角色与用例之间的关联关系或通信关联关系用一条直线表示。如图 7-24 所示。

　　④ 用例之间的关系　　用例之间有扩展、使用、组合三种关系。扩展和使用是继承关系（即泛化关系）的另一种体现形式；组合则是把相关的用例打成包当作一个整体看待。

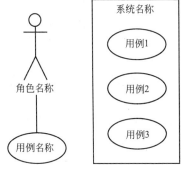

图 7-24　用例图示例

　　a. 扩展关系。一个用例中加入一些新的动作后，则构成了另一个用例，这两个用例之间的关系就是泛化关系又称扩展关系。后者通过继承前者的一些行为得来，前者通常称为通用化用例；后者常称为扩展用例。扩展用例可以根据需要有选择地继承通用化用例的部分行为，扩展用例也一定具有完全性。

　　b. 使用关系。一个用例使用另一个用例时，这两个用例之间就构成了使用关系。一般情况下，如果若干个用例的某些行为都是相同的，则可以把这些相同的行为提取出来，单独做成一个用例，这个用例称为抽象用例。这样，当某个用例使用该抽象用例时，就好像这个用例包含了抽象用例的所有行为。

　　（5）描述用例　　图形化表示的用例本身不能提供该用例所具有的全部信息。因此，还必须描述用例不可能反映在图形上的信息。通常用文字描述用例的这些信息。用例的描述其实是一个关于角色与系统如何交互的规格说明，该规格说明要清晰明了，没有二义性。描述用例时应着重描述系统从外界看来会有什么样的行为，而不管该行为在系统内部是如何具体实现的，即只管外部能力，不管内部细节。

　　用例的描述应包括下面几个方面。

　　① 用例的目标。用例的最终任务是什么？即每个用例的目标一定要明确。

　　② 用例是怎样被启动的。

　　③ 角色和用例之间的消息流。

　　角色和用例之间的哪些消息是用来通知对方的？哪些是修改或检索信息的？

系统和角色之间的主消息流描述了什么问题？

系统使用或修改了哪些实体？

④ 用例的多种执行方案。在不同的条件或特殊情况下，用例能依当时条件选择一种合适的执行方案。注意，并不需要非常详细地描述各种可选的方案，它们可以隐含在动作的主要流程中。具体的出错处理可以用脚本描述。

用例怎样才算完成并把值传给了角色。

描述中应明确指出在什么情况下用例才能被看作完成，当用例被看作完成时要把结果值传给角色。

描述用例仅仅是为了站在外部用户的角度识别系统能完成什么样的工作，至于系统内部是如何实现该用例的，用什么算法等，则不用考虑。描述用例的文字一定要清楚，前后一致避免使用复杂的易引起误解的句子，方便用户理解用例和验证用例。

（6）测试用例　用例可用于测试系统的正确性和有效性。正确性表明系统的实现符合规格说明；有效性保证开发的系统是用户真正需要的系统。

① 有效性检查一般在系统开发之前进行。当用例模型构造完成后，开发者将模型交给用户讨论，由用户检查模型能否满足他们对系统的需求。在此期间各种问题和想法还会产生，比如修改用例的不足之处，或在用例中添加新功能，最终用户和开发者之间对系统的功能达成共识。有效性检查也可以在系统测试阶段进行，如果发现了系统不能满足用户需求的问题，那么整个工程或许会要从头重来。

② 正确性测试保证系统的工作符合规格说明。常用的测试方法有两种：一种是用具体的用例测试系统的行为，另一种是用用例描述本身测试。这两种方法相比第一种方法更好一些。

（7）实现用例　用例是用来描述系统应能实现的独立功能，那么实现用例就是在系统内部实现用例中所描述的动作，通过把用例描述的动作转化为对象之间的相互协作，继而完成用例的实现。

UML 中实现用例的基本思想是用协作表示用例，而协作又被细化为用若干个图。协作的实现用脚本描述，具体内容如下。

① 用例实现为协作　协作是实现用例内部依赖关系的解决方案。通过使用类、对象、类（或对象）之间的关系（协作中的关系称为上下文）和它们之间的交互实现需要的功能（协作实现的功能又称交互）。协作的图示符号为椭圆，椭圆内部或下方标识协作的名字。

② 协作用若干个图表示。表示协作的图有协作图、序列图和活动图。这些图用于表示协作中的类（或对象）与类（或对象）之间的关系和交互。在有些场合，一张协作图就完全能够反映出实际用例的协作画面，而在另一些场合，只有把三种不同的图结合起来，才能反映协作状况。

③ 协作的实例（脚本）。脚本是用例的一次具体执行过程，它代表了用例的一种使用方法。当把脚本看作用例的实例时，对角色而言只需描述脚本的外部行为，也就是能够完成什么样的功能，而忽略完成该脚本的具体细节，从而达到帮助用户理解用例含义的目的。当把脚本看作协作的实例时，则要描述脚本的具体实现细节（利用类操作和它们之间的通信）。

实现用例的主要任务是把用例描述中的各个步骤和动作变换为协作中的类、类的操作和类之间的关系。具体说来，就是把用例中每个步骤所完成的工作交给协作中的类来完成。实质上，每个步骤转换成类的操作，一个类中可以有多个操作。

总之，用例模型是描述系统基本功能的工具。用例模型使用角色、用例和系统来进行描述。角色代表外部实体，比如用户、硬件或另一个与系统交互的外部系统。角色启动用例并与其通信，执行中的用例是一个动作序列；用例一定要给角色传递一个确切的值。用例的具体执行过程用文本文件描述。角色和用例都是类，角色通过关联与一个或多个用例相连接，角色和用例都有泛化关系，这样超类中的通用行为可以被一个或多个专门化的子类继承。用例模型即用例视图由一个或多个 UML 用例图描述。

用例图用协作实现。协作描述了类（或对象）、类与类之间的关系和交互（显示类之间怎样交互才能实现一个具体的功能）。协作用活动图、协作图和交互图描述。实现用例时，用例中的每个动作的责任交给协作中的类完成，通常是由类中的操作完成的。

7.6.4　动态建模

所有系统均可表示为两个方面：静态结构和动态行为。UML 提供图来描述系统的结构和行为。类图最适合于描述系统的静态结构：类、对象以及它们之间的关系。而状态、顺序、协作和活动图则适合于描述系统的动态行为，即描述系统中的对象在执行期间不同的时间点是如何动态交互的。

类图将现实生活中的各种对象以及它们之间的关系抽象成模型。描述系统的静态结构能够说明系统包含些什么以及它们之间的关系，但它并不解释系统中的各个对象是如何协作来实现系统的功能。

系统中的对象需要互相通信，它们互相发送消息。通常情况下，一个消息就是一个对象激活另一个对象中的操作调用。对象是如何进行通信以及通信的结果如何则是系统的动态行为。也就是说，对象通过通信来协作的方式以及系统中的对象在系统的生命周期中改变状态的方式是系统的动态行为。一组对象为了实现一些功能而进行通信称之为交互，可以通过三类图来描述交互：序列图、协作图和活动图。

在面向对象的编程中，两个对象之间的交互表现为一个对象发送一个消息给另一个对象。通常情况下，当一个对象调用另一个对象中的操作时，消息是通过一个简单的操作调用来实现的；当操作执行完成时，控制和执行结果返回给调用者。消息也可能是通过一些通信机制在网络上或一台计算机内部发送的真正的报文。在所有动态图中，消息是作为对象间的一种通信方式来表示的。具体来说，消息是连接发送者和接受者的一根箭头线。箭头的类型表示消息的类型。

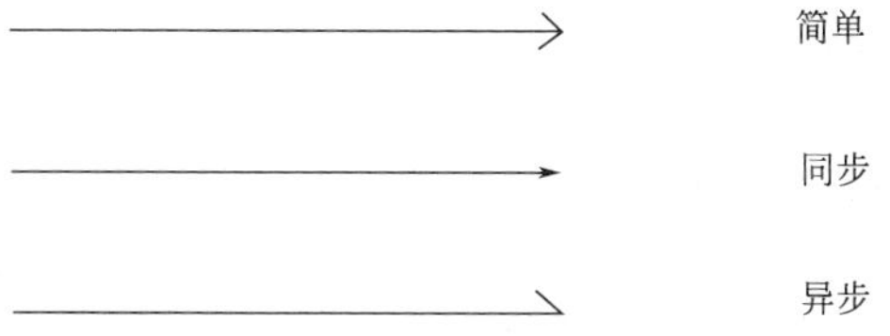

图 7-25 显示了 UML 中的消息类型：

简单消息：表示普通的控制流。它只是表示控制是如何从一个对象传给另一个对象，而

图 7-25　消息类型

没有描述通信的任何细节。这种消息类型主要用于通信细节未知或不需要考虑通信细节的场合。它也可以用于表示一个同步消息的返回；也就是说，箭头从处理消息的对象指向调用者表示控制返回给调用者。

同步消息：一个嵌套控制流，典型情况下表示一个操作调用。处理消息的操作在调用者恢复执行之前完成。返回可以用一个简单消息来表示，或当消息被处理完毕隐含地表示。

异步消息：异步控制流中，没有直接的返回给调用者，发送者发送完消息后不需要等待消息处理完成而是继续执行。在实时系统中，当对象并行执行时，常采用这类消息。

动态建模主要就是建立状态图、序列图、协作图和活动图，这四种图的建立方法我们在前面已经进行了讲述。

7.7 应 用 案 例

本节以某企业的办公自动化系统的为例，主要采用RUP方法对系统分析建模。限于篇幅，在此仅给出整个系统建模的初始阶段以及发文管理子系统建模的细化阶段的主要结果，读者可根据需求自行补充完善其余部分。通过本例希望读者了解如何利用面向对象思想与UML建模语言对管理信息系统进行建模。

7.7.1 初始阶段

对于大型软件系统，为使分析和设计工作顺利展开，可以首先给出系统的功能体系结构。本案例中业务需求分析是以办公自动化系统的功能体系结构作为基础的，业务模型的建立需要找到业务用例、业务角色、业务工人及其之间的联系，而这些元素的发现又是以业务需求分析为依据的。因此需求分析分两步进行：功能体系结构、业务需求分析。在业务需求分析阶段又分为五步：确定系统中业务用例、确定系统中的业务角色和业务工人、建立业务用例顶层框图、分析各子系统的业务并建立子系统业务用例图、建立整体系统的业务类图。

（1）功能体系结构 在现代企业中，一般都有信息量大、处理的公文类型多、业务重组现象比较明显、决策和信息传递要求快速准确等特点，因此企业中应用办公自动化系统的主要目的就是提高企业的工作效率，减少办公人员的工作量、辅助领导决策等，使企业内外实现高效的信息沟通、网络协同无纸化办公，使企业实现一体化、信息共享的统一的规范的管理模式并使信息资源能够高效地传达。

在结合现代办公自动化的特点（具有决策功能），融合知识管理的优势下，通过对办公业务的需求分析（需求期望—分析员根据自己对问题域的理解而假定的业务需求、需求引导—分析员运用各种方法向用户征求关键的业务需求、需求验证—分析员与用户一起确定并验证业务需求的有效性和正确性），可以将办公过程中的业务实体抽象出来，图7-26是该公司办公自动化系统的功能体系结构图。

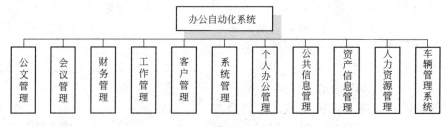

图 7-26 功能体系图

（2）业务需求分析 建立业务模型是软件开发的第一步，也是需求分析要解决的首要问题。业务模型关注的是系统针对的业务，目的是了解机构及其软件系统，帮助业务过程重建工程工作和建立强大的培训工具。在建立业务模型的过程中，要检查机构的结构和工作流、公司中的角色和它们之间的相互联系、公司中的主要过程以及这些过程如何工作、效率如何和有哪些不足。

建立业务模型就要建立业务用例图（Business Use Case框图）。

业务用例图中包括业务用例、业务角色、业务工人以及业务角色和业务用例间的通信关系。虽然业务用例、业务角色和业务工人的确定顺序没有严格规定，本书优先确定业务用例，因为业务用例可以通过系统的功能体系来决定。

　　① 系统中业务用例的确定。根据系统的功能体系结构图，可以很容易地确定出此系统的业务用例，有公文管理、资产设备管理、财务管理、工作管理、个人办公管理、公共信息管理、会议管理、人力资源管理、客户管理和系统管理用例。

　　② 系统中业务角色和业务工人的确定。业务角色是指与机构交互的机构外部的一切角色，而业务工人指的是机构内部的角色。

　　根据业务角色和业务工人指向的不同以及对系统的需求分析，可以找到办公自动化系统的业务角色有潜在的员工、客户、供应商、办事处和分公司。业务工人有办公人员和系统管理人员。根据不同的模块，事实上与系统交互的办公人员又可以继续被分类。具体的分类将在下面叙述。

　　③ 业务用例图的建立。在对系统进行了业务用例、业务角色和业务工人的确定之后，要建立业务用例图，来反映整个机构的业务，如图 7-27 所示。

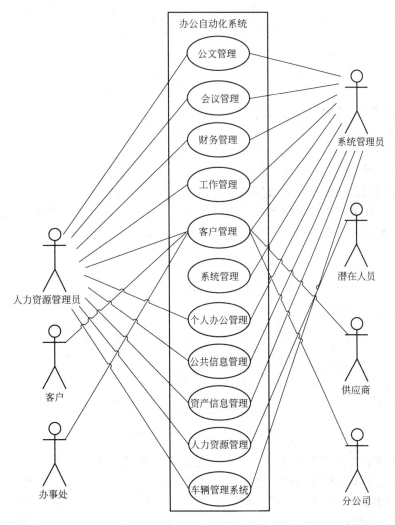

图 7-27　业务用例图

　　业务模型是针对整个机构建立的，它所反映的是办公自动化所涉及到的业务，不是所要建立的系统。在建立了业务用例图之后，对整个系统的结构有了一个大致的了解，那么接下来，就要对机构中的每一项业务进行系统用例分析和建模。

④ 子系统业务分析及用例图。以下内容将对办公自动化所包含的每个子系统的业务作进一步分析。

a. 公文管理业务分析。公文管理子系统是办公自动化系统的重要组成部分，它要求通过计算机快速准确地处理日常工作中单位内外部的各种公文。这个子系统包括发文管理和收文管理。发文管理的工作是要根据预先设置的发文管理流程和权限设置，实现发文的各项办理工作：文件输入、提交、审核、签发、发放、存档、作废、打印。收文管理的工作有接受外来文件、编号登记、发放、存档、打印。发文管理流程中的一系列工作都与系统文件信息管理相连接，对文件信息进行各种操作和更新。用例图如图 7-28 所示。

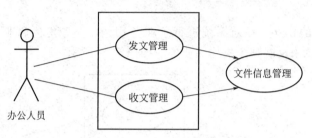

图 7-28　公文管理用例图

b. 会议管理业务分析。会议管理子系统是对会议室的使用和会议内容的管理，包括会议室信息查询、会议室借用登记和会议管理。其中，会议室信息查询是在有会议需要时对目前和将来的一段时间内会议室的使用和预约情况进行查询；会议室借用登记是对部门或单位会议室安排进行预约登记；会议管理包括会议通知、会议纪要和会议信息发布，会议通知是根据会议参加范围自动发送会议通知邮件并打印会议通知，会议纪要是对各类会议精神和决议的登记，以及相关文件的上传管理。会议管理子系统的建立提高了会议室资源利用的合理性，使会议管理井井有条，便于日后的跟踪管理。用例图如图 7-29 所示。

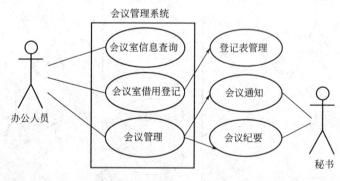

图 7-29　会议管理用例图

c. 财务管理业务分析。财务管理子系统包括报销管理、用款管理、工资管理、成本核算。它主要实现企业的日常报销、借用款、工资发放管理和成本的核算。其中，报销管理实现对公司内部的各种用款进行在线提交、审批、报销登记的管理；用款管理实现对公司内部的各种用款进行在线提交、审批、借出登记和归还登记的管理；公司行政部门根据上下班和请假的打卡记录计算应付工资，交给财务部门，财务部使用工资管理对员工的工资进行核对并执行发放；销售部门销售产品，由库管员开出货单交财务部，销售发票和销售费用单据交财务处理，财务部根据有关原始凭证核算成本收入。财务管理的用例图如图 7-30 所示。

d. 工作管理业务分析。工作管理子系统包括报告类别管理、计划类别管理、工作计划、填写日志和全体日志查询功能。其中，工作计划管理是针对公司的管理人员的，管理人员使用此功能制定全公司的工作计划、部门计划或项目计划，并将这些计划发送到相关员工；员工使用计划类别管理按照年、月、周来计划自己的工作；员工根据工作计划，使用报告类别管理定期上传相应的工作报告；在每日工作结束后填写工作日志，并使用全体日志查询功能进行日志查询。工作管理的用例图如图 7-31 所示。

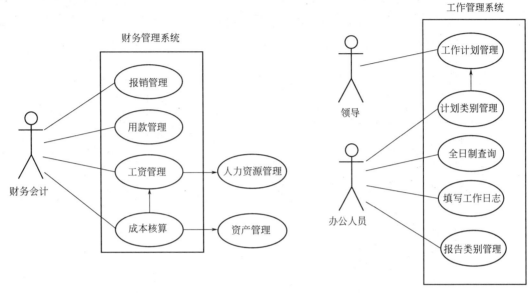

图 7-30　财务管理用例图　　　　　　　图 7-31　工作管理用例图

e. 客户管理业务分析。客户管理子系统包括客户资源管理、订单管理和销售业务管理。其中，销售部和采购部的员工使用客户资源管理对发生业务往来的合作伙伴、客户和联系人等各种相关资料进行收集、登记管理，并可以查到历史交往情况和历史销售情况，便于决策人员分析和决策；销售部门使用订单管理将客户订单整理做成计划交与工程部，做工程计划安排，然后由工程部根据工程需求向库管员发出提货请求，若无库存或是库存不够，库管员再将缺货通知单发送给采购部，由采购部使用订单管理进行采购；管理者和销售员使用销售业务管理对销售订单进行跟踪管理，对于历史销售情况进行各类查询统计，以

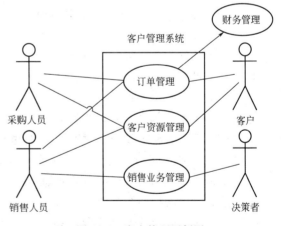

图 7-32　客户管理用例图

便清楚地了解销售情况。客户管理的用例图如图 7-32 所示。

f. 系统管理业务分析。系统管理包括了该办公自动化系统管理必备的管理信息和控制职能，主要包括用户管理、数据库维护、部门管理和系统日志。其中，系统管理员通过用户管理功能添加新员工、删除离职员工、规定用户的权限；数据库维护实现数据备份和数据恢复的操作，保证系统的安全正常工作；在公司机构发生变化的时候，系统管理员可以对部门的变更进行操作。系统管理的用例图如图 7-33 所示。

g. 个人办公管理业务分析。个人办公管理是用来管理员工个人的资料、办公事宜及个人的办公应用。包括的内容有我的便签、办公申请、名片管理、考勤签退、文件信息和个人桌面管理。员工使用我的便签进行信息的一些临时记录；使用办公申请日常的办公用品和固定资产。比如车辆，这与资产管理是相通的；名片管理可以方便、快捷地实现对于常用联系人的分类管理、综合查询等功能；考勤签退实现请假申请的功能，与人力资源管理的考勤休假管理相连；员工可以通过文件信息功能查看到发给自己的公文等文件；个人办公桌面是员工个人工作处理的平台，员工可以根据自己的喜好设置个性化的办公桌面。个人办公管理的用例图如图 7-34 所示。

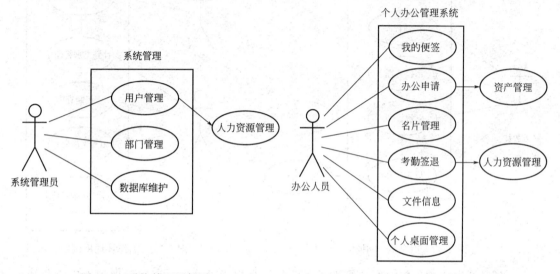

图 7-33　系统管理用例图　　　　　　　图 7-34　个人办公管理用例图

h. 公共信息管理业务分析。根据前面有关知识管理的分析可知，将知识管理作为管理信息系统的延伸，使管理信息系统纳入知识管理系统中比较适合大公司和大企业。但是做成一个比较完善的知识管理系统要花费大量的人力和财力，对于中小型企业来说没有这个经济实力，而且也没有必要。就目前来说，最理想的做法就是通过局域网在线交流和小型知识库来实现要实现知识的交流查询。

公共信息子系统包含了公司新闻、公司论坛和知识查询三个功能。其中，公司新闻由系统管理员根据管理者要求发布公司最近发生的事件和新闻；公司论坛使用 BBS 管理，员工可以通过公司的 BBS 进行经验知识的交流及彼此之间的项目合作；知识（包括日常知识和专业领域知识）查询是与数据库中的知识库相连接，根据需要以及知识的分类进行知识查询。公共信息管理的用例图如图 7-35 所示。

i. 资产设备管理业务分析。资产设备管理包括办公用品管理和资产管理两个功能。其中，办公用品管理指的是一般的低值易耗品的管理，比如签字笔、胶水等，它为库存管理员提供办公用品的库存、采购、领用的查询统计功能和库存报警功能，办公用品的领用申请在个人办公管理中进行；资产管理实现对公司固定资产的管理，比如车辆、扫描仪、打印机、工程设备等，在该企业中是由行政部的库管员进行管理的。资产设备管理的用例图如图 7-36 所示。

j. 人力资源管理业务分析。人力资源管理的有关业务包括招聘管理、培训计划管理、报酬管理、考勤休假管理和绩效管理。其中，招聘管理包括需求申请、送报审批、发布招聘

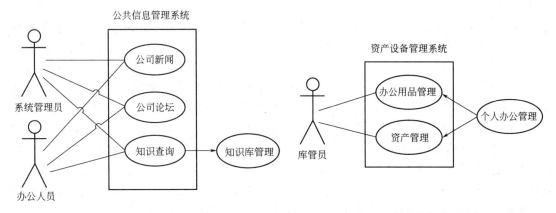

图 7-35　公共信息管理用例图　　　　　　图 7-36　资产设备管理用例图

启事、建立笔试试题库、测试成绩管理和录取；培训计划管理包括培训师类型管理、培训项目类型管理；报酬管理主要包括工资、奖金、福利等；考勤休假管理包括签到签退管理、请假销假管理、加班申请、统计查询；绩效管理包括绩效考核和员工考核。人力资源管理的用例图如图 7-37 所示。

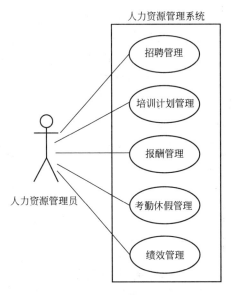

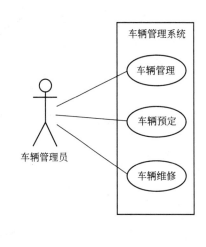

图 7-37　人力资源管理用例图　　　　　　图 7-38　车辆管理系统用例图

　　k. 车辆管理系统。车辆管理主要是对公司公共车辆进行管理，主要记录车辆基本信息、车辆预定情况以及车辆维修记录等。例如，无论是总经理、部门经理还是员工，如果要使用公司的车辆需要通过车辆管理员统一进行约定、派车，该工作需要登录车辆管理系统进行操作。车辆管理系统用例图如图 7-38 所示。

7.7.2　细化阶段

　　（1）用例模型的建立　在对所要建立的系统模块进行需求说明和分析之后，系统模块的开发开始进入系统分析阶段。系统分析的过程就是用例模型建立的过程。在这个过程中，要做的工作包括根据需求分析捕捉用例、角色、寻求用例与用例之间、用例与角色之间的关系，在此基础上建立用例图、事件流和活动图。以下就只针对公文管理系统模块进行详细地说明。

① 用例图的建立。用例图主要是显示给客户系统所提供的功能，通过用例图来观察系统，以便与客户交流，了解是否满足客户的需求与期望。要建立用例图，必须确定角色、使用案例及其相互之间的关系。

角色确定的方法在本章第五节已做了介绍，在本案例中根据需求分析可知，与公文流转系统进行交互的角色有拟稿人、部门经理、主管领导、总经理和部门文件管理员。

使用案例（用例）的确定：用例显示了如何使用系统，它是系统提供的功能模块。用例关注的是用户对系统的需求，所以用例的确定就要以用户需求为基础。用例命名的原则是按业务术语命名，因为用户不关心你将要面对多个系统，也不关心采取什么样的具体步骤来完成整个过程，用户只关心的是发生了发文或收文。需要注意的是用例是独立于实现的，也就是用例只关心系统的功能而非系统是怎么实现的。

通过业务需求分析中对公文管理业务流程的分析，可以得到公文管理子系统中发文管理部分的用例图，如图 7-39 所示。读者可以补充收文管理部分的相关内容。

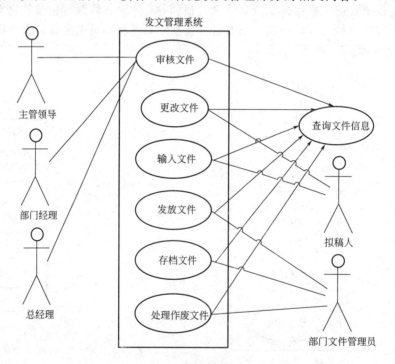

图 7-39　发文管理系统的用例图

② 建档事件流。用例图只显示客户和使用案例之间的关系，其中的使用案例也只是描述系统所具有的功能。那么，要建立真实的系统，只有这些是不够的，需要更具体的细节，更准确地说应该是将每个使用案例的细节写在事件流中，这样可以建档使用案例中的逻辑流程。

事件流的目的就是为了建立用例中的逻辑关系，它具体描述系统干什么，而不是怎么干，事件流更多地还是从客户方考虑，将用例图中的每个使用案例的具体功能展示给客户，以便进一步与客户进行沟通。事件流有两种表述形式，即文本形式和活动图。下面先介绍用文档的形式描述使用案例中的逻辑关系。

事件流通常包括简要说明、前提条件、主事件流、其他事件流和事后条件。

简要说明　每个使用案例都应有一个相关的说明来描述该使用案例的作用。

在公文流转系统中的各用例的说明如下：

输入文件用例是部门经理指定本部门员工编制所需文件以及文件发放对象；

更改文件用例是拟稿人根据审核人的审核意见进行文件的更改，然后再重新提交；

审核文件用例是部门经理、主管领导和总经理对提交的文件进行审核，如果审核通过，提交上一级审核，如果审核未通过，则提出修改意见并退件给下一级；

发放文件用例是让文件管理员将已通过审签的文件发放到其他有关部门进行阅读；

存档文件用例是文件管理员将已通过审签的文件进行存档保管；

处理作废文件用例是文件管理员将作废文件进行作废处理。

查询待办文件是与其他用例成包括关系的用例。包括关系中的一个用例总是使用另一用例的功能。

前提条件　使用案例的前提条件列出开始使用案例之前必须满足的条件。例如前提条件可能是另一个使用案例已经执行或用户具有运行当前使用案例的权限。并不是所有使用案例都有前提条件。

主事件流和其他事件流

事件流包括主事件流、其他事件流和错误流三种。其中，主事件流表示正常的工作情形，其他事件流是从主事件流分支出来的事件流，但非错误流，错误流是系统本身发生了错误，无法正常工作。使用案例的具体细节要通过事件流来描述。事件流描述执行使用案例的具体步骤。它是从用户角度描述系统干什么，而不是怎么干。下面给出输入文件模块（包括编制文件、提交文件）的主事件流和其他事件流。

输入文件的主事件流的步骤如下。

① 拟稿人请求登录 OA 系统页面。

② OA 系统提示输入用户名和密码。

③ 拟稿人输入用户名和密码。

④ 系统验证其有效性。

A1：输入的用户名和密码无效

进入 OA 系统页面。

拟稿人选择公文管理子系统，显示发文管理和收文管理菜单。

拟稿人点击发文管理，进入下级子菜单。

选择输入文件，进入文件输入页面，页面提供两个功能：提交文件功能和选择发放文件功能。

拟稿人提交文件，转入相应的数据库。

A2：不能提交文件

拟稿人提交发放对象。

A3：不能提交发放对象

用例结束。

其他事件流：

A1：输入的用户名和密码无效

OA 系统提示输入的密码无效，要求重新输入。

转入主事件流第 2 步。

A2：不能提交文件

系统提示有重名文件，要求重新输入。

拟稿人重新输入文件信息。

转入主事件流第 9 步。

A3：不能提交发放对象

提示文件信息还未提交到数据库。

拟稿人重新输入文件信息。

转入主事件流第 9 步。

　　用文本形式来建立用例之间的逻辑关系是非常有用的，但是有时候用例之间的逻辑关系比较复杂，有许多的其他事件流或是用户不熟悉文本的形式，这时候用活动图来建档事件流是比较合适的，它更容易表达事件流中的步骤。

　　案例一　下面用活动图来建档发文过程的事件流，如图 7-40 所示。

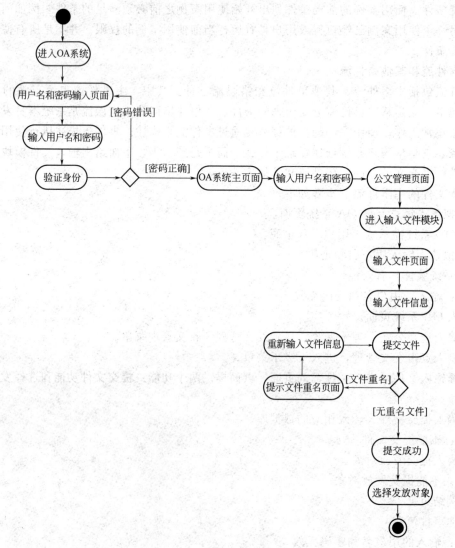

图 7-40　输入文件的活动图

　　案例二　车辆预定

　　简要说明　该用例完成车辆的预定。

前置条件

a. 后勤员成功登录武装部系统后拥有能够操作该用例的权限。

b. 车辆信息的型号或者使用人可以被后勤员获取作为条件。

后置条件　产生预定计划。

主事件流

a. 当后勤员开始填写车辆预定计划时，用例开始。

b. 系统显示预定车辆界面。

c. 预定人选择车辆型号，则显示其相关信息，如使用人、到达地点等。

d. 预定人选择要预定的车辆型号。

e. 循环：对于选择的每一个车辆型号，它都显示其车辆基本信息。

f. 预定人输入预定车辆的日期、使用人等。

循环结束

g. 预定人选择提交。

h. 系统验证输入信息。

i. 系统把该预定情况作为未完成的信息保存在预定计划里。

其他事件流

预定人的信息不全（尤其是地址）；

预定车辆正在维修或者已经派出；

取消预定计划。

前置条件　用户没有选择提交。

a. 当用户选择了取消，开始可选项。

b. 系统取消一切输入信息。

c. 系统返回到前一个界面。

d. 用例结束。

下面用活动图来描述车辆预定过程的事件流，如图 7-41 所示。

没有一种固定的格式规定建档事件

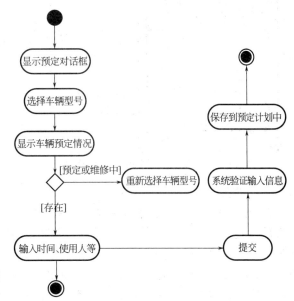

图 7-41　车辆预定的活动图

流的形式，开发者可以根据系统的具体情况选择合适的建档事件流的形式。当然，也可以两个一起用。

（2）顺序图的建立

① 建立初始阶段顺序图。用例图是静态模型视图，它是建模的第一步，它的建立完全是向用户展示系统所包含的功能，并且为了更好地向用户说明此系统的功能。在用例图之后紧接着分别以文字和动态模型框图——活动图的形式对用例图进行较详细的说明。这三部分构成了软件建模的第一步，也是完成了面向对象系统分析的第一步。

在完成第一步后，为了达到实现系统建模的目的，需要做第二步工作，就是为系统建立较为详细的动态模型图，来描述系统对象之间的协作关系，也就是详细地描述系统中的角色以及与它相关联的使用案例之间的关系，即每个角色是如何实现使用案例的，实现的路径是什么。当然这仍然不涉及到编程，它还是系统建模的范畴，但是它的完成是向最终系统的实现靠近了一步，更是向系统设计人员靠近了一步。

用来描述系统对象之间协作关系的这种动态模型框图就是 UML 建模语言中的交互图，

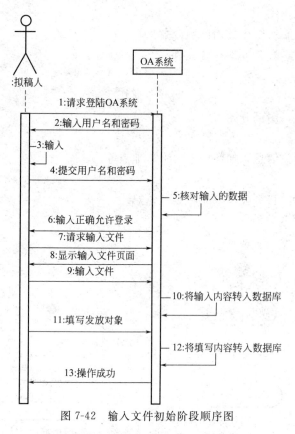

图 7-42 输入文件初始阶段顺序图

它包括顺序图和协作图。这两种图虽然显示同一个信息，但是由于表达形式的不同，决定了它们各自反映信息的不同特点：顺序图按时间进行排列，从顺序图中更容易看出执行顺序信息；协作图更容易看出是哪几个对象之间发生了通信，如果改变了其中的任何对象，就可以非常方便地看出受影响的对象。

以下内容主要针对发文管理子系统进行完整的设计，来具体说明这两种图的特点及其在建模过程中的地位和作用。

首先建立发文管理子系统的初始阶段的顺序图，由于篇幅的限制，图 7-42 只给出发文管理子系统的文件输入模块初始阶段的顺序图。

② 建立详细顺序图。创建顺序图和协作图的步骤如下：寻找对象，寻找角色和将消息加进框图。如图 7-43 所示。

角色的确定也要通过事件流，交互图中的角色是对事件流启动工作流的外部刺激。

（3）建立类图

① 确定对象。类（也称为对象类）是面向对象模型的最基本的模型元素，类及其之间的联系构成了类图（也称为对象类图）。类又是对象的集合，对象是类的实例，属于同一类的对象具有共同的结构特征、行为特征、联系和语义。鉴于类与对象之间的这种关系，所以在创建类图之前，应先将系统中的对象找出，在确定了对象之后，将对象中具有共同结构、行为特征、共同联系和共同语义的对象归属为同一类。

可以检查交互图（包括顺序图和协作图）中的对象，进而通过对象的共性找到类。通过对用例图、事件流和顺序图的分析，得到发文管理系统的对象分析结果如表 7-3～表 7-5 所示。

表 7-3 边界对象分析结果

边界对象名称	功能
登录系统界面	输入用户名和密码
拟稿人登录界面	显示发文管理子系统操作菜单
文件输入	输入文件信息
文件提交确认	确认或取消提交
文件审核	审核文件并确认
已审核文件更改	更改文件后确认
已审核文件更改确认	确认或取消操作
文件发放	发放并确认
文件存档	存档并确认
文件作废处理	作废并确认

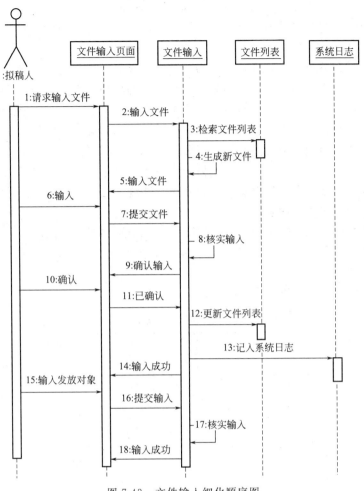

图 7-43 文件输入细化顺序图

表 7-4 控制对象分析结果

控制对象名称	功能
用户登录	根据用户权限转入相应的界面
文件输入	检查输入是否正确
文件输入确认	将输入内容写入数据库
文件审核	同意并提交或填写意见并退件
已审核文件更改	检查更改的内容
已审核文件更改确认	将更改内容写入数据库
文件发放	检查发放对象
文件发放确认	根据发放对象转入相应文件接收数据库
文件存档	将文件写入档案袋
文件作废处理	将待作废文件标记"作废"字样,必要时从档案袋中删除

表 7-5 实体对象分析结果

实体对象名称	实体对象属性
文件信息	文件名称,文件编号,文件状态,编制日期,拟稿人
拟稿人,部门经理,主管领导,总经理,文件管理员	姓名,部门,职务

② 确定类。因为对象是类的实例，类是具有相同特征的对象的集合，所以我们可以根据上述对对象的分析，导出系统的类。方法就是将分析出的对象按照特征进行分类。

根据对象的三种分类，类相应地被分为三种：边界类、控制类和实体类。

其中边界类位于系统与外界的交界处，包括所有的界面、报表、硬件的接口（包括打印机、扫描仪等）以及与其他系统的接口。边界类的定义比较简单，从用例图和上面所画的顺序图就可以找到，因为每一个角色与用例的交互都会用到界面，这即是边界对象。有了边界对象，就可以将边界对象映射为边界类。但要注意的是，有可能多个对象会与同一个用例交互，操作的是同一个界面，那么这时候就只需要建立一个边界类就可以了。

实体类保存的是永久存储的信息，它通常在事件流和交互图中出现，是对用户最有意义的信息，通常用业务域术语命名。

控制类用于协调其他类的工作。一般情况下，一个用例有一个控制类，用于控制使用案例的事件流顺序。控制类本身不完成任何功能，也很少接受消息，主要是向其他类发送消息，控制事件的进程。

通过对对象的分析，可以得出三种分析类，如表7-6～表7-8所示。

表7-6 边界类分析结果

边界类名称	功能
系统登录页面	输入用户名和密码
拟稿人登录页面	显示发文管理子系统操作菜单
文件输入	输入文件的信息
文件提交确认	确认或取消提交
文件审核	审核并确认
已审核文件更改	修改后确认
已审核文件更改确认	确认或取消
文件发放	选择要发放的对象
文件发放确认	确认或取消操作
文件存档	存档后确认
文件存档确认	确认操作成功
文件作废处理	处理作废文件
文件作废确认	确认或取消操作

表7-7 控制类分析结果

控制类名称	功能
用户登录	根据用户权限转到相应的界面
文件输入	检查输入是否正确
文件输入确认	将输入的内容写入数据库
文件审核	填写审核意见并写入数据库
已审核文件更改	检查要修改的内容
已审核文件更改确认	将已确认更改的内容写入数据库
文件发布/发放	检查发放对象

续表

控制类名称	功能
文件发布/发放确认	将发放的文件写入数据库
文件存档	检查要存档的文件
文件存档确认	将文件内容写入档案袋
文件作废处理	检查要作废的文件
文件作废确认	将文件作废记录写入数据库

表 7-8　实体类分析结果

实体类名称	功能
文件信息	文件名称,文件编号,文件,文件状态,编制日期,拟稿人
员工信息	姓名,部门,职务
系统提示	封装所有的系统的提示

　　③ 建立各用例类图。类图是由类及其之间的关系组成。如果创建类图按照步骤"为每一个用例创建类图,组合所有类图生成业务类图即所要建立的系统类图"进行,不失为一种建立类图的有效的方法。

　　为每个用例创建类图的目的是在一个简单的图中,用类图说明系统体系结构的各个方面,它是通过一个特定的用例来实现的。可以根据在上一节为实现每个用例创建的顺序图来建立每个用例的类图,同时所有的顺序图也可以成为所有这些类图的检验依据。图 7-44 显示了带有操作的控制类——文件输入,这些操作表示分配给此类的职责。图 7-45 显示了输入文件的实体类。

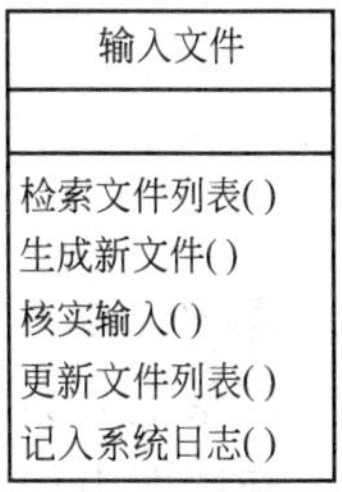

　　图 7-46 显示了拟稿人在进入 OA 系统后点击发文管理系统后登录的界面类。

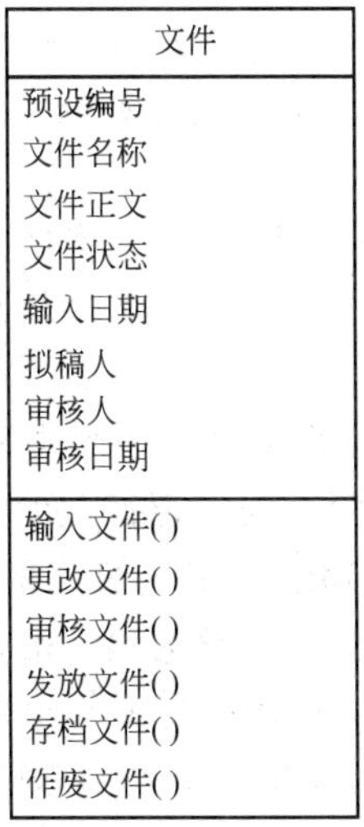

图 7-44　文件输入控制类

图 7-45　文件信息实体类

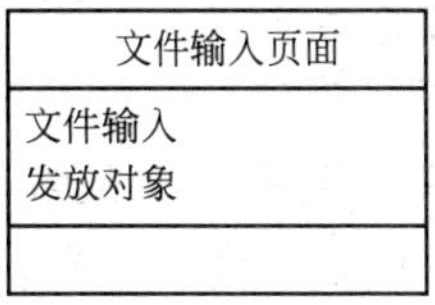

图 7-46　拟稿人登录的界面类

有了对类的分析，就可以参照给出的精细顺序图建立用例文件输入的类图，如图 7-47 所示。

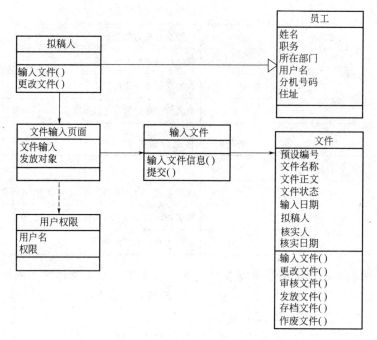

图 7-47　输入文件类图

④ 建立系统类图。将各用例的类图建好之后，将各个类图进行连接组合，得到整个发文管理系统的类图，如图 7-48 所示。

在此图中用到的连接关系有以下几种。

a. 表示泛化（一般-特殊）关系的。泛化是指两个模型元素（如角色、类、用例和包）之间的继承关系，使一个类可以继承另一个类的公共和保护属性与操作。例如职员与拟稿人、部门负责人、主管领导、总经理之间的关系就是一种泛化-特化关系，如图 7-49 所示。

b. 表示依赖关系的。依赖性关系用虚线箭头表示，显示一个类引用另一个类，这样如果引用类规范改变，可能会影响到实用类。例如实体类文件信息与文件数据库类之间的关系就是一种依赖的关系，如图 7-50 所示。

c. 表示累计关系的。累计关系是一种强关联，它表示的是整体与个体之间的关系，累计关系在总体类旁边画一个菱形。例如事务 1、事务 2 和事务 3 参与了文件信息类的操作累计，从而如下图 7-51 所示。

d. 表示关联关系的。关联是类之间的词法连接，是一个类知道另一个类的公共属性和操作。关联可以是双向的、单向的或是反身的。双向关联的两个类知道彼此的公共属性和操作，可以互相发送消息；单向关联的两个类中发送消息的类知道接受消息类的属性和操作，而接受类不知道发送消息类的属性和操作。但是大多数关联应该调整为单向的，因为单向关系有助于识别可复用的类，如果 A 类和 B 类是双向的，则 A 和 B 都需要知道对方，因此两者都不能复用；如果是从 A 类到 B 类的单向关系，则 A 类需要指导 B 类，没有 B 类就无法复用，而 B 类不需要知道 A 类，因此 B 类是可以复用的。总之，任何输出多个单向关系的类都很难复用，而只接受单向关系的类则很容易复用。如图 7-52 所示。

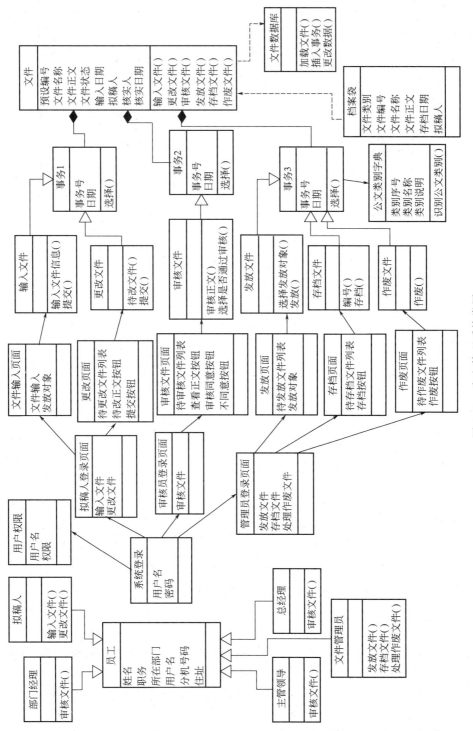

图 7-48　发文管理系统类图

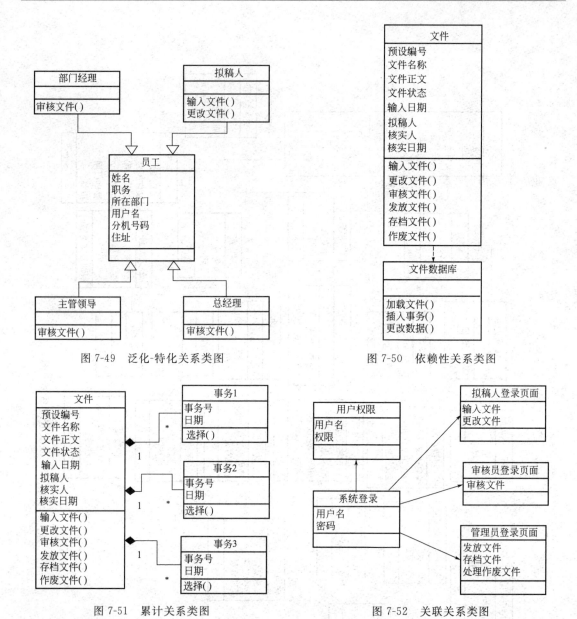

图 7-49 泛化-特化关系类图

图 7-50 依赖性关系类图

图 7-51 累计关系类图

图 7-52 关联关系类图

7.8 实验实训

1. 实训目的

① 通过实训使学生加深理解和巩固面向对象方法的基本概念与知识，掌握面向对象软件开发方法的基本原理与技术。

② 培养学生调查研究、查阅文献资料的能力，提高学生独立分析问题和解决问题的能力。

③ 理解统一建模语言 UML，掌握 UML 语言的基本语法、语义和基本绘制方法，初步掌握面向对象的建模方法。

④ 由多名学生组成设计小组，合作开发项目，培养学生的沟通能力和团队协作精神。

⑤ 通过实际题目，熟悉面向对象的分析和设计的过程，使学生能够运用面向对象方法开发实际应用软件。

2. 实训内容

本实训以"图书借阅管理系统"为例，通过对图书借阅管理业务流程的需求分析，建立相应的用例图、顺序图和类图。具体过程如下。

① 以设计小组为单位建立图书借阅管理系统用例图。小组中每个成员可选择其中一个子系统建立用例图。

② 通过对事件流的分析，建立各子系统相应的顺序图。

③ 建立所选子系统中各自类图，最终连接组合成系统类图。

3. 实训要求

① 熟悉 Rational Rose 的基本操作环境及使用方法。

② 掌握用例图、顺序图、类图的建立方法。

③ 能基本使用 Rational Rose 对项目进行系统分析与设计，建立系统模型。

小　结

面向对象方法学开辟了一条与传统结构化方法完全不同的新途径。它比较自然地模拟了人类认识客观世界的思维方式，使得描述客观世界的问题空间和在计算机中求解问题的解空间在结构上趋于一致。由于使用面向对象方法开发出的软件具有易理解、易维护、易重用以及稳定性好等优点，近年来，已经被越来越多的软件开发者所接受。

面向对象方法学认为，客观世界中的任何事物都是对象，每个对象都有自己的内部属性和行为。软件开发者面对的问题空间是由形形色色的对象组成，不同对象彼此间通过消息相互作用、相互联系，从而构成了要建造的系统。面向对象软件系统包括了对象、类（对象类）、继承、消息通信等基本概念。

由于面向对象方法在软件开发的全部过程中采用了一致的概念和表示符号，在软件的分析、设计和实现等阶段间的分界线是模糊的，并呈现出各阶段间反复迭代的特征，因此，喷泉模型比较适合作为其软件过程模型。

面向对象分析的主要任务是获取用户需求、分析并确定问题域中的对象及对象间的关联，并建立起问题域的精确模型。为全面、有效地理解问题域，分析员必须与用户及领域专家反复交流、磋商，及时纠正、补充相关信息。面向对象分析的主要原则是指导分析工作的有效准则，正确地运用它们是分析工作成功的前提。只有开发者与用户达成共识，建立起正确的问题域模型，才能为下一阶段的顺利开展奠定良好的基础。

面向对象设计是从分析到实现的一个过渡，其目的是为了将分析结果最终实现而对分析模型的进一步补充和完善，建立求解空间模型。面向对象的分析与设计虽然属于不同阶段，但界限模糊，本质上具有反复迭代的特征。面向对象设计准则是设计高质量软件的必要保障。设计内容具体包括四大部分：系统结构、对象与类、交互部分、数据管理部分。

面向对象实现包括了编码和测试两项任务。为了把设计结果顺利地转换为程序，首先应该选择一种适当的程序设计语言。事实上，具有方便的开发环境和丰富类库的面向对象程序设计语言，是实现面向对象设计的最佳选择。面向对象测试与传统软件测试的总目标是一致的，即以最小的代价发现尽可能多的错误。但是，面向对象测试的策略和技术与传统测试有很大的不同，除了继承传统的测试技术之外，还必须针对面向对象程序特点研究与其相适应的新的测试技术。

统一建模语言 UML 是国际对象管理组织 OMG 批准的基于面向对象技术的标准建模语言，它可以对软件系统的静态结构和动态行为进行建模。但 UML 既不是标准的开发过程，也不是标准的面向对象开发方法，它仅仅为建模者提供了标准的图形符号和正文语法。

统一软件开发过程 RUP 是 Rational 推出的软件开发模型，它分为初始、细化、构造和交付四个阶段。RUP 往往和 UML 联系在一起，可以说，UML 解决了软件系统建模的工具和手段问题，RUP 则提供了软件开发过程的指导。RUP 是一个通用的过程框架，可用于不同类型的软件系统、各种不同应用领域、各种不同类型的组织、各种不同功能级别以及各种不同规模项目的开发。通过案例，可以初步了解 RUP 的应用过程。

由面向对象方法衍生出的软构件技术，使得软件"积木化"时代的到来成为可能。

习 题 七

一、选择题

1. 每个对象可用它自己的一组属性和它可以执行的一组（　　）来表现。

A. 性能　　　　　　　　B. 功能　　　　　　　　C. 操作　　　　　　　　D. 数据

2. 在面向对象方法中，我们把一组具有相同数据结构和相同操作的对象的集合定义为（　　），此定义包括一组数据属性和在数据上的一组合法操作。

A. 类　　　　　　　　　B. 属性　　　　　　　　C. 对象　　　　　　　　D. 消息

3. 对象是面向对象开发方法的基本成分，每个对象可用它本身的一组（　　）和它可以执行的一组操作来定义。

A. 服务　　　　　　　　B. 参数　　　　　　　　C. 属性　　　　　　　　D. 调用

4. 在面向对象软件方法中，"类"是（　　）。

A. 具有同类数据的对象的集合

B. 具有相同操作的对象的集合

C. 具有同类数据的对象的定义

D. 具有同类数据和相同操作的对象的定义

5. 下列是面向对象方法中有关对象的叙述，其中（　　）是正确的。

A. 对象在内存中没有它的存储区

B. 对象的属性集合是它的特征表示

C. 对象的定义与程序中类型概念相当

D. 对象之间不能相互通信

6. 面向对象程序设计中，基于父类创建的子类具有父类的所有特性（属性和方法），这一特点称为类的（　　）。

A. 多态性　　　　　　　　　　　　　B. 封装性

C. 继承性　　　　　　　　　　　　　D. 重用性

7. 面向对象的主要特征除对象的封装性、继承性外，还有（　　）。

A. 多态性　　　　　　　　　　　　　B. 完整性

C. 可移植性　　　　　　　　　　　　D. 兼容性

8. 面向对象方法中，对象信息的隐藏主要是通过（　　）实现的。

A. 对象的封装性　　　　　　　　　　B. 子类的继承性

C. 系统模块化　　　　　　　　　　　D. 模块的可重用

9. 在只有单重继承的类层次结构中，类层次结构是（　　）层次结构。

A. 树形　　　　　　　　　　　　　　B. 网状型

C. 星形　　　　　　　　　　　　　　D. 环形

10. 在有多重继承的类层次结构中，类层次结构是（　　）层次结构。

A. 树形 　　　　　　　　　　　　　　B. 网格型

C. 星形 　　　　　　　　　　　　　　D. 环形

11. 以下说法错误的是（　　）。

A. 采用面向对象方法开发软件的基本目的和主要优点是通过重用提高软件的生产率

B. 在面向对象程序中，对象是属性（状态）和方法（操作）的封装体

C. 在面向对象程序中，对象彼此间通过继承和多态性启动相应的操作

D. 继承和多态机制是面向对象程序中实现重用的主要手段

12. 以下说法错误的是（　　）。

A. 对象具有很强的表达能力和描述功能

B. 对象是人们要进行研究的任何事物

C. 对象是封装的最基本单位

D. 类封装比对象封装更具体、更细致

13. 以下哪一项不是面向对象的特征（　　）。

A. 多态性　　　　　　B. 继承性　　　　　　C. 封装性　　　　　　D. 过程调用

14. 对象类之间的聚集关系就是（　　）关系。

A. 一般-特殊 　　　　　　　　　　　B. 整体-部分

C. 相互依赖 　　　　　　　　　　　　D. 层次构造

15. 以下说法错误的是（　　）。

A. 多态性防止了程序相互依赖性而带来的变动影响

B. 多态性是指相同的操作或函数、过程可作用于多种类型的对象上并获得不同结果

C. 多态性与继承性相结合使软件具有更广泛的重用性和可扩充性

D. 封装性是保证软件部件具有优良的模块性的基础

16. 面向对象方法的一个主要目标，是提高软件的（　　）。

A. 可重用性 　　　　　　　　　　　B. 运行效率

C. 结构化程度 　　　　　　　　　　D. 健壮性

17. Rumbangh 等人提出的对象模型技术 OMT 把分析时收集的信息构造在三类模型中，即对象模型、动态模型和（　　）。

A. 信息模型 　　　　　　　　　　　B. 控制模型

C. 功能模型 　　　　　　　　　　　D. 行为模型

18. 软件开发过程中，抽取和整理用户需求并建立问题域精确模型的过程叫（　　）。

A. 生存期 　　　　　　　　　　　　B. 面向对象分析

C. 过程与对象 　　　　　　　　　　D. 类与界面

19. OOA 模型规定了一组对象如何协同才能完成软件系统所指定的工作。这种协同在模型中是以表明对象通信方式的一组（　　）连接来表示的。

A. 消息　　　　　　B. 记录　　　　　　C. 数据　　　　　　D. 属性

20. 常用动词或动词词组来表示（　　）。

A. 对象　　　　　　B. 类　　　　　　C. 关联　　　　　　D. 属性

21. 火车是一种陆上交通工具，陆上交通工具与火车之间的关系是（　　）关系。

A. 组装 　　　　　　　　　　　　　B. 整体-部分

C. has a 　　　　　　　　　　　　　D. 一般-特殊

22. 以下说法错误的是（　　）。

A. 面向对象分析与面向对象设计的定义没有明显区别

B. 在实际的软件开发过程中，面向对象分析与面向对象设计的界限是模糊的

C. 面向对象分析和面向对象设计活动是一个多次反复迭代的过程

D. 从面向对象分析到面向对象设计，是一个逐渐扩充模型的过程

23. 下面所列性质中,( )不属于面向对象程序设计的特性。

A. 继承性 B. 重用性

C. 封装性 D. 可视化

24. 面向对象的实现主要包括两项工作。以下能正确指出这两项工作标号的序号是( )。

① 把面向对象设计结果翻译成用某种程序设计语言书写的面向对象程序

② 测试并调试面向对象程序

③ 面向对象设计

④ 选择面向对象程序设计语言

供选择的答案:

A. ①② B. ③④ C. ①③ D. ②③

25. 在 UML 建模过程中,对象行为是对象间为完成某一目的而进行的一系列消息交换。若需要描述跨越多个用例的单个对象的行为和状态,使用( )是最为合适的。

A. 状态图 (Statechart Diagram)

B. 交互图 (Interactive Diagram)

C. 活动图 (Activity Diagram)

D. 协作图 (Collaboration Diagram)

26. 以下关于用例 (use case) 的叙述中,说法不够准确的是( )。

A. 用例将系统的功能范围分解成许多小的系统功能陈述

B. 一个用例代表了系统的一个单一的目标

C. 用例是一个行为上相关的步骤序列

D. 用例描述了系统与用户的交互

27. 采用 UML 分析用户需求时,用例 UC1 可以出现在用例 UC2 出现的任何位置,那么 UC1 和 UC2 之间的关系是( )关系。

A. include B. extend C. generalize D. call

28. 在 UML 提供的图中,( )用于描述系统与外部系统及用户之间的交互;( )用于按时间顺序描述对象间的交互。

(1) A. 用例图 B. 类图 C. 对象图 D. 部署图

(2) A. 网络图 B. 状态图 C. 协作图 D. 顺序图

29. ( )是用来描述系统中对象之间的动态协作关系,侧重于描述各个对象之间存在的消息收发关系,而不专门突出这些消息发送的时间顺序。

A. 顺序图 B. 协作图 C. 类图 D. 活动图

30. 用 UML 建立业务模型是理解企业业务过程的第一步。使用活动图 (Activity Diagram) 可显示业务工作流的步骤和决策点,以及完成每一个步骤的角色和对象,它强调( )。

A. 上下层次关系 B. 时间和顺序

C. 对象间的迁移 D. 对象间的控制流

二、名词解释

1. 对象 2. 类
3. 服务 4. 消息
5. 继承性 6. 多态性
7. 聚合 8. OOA
9. OOD 10. UML

三、问答题

1. 什么是面向对象方法学?这种方法学与结构化方法比较有哪些主要优点?

2. 对象的构成要素有哪些?分别阐述这些要素的概念。

3. 类与对象的关系是什么?

4. 对象具有状态，对象的状态用什么来描述？

5. 继承性和多态性的好处是什么？

6. 在类层次中，子类只继承一个父类的数据结构和方法以及子类继承了多个父类的数据结构和方法，它们分别称为什么？

7. 类通常有哪两种主要的结构关系？

8. 面向对象软件的开发过程有哪几个步骤？

9. 简述如何在实际工作中发现类。

10. 简述怎样发现类之间的继承关系。

11. 面向对象设计应该遵循哪些准则？简述每条准则的内容，并说明这些准则的必要性。

12. 类设计的目标是什么？

13. 一个设计模式由哪些基本成分组成？

14. 面向对象程序设计语言与其他程序设计语言的最主要差别是什么？

15. 面向对象程序设计语言主要有哪些技术特点？选择面向对象程序设计语言时主要应该考虑哪些因素？

16. 面向对象软件的测试如何进行？

17. UML 与开发语言的有何区别？

18. 类图在 UML 中有何重要作用？

19. 阐述用例对于系统开发人员来说的价值。

20. 在顺序图和协作图中，消息有哪三种？各自的意义和表示法是什么？

四、应用题

某学校需要开发一个选课系统，该系统的需求如下。

① 学生可以在某个时间段内选课，或者添加、删除、修改选课记录，超出此时间段则不能选课。在选课时间段内，如果学生最终确认了选课记录，则不能在修改选课信息。

② 每门课程人数不能少于 15 人，少于 15 人则取消该课程；选课人数达到 60 人则满，其他学生不能再选择该课。

③ 老师可以查看他所要讲授的课程和选课情况。

④ 排课员负责给老师排课，排课不能冲突。

⑤ 每门课程信息包括：课程名，课时，主讲老师，学分，教室，时间等。

⑥ 当学生选课结束并最终确认后，财务系统要根据学生选课情况，计算出学费，学生需要缴纳学费。

请你根据以上描述，完成以下任务。

① 绘制系统的用例图。

② 对学生选课用例给出详细文档说明。

③ 绘制系统的类图。类图应该包括完整的属性和方法以及类之间的关系。

④ 绘制学生选课用例的顺序图。

第8章 软 件 复 用

在软件开发过程中，尽可能复用已有的软件元素（包括源程序模块，设计文档，需求文档，测试方案，用例等），这样有助于加快开发进度，提高软件生产率，同时有利于提高软件质量。软件复用是现代软件工程的一个重要概念。在软件工程的范围内，复用既是旧概念，也是新思维。在 1968 年的 NATO 软件工程会议上，Mcilroy 第一次正式提出了构件生产的思想，软件复用开始得到广泛的重视。软件复用（software reuse）是将事先建立好的软件单元用于构造新的软件系统的过程。这个定义蕴含着软件复用必须包含如下两个方面。

① 系统地开发可复用的软件成分。这些可复用的软件成分可以叫做软构件，它可以是代码、分析、设计、测试数据、原型、计划、文档、模板、构架、框架等等。

② 系统地使用这些软构件作为构筑模块，来建立新的系统。

软件复用的出发点是应用系统的开发不再采用一切从零开始的模式，而是以已有的工作为基础，充分利用过去应用系统开发中积累的知识和经验，从而提高软件开发的效率和质量。

8.1　软件复用概述

软件复用（重用、再用）是指在两次或多次不同的软件开发过程中重复使用相同或相似的软件元素。软件元素包括需求分析说明、设计过程、设计规格说明、程序代码、测试用例甚至领域知识。对于新的软件开发项目而言，它们或者是构成整个目标软件系统的部件，或者在软件开发过程中发挥某种作用，通常将这些软件元素设计成为可复用构件。

为了能够在软件开发过程中复用现有的软构件，必须在此之前不断地进行软构件的积累，并将它们组织成软构件库。这就是说，软件复用不仅要讨论如何检索所需的软构件以及如何对它们进行必要的修剪，还要解决如何选取软构件、如何组织软构件库等问题。因此，软件复用方法学通常要求软件开发项目既要考虑复用已有软构件的机制，又要系统地考虑生产可复用软构件的机制。这类项目通常称为软件复用项目。软件复用技术实际上是一组事物的集合，这些事物包括可复用构件、分类学、复用支持系统、组装概念、方法学及其他。该技术和软件产品的大小的结合多于和复用发生规模的结合。

8.1.1　软件复用的意义

在 20 世纪 50 年代用机器语言编写程序时期，计算正弦、余弦、对数等的标准子程序包就是软件复用的早期应用。到 20 世纪 70 年代早期，语言、数据结构、操作系统等方面技术的发展都与代码的复用有关。当时软件复用的领域有限，软件的复用问题没有得到很高的重视。

以往的软件开发过程是每个项目都从头做起，不同项目之间的共享部分甚少，复用方面至多是每个开发者复用自己的积蓄。自 20 世纪 70 年代中期开始，为了缓解软件危机，许多人寄希望于软件复用技术。

软件复用具有很重要的意义。首先，软件复用能够提高软件生产率，从而减少开发代价。用可复用的构件构造系统还可以提高系统的性能和可靠性，因为可复用构件经过了高度的优化，并且在实践中经受过考验。其次，软件复用能够减少系统的维护代价。由于使用经过检验的构件，减少了可能的错误，同时软件中需要维护的部分也减少了。例如，要对多个具有公共图形用户界面的系统进行维护时，对界面的修改只需要一次，而不是在每个系统中分别进行修改。第三，软件复用能够提高系统间的互操作性。通过使用统一的接口，系统将更为有效地实现与其他系统之间的互操作性。例如，若多个通信系统都采用同一个软件包来实现 X.25 协议，那么它们之间的交互将更为方便。第四，软件复用能够支持快速原型开发，利用构架和可复用构件可以快速有效地构造出应用程序的原型，以获得用户对系统功能的反馈。第五，软件复用还能够减少培训开销、如同硬件工程师使用相同的集成电路块设计不同类型的系统一样，软件工程师也将使用一个可复用构件库来构造系统，而其中的构件都是他们所熟悉和精通的。

现在，基于构件的软件技术的成熟程度和推广速度日益增长，新的应用软件开发技术和工具以构件作为关键，以便快速地开发成应用软件。这些技术包括微软的 Visual Basic、ActiveX、OLE（Object Linking and Embedding），对象连接与嵌入，SUN Java 等。非面向对象语言（如 COBOL 和 Fortran）在复用实践中已经取得相当的成功。这些非面向对象语言构件技术的成功实践说明，实现软件复用并不限于面向对象语言构件和类库。

8.1.2　软件复用的过程

按复用活动是否跨越相似性较少的多个应用领域，软件复用可分为横向复用和纵向复用。横向复用是指复用不同应用领域的软件元素，例如数据结构、排序算法、人-机界面构件等。标准函数库是一种典型的横向复用机制。纵向复用是指在一类具有较多共性的应用领域之间复用软件构件。由于在两个截然不同的应用领域之间进行软件复用的潜力不大，所以纵向复用受到广泛关注。

纵向复用活动的关键在于领域分析，即根据应用领域的特征及相似性预测构件的可复用性。一旦根据领域分析确认了软件构件的可复用价值，即可进行软件构件的开发，并对有可复用价值的软件构件做一般化处理，使它们能够适应类似的应用领域。然后将软件构件和相关文档存入可复用构件库，成为供未来开发项目使用的可复用资源。软件重用的一般过程如下。

① 抽象。即对已有软件制品进行概括性的描述，从中抽取该制品的本质信息和结构（即可复用部分），摈弃那些与复用无关的细节。

② 选取。即用户根据自己的需求和已有软件制品的抽象，寻找、比较和选择最适合它需要的那个制品（可复用构件）。

③ 特化。即对已有制品（可复用构件）的修改或形成它的一个实例（例化后的复用构件）。

伴随着可复用构件的不断丰富，可复用构件库的规模会不断扩大，必须考虑如何组织库的结构以保证较高的检索效率。可供选择的软件构件从库中检索出来之后，用户还必须理解它的功能或行为，以判断它是否真正适合当前的应用。必要时，可考虑对某个与期望的功能或行为匹配程度最好的可复用构件进行少量的修改，甚至可将修改后的构件再加到可复用构件库中，或者替代原有可复用构件。软件复用的过程如图 8-1 所示。

软件复用的过程可借助计算机的帮助。支持软件复用的 CASE 工具的主要工作是用某种组织形式实现可复用构件的存储，提供友好的人机界面，帮助用户浏览、检索和修改可复用构件库，对用户感兴趣的软件构件进行解释。

8.1.3 软件复用的类型

软件复用的范围不仅仅涉及源程序代码，可复用的软件要素可分为 10 种。

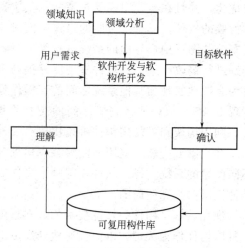

图 8-1 软件复用的过程

（1）项目计划 软件项目计划的基本结构和许多内容（例如，SQA 计划）均是可以跨项目复用的。这样减少了用于制定计划的时间，也减低了和建立进度表、风险分析和其他特征相关的不确定性。

（2）成本估算 因为经常不同项目中含有类似的功能，所以有可能在极少修改或不修改的情况下，复用对该功能的成本估计。

（3）体系结构 即使当考虑不同的应用领域时，也很少有截然不同的程序和数据体系结构。因此，有可能创建一组类属的体系结构模板（例如事务处理体系结构），并将那些模板作为可复用的设计框架。

（4）需求模型和规格说明 类和对象的模型和规约是明显的复用的候选者，此外，用传统软件工程方法开发的分析模型（例如，数据流图）也是可复用的。

（5）设计 用传统方法开发的体系结构、数据、接口和过程化设计是复用的候选者，更常见的是系统和对象设计是可复用的。

（6）源程序代码 验证过的程序构件（用兼容的程序设计语言书写）可以复用。

（7）用户文档和技术文档 即使特定的应用是不同的，也经常有可能复用用户和技术文档的大部分。

（8）用户界面 可能是最广泛被复用的软件制品，GUI 软件经常被复用。因为它可占到一个应用的 60% 的代码量，因此，复用的效果非常显著。

（9）数据结构 在大多数经常被复用的软件制品中，数据包括内部表、列表和记录结构以及文件和完整的数据库。

（10）测试用例 只要将某种设计或代码构件定义成可复用构件，相关的测试用例就应成为这些构件的附件。

8.1.4 分层式体系结构

所谓分层式体系结构，是按层次来组织软件的一种软件体系结构，每层软件建立在低一层的软件层上。位于同一层的软件系统或子系统具有同等的通用性，下一层的软件比上一层的软件通用性更强。一个层次可视为同等通用档次的一组（子）系统。

在分层式体系结构中最高层是应用系统层，可包容诸多应用系统。次高层是构件系统层，可包括多个构件系统，用于建立应用系统。这个构件层中的诸多构件系统又可建立在更低层次的构件系统之上。按此组织原则可定义出诸多形式的分层式体系结构，层的数目、名称、内容都可随情况而定。这里介绍如图 8-2 所示的一种体系结构，它是一种较为典型的四层次的分层式体系结构。

最高层是应用软件层。该层包括多个应用系统，每个应用系统向系统的用户提供一组使用事例。有的应用系统还可具有不同的版本或若干变体。应用系统可以通过其接口与其他系

统进行操作，还可以通过底层软件提供的服务或对象（如操作系统、特定业务服务）间接地
与其他系统交互操作。

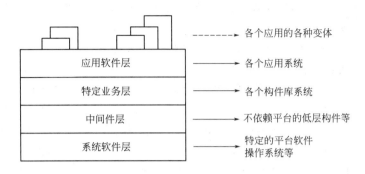

图 8-2　一种分层式体系结构

次高层是待定业务层。该层应当包括针对不同业务类型的一系列构件库系统。这样的构
件库向用户提供可复用的使用事例和对象构件，用于开发应用系统，支持复用业务。

中间件层在次高层下面。它为次高层的诸构件系统提供使用软件类，以及不依赖平台的
服务。例如，在异种机型环境下的分布式对象计算等。此层常包括图形用户界面（GUI）构
筑者使用的构件系统、与数据库管理系统（DBMS）的接口、不依赖平台的操作系统服务、
对象请求代理（ORBs，Object Request Brokers）、对象链接和嵌入（OLE，Object Linking
and Embedding）、构件，如电子表格和框图编辑器。这些软件主要供应用软件和构件的开
发人员使用来专心构筑业务构件和应用系统。

系统软件层是最底层，此层包括用于计算和网络等基础设施软件，如操作系统、专用的
硬件接口软件等。

目前出现了一些专用操作系统，提供了不依赖于平台的服务。因此中间件层和系统软件
层有时模糊不清。一般在这两层之间很难精确地规定哪层应当包括哪些软件。例如 Java，
它是一种语言，故它位于系统软件层，还可以把 Java 看做组织、分布对象的一个重要部分，
通过 Java 可以将对象移到不同的机器上，从而改变客户机服务器系统的应用划分。从另一
个角度来看，Java 的一个重要部分又属于中间件层，至少中间件层的许多软件是用 Java 编
写的，因此又可把 Java 安置在中间件层。

为了确保分层式系统的可管理性，规定在一个系统内，不能从低层复用高层的构件。一
个分层式系统有两维。水平方向是在同层次内的相互引用的多个系统，垂直方向表达了跨层
次的静态依赖关系。

8.1.5　复用的难度

对软件可复用性不断增加的关注意味着这一问题仍然存在混乱，虽然很多产业观察员承
认某些现存的软件开发实践将必须改变，但是，他们似乎并不知道哪些特定的方面需要改
变。对软件复用还存在一系列障碍，为了开发一个有效的复用策略，管理者（以及技术人
员）必须知道这些障碍是什么。

① 很少有公司和组织具有和全面的软件复用计划有一点点相似之处的任何东西。
虽然很多公司和组织有某些人在某些地方正在"研究"该概念，但很少有谁试图在不
远的未来去实现这样一个计划。软件复用对很多软件公司来说均不是"最高优先
级的"。

② 虽然越来越多的软件商正在销售对软件复用提供直接辅助的工具或构件，但大多数软件开发者并不使用它们。帮助进行软件复用的软件产品包括：提供对基础设施支持的（例如，可复用构件库，浏览器），帮助创建可复用构件的工具，以及完整的软件复用系统——专门为辅助和鼓励软件复用而设计的工具和软件构件。

③ 几乎没有相应的培训用以帮助软件工程师和管理者理解和应用复用。不仅只有很少针对复用的培训，而且这方面的话题在大多数软件工程培训教材中仅被概略地提到。

④ 很多软件实践者仍然相信复用"相对于其价值来说带来更多麻烦"。我们经常会听到技术人员罗列一个长长的关于"复用软件的缺点"，管理者似乎也相对地愿意维持现状。即使当管理者购买了对软件复用必需的工具和培训，反对该概念的职员仍然很多。

⑤ 很多公司继续鼓励对复用无促进的软件开发方法学（例如，功能分解），而不鼓励那些可能对复用有促进的方法学（例如，面向对象方法）。

⑥ 很少有公司对生产可复用的软件构件有激励措施。事实上，还存在阻碍。当前项目的客户对用于开发可复用构件有额外投资费用是犹豫的，作为结果，项目管理者推动用尽可能特定的程序构件来完成指定工作。

除了必须强调的技术问题，很多其他相关问题对复用也有影响。政治的、管理的、法律的、文化的、财政的、市场的、以及产品化等方面问题也必须考虑。

8.2　构件与构件库

8.2.1　领域分析

领域分析的目的是标识、构造、分类和传播一组软件制品，它们对某特定应用领域中对现存的和未来的软件系统具有很好的适用性。其整体目标是建立相应的机制，以使得软件工程师在工作于新的或现存的系统时可以分享这些软件制品——复用它们。

从软件工程的观点看，领域是向应用软件系统提供应用所需求的问题和背景知识。领域分析与常规的需求分析有相似之处，它们都是软件开发过程中直接基于应用领域的活动，并且都要构筑应用领域的模型。但是，领域分析要比需求分析有更为广阔的视角，不仅要服务于当前的应用，而且要从领域的历史项目中发现这些项目之间的共同点和差异点，并考虑同类或相似应用领域的未来软件项目。

需求分析的某些技术可以在领域分析过程中使用，需求分析描述语言（数据流图、E-R图、面向对象的需求描述机制等）也可作为领域语言的基础。但领域必须进行一般化、抽象化和参数化，以抽象后的领域模型元素表示同类领域中不同软件项目的可适应性和灵活性、领域分析过程大致可分为以下几步：发现并描述可复用的实体；对这些实体及它们之间的关系进行抽象化、一般化和参数化；对可复用的实体进行分类、归并，以备复用。

在大多数的软件复用中，都涉及创建过程的一个重要活动，即界定潜在的可复用资产。在此活动中需要一整套的界定方法，以及确保可复用资产将被复用的一个体系结构。这个活动称为领域工程。而应用系统开发过程或复用过程称为应用系统工程。系统的软件复用的实质是创建者先投资，即界定并仔细地创建可复用资产，复用者利用它们可以又快又省地开发应用软件。

8.2.2　构件的开发

领域分析的结果为可复用构件的选取提供了指导原则。一旦确定了某些软件元素为可复用构件并要加入到可复用构件库中，软件开发人员就必须实际构造它们。由于软件构件的生存期将跨越开发项目，甚至应用领域，可复用构件必须更为通用、更容易组装到新的软件系统中，并且在新的运行环境下能表现出更好的健壮性。每个构件都要精心地进行设计和实现，使它具有适当的灵活性，能够与其他构件协同工作，向复用者提供适当层次的功能。对构件应当仔细地建模、实现、制作文档、测试，以便于以后的维护和改进。

代码级复用是最简单，也是用得最多的。但可复用软件构件不仅包括代码级构件，还涵盖领域知识、需求分析文档、设计文档、测试方案、测试用例等软件元素。这些级别上的构件可更好地发挥复用技术的潜力，同时也是代码级复用的必要补充。

（1）需求级和设计级的软件构件　需求级软件构件通常包括问题及子问题描述、有关领域知识、相应需求规格说明。设计级软件构件包括设计规格说明、设计决策描述、响应的设计文档。

需求级和设计级软件构件的开发必须遵循以下两条原则。

① 将构件应用的上下文与构件严格分离。

② 利用抽象化、参数化等手段提取公共特征，增强构件对不同应用项目的适应能力。

若能将需求级软件构件和设计级软件构件结合起来，使两者的复用同时发生，就能够简化对这些软件构件的理解和组装过程，有助于代码级软件构件的提取和理解。借助较高抽象级别的软件构件可望提高复用的效能，这样不仅能够复用代码，而且能够复用需求模型和设计方案。

（2）代码级的软件构件　代码级复用是迄今为止研究最深入、应用最广泛的复用技术。代码级软件构件不仅应包含通常的程序代码段，还应有相应的注释和上下文说明，可以用结构化语言或其他标示机制描述，但最好以相应的需求级或设计级软件构件的形式出现。传统上代码级软件构件的主体是子程序（过程或函数），基于对象/面向对象程序设计语言及相应的开发环境下软件构件可以用 Ada 程序包或 C＋＋类来实现。

开发代码级软件构件与通常程序设计活动不同，其主要区别是，软件开发人员必须运用各种抽象化手段，以挖掘公共特征，分离构件的应用上下文、功能和行为，从而提高可复用性。典型的抽象方法有以下三种。

① 功能抽象。软件构件的功能由接口说明中的输入输出关系确定，而具体实现细节对构件的使用者隐藏起来。

② 数据抽象。在功能抽象的基础上记忆并隐藏除接口参数外的所有数据。构件的功能、行为由输入参数和构件本身记忆的内部状态决定。构件的内部状态可由构件的内部操作来更新。面向对象程序设计语言中的"类"是一种典型的基于数据抽象的软件构件。

③ 过程抽象。在数据抽象的基础上进一步实现同一软件构件上并发执行的多个线程的无关性。软件构件提供端口，以便多个用户同时访问软件构件中的资源时进行同步控制。访问请求首先进入等待队列，软件构件就绪后从队列中取出请求逐个执行。使用构件的多个线程之间通过全局数据共享或消息传递机制进行信息交换。无论各线程操作序列之间的相对时序如何变化，软件构件的设计必须保证构件接口元素的功能和行为在语义上的正确性。

（3）程序设计的主要原则　可复用性、可理解性、正确性和易组装性是衡量软件构件质量的重要标准，这些标准都与构件程序设计风格密切相关。代码级构件开发者必须遵循以下程序设计原则。

① 可复用性和易组装性

• 抽象化，参数化、模板化；

- 显式建立构件的外部接口，保证接口在语法上和语义上的清晰性；
- 除参数外接口中的成分不应与运行环境有关；
- 使用构件的信息应与构件的实现细节相分离；
- 构件接口的使用方式、功能和行为模式应遵循领域分析所确定的公共标准。

② 正确性

- 使用显式的、标准的、完备的出错处理机制；
- 使用强类型的程序设计；
- 在构件上附加重要的测试数据和测试报告。

③ 可理解性

- 提供完全的、精确的文档和程序注释；
- 构件内部的结构、数据和控制流程必须标准化；
- 使用统一的命名规则和语法约定。

（4）软件构件的质量保证　由于软件构件将在多种硬件和软件环境下运行，对可复用构件除用一般的软件工程质量保证措施外，还要进行特殊的质量保证。

① 构件的开发者应利用现有的硬件和软件，在尽可能多的环境下进行各种标准测试。

② 在构件的设计过程中必须预先考虑构件对于各种硬件环境的可移植性和不同软件环境的适应能力。

③ 尽可能将构件中与环境有关的因素抽象成构件的参数，或者将这些因素作为使用构件的约束条件在接口说明中详细阐述。

④ 对可能引发移植性错误和适应性错误的出错源进行分类，针对每类出错源制定相应的防范和测试措施。

⑤ 制定并执行统一的、良好的程序设计风格。

⑥ 成立构件质量保证小组，其主要任务是制定构件质量标准和质量保证计划，对构件开发过程进行监控。

8.2.3　构件库的组织

对收集和开发的软件构件进行分类，并放入可复用构件库的适当位置。可复用构件库的组织应当便于构件的存储和检索，要求如下。

- 支持构件库的各种维护操作。增、删、更新构件库的操作应不影响构件库的结构。
- 不仅能支持精确匹配，还应支持相似构件的查询。
- 不仅能进行简单的语法匹配，而且能查找在功能行为上等价或相似的构件。
- 对应用领域（族）有较强的描述能力和较好的描述精确度。
- 便于构件库管理员和用户的使用。
- 具备自动化的潜力。

可复用构件库的组织方法有枚举分类法、关键词分类法、多面分类法、超文本组织法、3C 模型法等。下面用超文本组织法来理解可复用构件库的组织方法。

超文本是一种非线性的网状信息组织方法，以节点作为基本单位，链作为节点之间的联想式关联。Windows 环境下的联机帮助就是典型的超文本系统。

超文本组织法与基于全文检索技术，其基本思想是：所有构件都必须辅以详细的功能或行为说明文档，说明中出现的概念和构件以网状链接方式相互连接。检索者在阅读文档的过程中可按照联想思维方式任意跳转到包含相关概念或软件构件的文档中去。全文检索系统将用户给出的关键词与说明文档中的文字进行匹配，实现软件构件的浏览式检索。

为了构造可复用构件库的文档，首先要根据领域分析的结果在说明文档中标示超文本结点，并在相关文档中建立链接关系。

8.2.4　软件构件的复用

（1）检索和提取构件　可复用构件库的检索方法与库的组织方式密切相关。如超文本检索方法的步骤是：用户首先给出一个或若干个关键词，系统在构件的说明文档中进行精确的或模糊的语法匹配。匹配成功后，向用户提供相应的构件说明。这些构件说明是含有许多超文本结点的正文。用户在阅读这些正文时可实现多个构件说明文档之间的自由跳转，最终选择合适的构件。为了避免用户在跳转过程中迷失方向，系统可以通过图形用户界面显示浏览历史图，允许将特定画面定义为有名"书签"并可随时跳转到"书签"。此外，还可以帮助用户按照跳转路径的逆向逐步返回。

（2）理解与评价构件　准确地理解构件，对于正确地使用和修改构件，都是至关重要的，考虑到设计信息对于非开发人员理解构件的必要性和可复用构件库的用户逆向发掘设计信息的困难性，因此构件的开发过程必须遵循公共的软件工程规范，并在可复用构件库的说明文档中全面、准确地说明下列内容。

① 构件的功能和行为。

② 相关的领域知识。

③ 可适应性约束条件和例外情况。

④ 可以预见的修改部分和修改方法。

对软件构件的可复用性进行评价，主要是收集和分析构件的用户在实际复用构件过程中所得出的各种反馈信息，按照某种领域模型来完成，这些反馈信息包括复用成功的次数、对构件的修改工作量、构件的健壮性度量（如出错数量）、性能度量（如执行效率和资源消耗量）等。

（3）修改构件　理想的情况是对可复用构件库中的构件不作修改就直接用于新的软件项目。但是，在多数情况下，需要对构件作或多或少的修改以适应新的需求。为了减少修改的工作量，要求构件的开发人员尽量使构件的功能、行为和接口抽象化、通用化、参数化。这样，构件的用户可以通过对实际参数的选择来调整构件的功能或行为。如果这种调整仍不能使构件适应新的软件项目，用户就必须借助设计信息和说明文档来理解、修改构件。因此，与构件有关的说明文档和那些抽象层次更高的设计信息对于构件的修改至关重要。

（4）构件的合成　构件合成是指将可复用构件库中的构件（经适当修改后）相互连接，或将它们与当前软件项目中的软件元素相连接以构成最终的目标系统。

8.3　面向对象的软件复用

由于封装和继承的特性，面向对象方法比其他软件开发方法更适合于支持软件复用。封装意味着可以将表示构件的类看作黑盒子。用户只需了解类的外部接口，即了解它能够响应哪些消息，相应的对象行为是什么，继承是指在定义新的子类时，可利用可复用构件库中已有的父类的属性和操作。当然，子类也可以修改父类的属性与操作，或者引进新的属性与操作。构件的用户不需要了解构件的实现细节。

面向对象技术中的"类"是较理想的可复用构件，称之为类构件；将面向对象的可复用构件库称为可复用类库（简称类库）。

8.3.1 类构件

（1）实例复用 由于类的封装性，使用者无需了解实现细节，就可以使用适当的构造函数按照需要创建类的实例。再向创建的实例发送适当的消息，启动相应的服务。这是最基本的实例复用方式。此外，还可以用几个简单的对象作为类的成员，创建出一个更复杂的类，这是另一种实例复用的方式。

（2）继承复用 面向对象方法特有的继承性提供了一种对已有的类构件进行裁剪的机制。当已有的类构件不能通过实例复用完全满足当前系统需求时，继承复用提供了一种安全地修改已有类构件的手段，以便在当前系统中复用。为提高继承复用的效果，关键是设计一个合理的、有一定深度的类构件继承层次结构。这样做有两个好处，一是每个子类在继承父类的属性和服务的基础上，只加入少量新属性和服务，这不仅降低了每个类构件的接口复杂度，表现出一个清晰的进化过程，提高了每个子类的可理解性，而且为软件开发人员提供了更多的类构件。二是为多态性复用奠定了良好的基础。

（3）多态复用 利用多态性不仅可以使对象的对外接口更加一般化（基类与派出类的许多对外接口是相同的），从而降低了消息连接的复杂程度，而且还提供了一种简便可靠的构件组合机制。系统运行时，根据接收消息的对象类型，由多态性机制启动正确的方法，去响应一个一般化的消息，简化了消息界面和构件连接过程。

为更好地实现多态复用，在设计类构件时应当把注意力集中在下列一些可能影响复用性的操作上。

① 与表示方法有关的操作，如不同实例的比较、显示等。

② 与数据结构、数据大小等有关的操作。

③ 与外部设备有关的操作，如设备控制。

④ 实现算法在将来可能会改变的核心操作。

必须预先采取适当措施，把上述这些操作从类的操作中分离出来，作为适配接口。还可以把适配接口再进一步细分为转换接口和扩充接口。转换接口是为了克服与表示方法、数据结构或硬件特点相关的操作给复用带来的困难而设计的，这类接口是每个类构件在复用时必须重新定义的服务的集合。当使用C++语言编程时，应当在根类（或适当的基类）中，把属于转换接口的服务定义为纯虚函数。若某个服务有多种可能的实现算法，则应把它当作扩充接口。扩充接口与转换接口不同。并不需要强迫用户在派生类中重新定义，相反，如果在派生类中没有给出扩充接口的新算法，则将继承父类中的算法。当用C++实现时，在基类中把这类服务定义为普通的虚函数。

8.3.2 类库

（1）类库的构造 可复用基类的建立取决于领域分析阶段对当前应用（族）中有一般适用性的对象和类的标识，类库的组织方式采用类的继承层次结构，这种结构与现实问题空间的实体继承关系有某种自然、直接的对应。同时，类库的文档以超文本方式组织，每个类的说明文档中都可以包含指向其他说明文档的关键词结点的链接指针。

（2）类库的检索 一般地，类库的组织方式直接决定对类库的检索方式。常用的类库检索方法是对类库中类的继承层次结构进行树形浏览，以及进行基于类库文档的超文本检索。借助树形浏览工具，类库的用户可以从树的根部（继承层次的根类）出发，根据对于可复用基类的需求，逐层确定它所属的语法、语义范畴，然后确定最合适的基类。借助类库的超文本文档，用户一方面可以在类库的继承层次结构中查阅各基类的属性、操作和其他特征，另一方面可按照基类之间的语义关联实现自由跳转。

需要强调的是，对类库检索时并不要求待实现的类与类库中的基类完全相同或极其相似，只希望待实现的类与基类之间存在某种自然的继承关系，或基类能够提供属性、操作供待实现的子类选用。

（3）类的合成　如果从类库中检索出来的基类能够完全满足新软件项目的需求，则可以直接复用。否则，必须以类库中的基类为父类，采用构造法或子类法派生出子类。面向对象的复用技术通常不允许用户修改库中的基类，如果对类库进行扩充或修改，应当调整类库的继承结构以把新的子类加入到适当位置。

① 构造法。为了在子类中使用类库中基类的属性和操作，可以考虑在子类中引进基类的实例作为子类的实例变量。然后，在子类中通过实例变量来复用基类的属性或操作，构造法用到面向对象方法的封装特性。

② 子类法。与构造法完全不同，子类法把新子类直接说明为类库中基类的子类。通过继承、修改基类的属性和操作来完成新子类的定义。子类法利用了面向对象方法的封装特性和继承特性。

8.4　实验实训

1. 实训目的

① 通过实训使学生加深理解和巩固软件复用的相关知识。

② 培养学生调查研究、查阅文献资料的能力，提高学生独立分析问题和解决问题的能力。

③ 通过实际题目，体会软件复用的优点、难度及技巧。

2. 实训内容

认真审视已完成的"图书借阅管理系统"。

① 从中挖掘可复用的构件并尝试组建构件库。

② 尝试从软件复用角度出发对某些功能模块进行再分析、设计及编码（例如设计通用的数据库连接模块、设计通用的简单查询模块、设计通用的用户登录界面模块等）。

③ 总结在不同的信息管理系统中，哪些构件可复用。

3. 实训要求

① 熟悉软件复用的相关知识。

② 在项目开发过程中增强软件复用意识。

小　　结

使用软件复用技术能够提高软件生产效率，有助于改善软件质量。软件复用是一种利用已有软件元素开发新软件系统的方法。建立构件库是软件复用的有效途径，构件的检索、提取与构件库的组织方法有密切关系。面向对象方法更适于支持软件复用。

习　题　八

一、选择题

1. 软件复用可以分为横向复用和（　　　）。

A. 逻辑复用　　　　　B. 代码复用　　　　　C. 纵向复用　　　　　D. 文档复用

2. 纵向复用的关键在于（　　）。

A. 领域分析　　　　　　B. 需求分析　　　　　C. 可复用模块设计　　　D. 问题定义

3. 以下软件要素中，（　　）不能被复用。

A. 体系结构　　　　　　B. 注释　　　　　　　C. 用户界面　　　　　　D. 项目计划

4. 由于软件构件将在多种硬件和软件环境下运行，对可复用构件除用一般的软件质量保证措施外，还应（　　）。

A. 在不同的环境下测试　　　　　　　　　　B. 由不同的人员测试

C. 增加测试部门　　　　　　　　　　　　　D. 加大评审力度

5. 类构件的复用不包括（　　）。

A. 实例复用　　　　　　B. 继承复用　　　　　C. 多态复用　　　　　　D. 消息复用

二、名词解释

1. 软件复用

2. 横向复用

3. 抽象

4. 特化

5. 分层体系结构

6. 领域

三、简答题

1. 简述软件复用的意义。

2. 可以复用的软件要素有哪些？

3. 简述软件复用的过程。

4. 软件复用的困难在哪些方面？

5. 怎样构建构件库？

6. 试述类构件的复用。

第 9 章 软件项目管理

软件工程包括软件开发技术和软件工程管理。软件工程管理是对软件项目的开发管理。具体地说，就是对整个软件生存期的一切活动进行管理。本章主要任务有：软件项目管理概述，包括软件项目管理的重要性和软件项目管理的内容，软件项目规模估算方法，软件项目计划管理，软件项目风险管理，软件项目人力资源管理，软件配置管理，软件度量，软件质量管理，软件能力成熟度模型。

9.1 软件项目管理概述

9.1.1 软件项目管理的重要性

软件项目管理是为了使软件项目能够按照预定的成本、进度、质量顺利完成，而对人员（People）、产品（Product）、过程（Process）和项目（Project）进行分析和管理的活动。为了对付大型复杂的软件系统，须采用传统分解的方法。软件项目的分解是从横行和纵向即空间和时间两个方向进行的。横向分解就是把一个系统分解为若干个小系统，小系统分解为子系统，子系统分解为模块，模块分解为过程。纵向分解就是生存期，把软件开发分为几个阶段，每个阶段有不同的任务、特点和方法。为此，软件项目管理需要相应的管理策略。

软件项目管理和其他项目管理相比有相当的特殊性。首先，软件是纯知识产品，其开发进度和质量很难估计和度量，生产效率也难以预测和保证；其次，软件系统本身的复杂性也导致了开发过程中各种风险的难以预见和控制。Windows 这样的操作系统有 1500 万行以上的代码，同时有数千个程序员在进行开发，项目经理都有上百个。这样庞大的系统如果没有很好的管理，其软件质量是难以想象的。

9.1.2 软件项目管理的内容

软件项目管理的根本目的是为了让软件项目尤其是大型项目的整个软件生命周期（从分析、设计、编码到测试、维护全过程）都能在管理者的控制之下，以预定成本按期、按质的完成软件交付给用户使用。而研究软件项目管理为了从已有的成功或失败的案例中总结出能够指导今后开发的通用原则和方法，同时避免前人的失误。

软件项目管理的内容主要包括如下几个方面：软件项目估算，软件项目计划，软件项目风险，软件项目人力资源，软件配置，软件度量，软件质量保证，软件过程能力评估。这几个方面都是贯穿、交织于整个软件开发过程中的，其中，软件项目估算是制订项目计划的基础；软件项目计划主要包括工作量、成本、开发时间的估计，并根据估计值制定和调整项目组的工作；风险管理预测未来可能出现的各种危害到软件产品质量的潜在因素并由此采取措施进行预防；人力资源管理把注意力集中在项目组人员的构成、优化；软件配置管理针对开发过程中人员、工具的配置、使用提出管理策略；软件度量关注于用量化的方法评测软件开发中的费用、生产率、进度和产品质量等要素是否符合期望值，包括过程度量和产品度量两个方面；质量保证是保证产品和服务充分满足消费者要求的质量而进行的有计划、有组织的活动；软件过程能力评估是对软件开发能力的高低进行衡量。

9.1.3　软件项目管理的特点

软件项目是以软件为产品的项目。软件产品的特质决定了软件项目管理和其他领域的项目管理有不同之处。

（1）软件产品的特点

软件是非物质性的产品，而且是知识密集型的逻辑思维的产品。它具有以下特性。

① 软件具有高度的抽象性，软件及软件生产过程具有不可见性。

② 同一功能软件的多样性，软件生产过程的易错性。

③ 软件在开发和维护过程中的易变性。

④ 不同开发者之间思想碰撞的易发性。

（2）软件项目管理的特殊性

① 智力密集，可见性差。软件工程过程充满了大量高强度的脑力劳动。软件开发的成果是不可见的逻辑实体，软件产品的质量难以用简单的尺度加以度量。对于不深入掌握软件知识或缺乏软件开发实践经验的人员，是不可能领导做好软件管理工作的。软件开发任务完成得好也看不见，完成得不好有时也能制造假象，欺骗外行的领导。

② 单件生产。在特定机型上，利用特定硬件配置，由特定的系统软件或支撑软件的支持，形成了特定的开发环境。再加上软件项目特定的目标，采用特定的开发方法、工具和语言，使得软件具有独一无二的特色，几乎找不到与之完全相同的软件产品。这种建立在内容、形式各异的基础上的研制或生产方式，与其他领域中大规模现代化生产有着很大的差别，也自然会给管理工作造成许多实际困难。

③ 劳动密集，自动化程度低。软件项目经历的各个阶段都渗透着大量的手工劳动，这些劳动十分细致、复杂和容易出错。尽管近年来开展了软件工具和 CASE 的研究，但总体来说，仍远未达到自动化的程度。软件产业所处的这一状态，加上软件的复杂性，使得软件的开发和维护难以避免出错，软件的正确性难于保证，软件产品质量的提高自然受到了很大的影响。

④ 使用方法繁琐，维护困难。用户使用软件需要掌握计算机的基本知识，或者接受专门的培训，否则面对多种使用手册、说明和繁琐的操作步骤，学会使用要花费很大力气。另一方面，如果遇到软件运行出了问题，且没有配备专职维护人员，又得不到开发部门及时的售后服务，软件的使用者更是徒唤奈何。

⑤ 软件工作渗透了人的因素。为高质量地完成软件项目，充分发掘人员的智力才能和创造精神，不仅要求软件人员具有一定的技术水平和工作经验，而且还要求他们具有良好的心理素质。软件人员的情绪和他们的工作环境，对他们工作有很大的影响。与其他行业相比，它的这一特点十分突出，必须给予足够的重视。

（3）软件项目管理功能

软件项目管理的功能包括人员、资源和过程管理。软件开发是智力密集型劳动，项目成员的角色包括需求分析人员、系统设计人员、编码人员、测试人员和维护人员等。在大的软件项目中，一个人一般只承担一种角色，而在小的软件项目中，一个人可能同时兼任多种角色。只有合理地组织和配备人员，充分调动每个人的工作积极性，项目开发才能顺利进行。开发软件项目，除了人力资源以外，还需要资金、场地、设备、工具软件等多种资源，对资源合理地分配和调度也是保证项目成功的一个关键因素。另外，项目管理者必须根据项目的特点，选择一个适当的过程模型，并随时跟踪项目的进展，控制项目的风险，保证项目能够按计划完成。

9.2　软件项目的估算

一个成功的软件项目首先要有一个好的起点，也就是一个合理的项目计划；一个好的项目计划，离不开一个准确的、可信的、客观的项目估算数据作为基础。如何提高估算的准确性是本节的主要任务。

9.2.1　估算前的规划

估算之前，首先要对众多信息进行整理、归类分析，从而得到一个条理清晰的项目计划，在这个计划提供的框架内，才可能开始正确的估算。软件项目规划的重点是对人员角色、任务进度、经费、设备资源、工作成果等等做出合适的安排，制定出一些计划（包括高层的和细节的），使大家按照计划行事，最终顺利地达到预定的目标。

（1）规划的第一步：确定软件范围

确定软件范围，就是确定目标软件的数据和控制、功能、性能、约束、接口以及可靠性。这项工作和需求分析是很类似的，如果之前已经达成需求分析规约，那么可以直接从《需求分析说明书》中把有用的部分拿来使用。如果还没有开始需求分析，关于确定软件范围的方法方面，可以采用许多需求分析技术（如需求诱导），从客户那里得到一个具体的软件范围。当然如果是一次全新的软件边界探索，就应当考虑软件本身可行性问题，包括团队是否具备在技术、财务、时间、资源上游可靠的保障，软件本身在市场上是否有可靠的竞争优势等等。

（2）规划的第二步：确定工作所需资源

软件工作所需资源包括：工作环境（软硬件环境、办公室环境）、可复用软件资源（构件、中间件）、人力资源（包括不同各种角色的人员：分析师、设计师、测试师、程序员、项目经理……）。这三种资源的组成比例，可以看作一个金字塔的模式，最上面是人力资源、其次是可复用软件资源、最下面是工作环境。最上面的是组成比例最小的，最下面的是组成比例最大的部分。

到此为止，估算前的项目计划已经完成，已经形成一个工程开发框架。这是一个有界限的框架，虽然还不够精确，但足以进行估算的工作。

9.2.2　估算的对象

软件项目的属性有很多，建议至少以下属性要在项目计划时对其进行估算。

（1）规模估算　软件估算首先要将整个工程的规模估算出来，才能进行下面的其他估算。规模，就是一个工程可量化的结果，是用具体数字来体现项目的描述。规模估算的信息来源是清晰、有界限的用户需求。

（2）工作量估算　它是对开发软件所需工作时间的估算，与进度估算一起决定了开发团队的规模和构建。通常以人时、人天、人月、人年的单位来衡量，这些不同单位之间可以进行合理的转换。

（3）进度估算　进度是项目自始至终之间的一个时间段。进度以不同阶段的里程碑作为标志。进度估算是针对以阶段为单位的估算，而不是对每一个细小任务都加以估算，对任务的适当分解很重要，分解得越细反而会不准确。因为任何一个软件工程，在各个方面都有与生俱来的不确定性。

（4）成本估算　包括人力、物质、有形的、无形的支出成本估算，其中以人力成本为主要部分。比较容易被忽视的是学习成本、软件培训成本、人员变动风险成本、开发延期成本等，一些潜在成本消耗。

9.2.3 估算的策略

在软件估算的众多方法中，存在着"自顶向下"和"自底向上"两种不同的策略，两种策略的出发点不同，适应于不同的场合使用。

（1）自顶向下的策略 这是一种站在客户的角度来看问题的策略。它总是以客户的要求为最高目标，任何估算结果都必须符合这个目标。其工作方法是，由项目经理为主的一个核心小组根据客户的要求，确定一个时间期限，然后根据这个期限，将任务分解，将开发工作进行对号入座，以获得一个估算结果。

当然由于这完全是从客户要求出发的策略，而软件工程是一个综合项目，几乎没有哪个项目能完全保质保量按照预定工期完工，那么这样一个策略就缺少了许多客观性。但是由于这样完成的估算比较容易被客户、甚至被项目经理所接受，在许多公司我们看到这样一个并不科学的策略仍然被坚定地执行着。

（2）自底向上的策略 自底向上的策略是一种从技术、人性的角度出发看问题的策略，在这样一个策略指引下，将项目充分讨论得到一个合理的任务分解。在将每个任务的难易程度，每个任务依照项目成员的特点、兴趣特长进行分配，并要求进行估算。最后将估算加起来就是项目的估算值。

显然自底向上的这种策略具有较为客观的特点，但是它的缺点就是这样一来项目工期就和客户的要求不一致了。而且由于其带来的不确定性，许多项目经理也不会采用这种方法。

9.2.4 估算的方法

估算方法有很多，大致分为基于分解的技术和基于经验模型两大类。基于分解的技术的方法包括代码行（LOC）估算法、功能点估算法（FP）等；基于经验模型的方法包括 IBM 模型、CoCoMo 模型、Putnam 等。

（1）LOC 估算法 该方法适用于规模估算。它依据以往开发类似产品的经验和历史数据，估计实现一个功能所需要的源程序行数。当有以往开发类似产品的历史数据可供参考时，用这种方法估计出的数值还是比较准确的。把实现每个功能所需要的源程序行数累加起来，就可得到实现整个软件所需要的源程序行数。

LOC 估算法的主要优点：代码是所有软件开发项目都有的"产品"，而且方便计算、容易监控、能反映程序员的思维能力。

LOC 估算法的缺点：源程序仅是软件配置的一个成分，用它的规模代表整个软件的规模似乎不太合理；用不同语言实现同一个软件所需要的代码行数并不相同；这种方法不适用于非过程语言。

（2）FP 估算法 该方法适用于规模估算。它是基于客观的外部应用接口和主观的内部应用复杂度以及总体的性能特征。该方法依据对软件信息域特性和软件复杂性的评估结果，以功能点为单位度量软件规模，估算软件规模。该方法的计算公式是：

$$功能点 = 信息处理规模 \times 技术复杂度$$

其中，信息处理规模包括各种输入、输出、查询、内部逻辑文件数、外部接口文件数等等；技术复杂度包括性能复杂度、配置项目复杂度、数据通信复杂度、分布式处理复杂度、在线更新复杂度等。

FP 估算法的具体估算过程是：首先对估算功能单元的类型进行识别；然后计算每种类

型的复杂度；第三是计算总体的调整前的功能点数；最后根据调整因子对功能点数进行调整。

FP 估算法的优点是：FP 和程序设计语言无关，使得它既适合于传统的语言，也可用于非过程语言；它是基于项目开发初期就可能得到的数据。

FP 估算法的缺点是：该方法需要某种"人的技巧"，因为计算是基于主观的而非客观的数据；信息处理模块的计算可能难以搜集事后信息；FP 没有直接的物理含义，它仅仅是个数据而已。

（3）CoCoMo 估算模型　　CoCoMo 估算方法适用于工作量估算、工期估算。1981 年，Boehm 提出构造性成本模型（Constructive Cost Mode，CoCoMo 模型）。CoCoMo 模型按其详细程度分为基本 CoCoMo、中级 CoCoMo 和高级 CoCoMo 3 个级别。

CoCoMo 模型将软件项目类型分为组织型、半独立型和嵌入型。组织型指在本机内部的开发环境中的小规模产品，对需求不苛刻，开发人员对开发目标理解充分，相关的工作经验丰富。嵌入型指软件在紧密联系的硬件、其他软件和操作的限制条件下运行，通常与硬件设备紧密结合在一起，因此同样的软件规模，其开发难度要大些，估算工作量要大得多。半独立型介于组织型和嵌入型之间，软件规模和复杂性属于中等以上。

① 基本 CoCoMo 模型　　基本 CoCoMo 模型是一个静态单变量模型，它是对整个软件系统进行估算。其估算公式：

$$E=a(L)^b$$
$$D=c(E)^d$$

其中，E 表示工作量，单位为人/月；D 表示开发时间，单位为月；L 是项目的源代码行估计值，不包括程序中的注解及文档，单位为千行代码；a、b、c、d 是常数，代表不同软件开发方式的值见表 9-1 所示。

表 9-1　基本 CoCoMo 模型参数

方式	a	b	c	d
组织型	2.4	1.05	2.5	0.38
半独立型	3.0	1.12	2.5	0.35
嵌入型	3.6	1.20	2.5	0.32

由以上公式可以导出生产率和所需人员数的公式：

$$生产率=K/E（代码行/人/月）$$
$$人员数=E/D$$

② 中级 CoCoMo 模型　　中级 CoCoMo 模型是一个静态多变量模型，以基本 CoCoMo 为基础，并考虑 15 种影响软件工作量的因素，通过工作量调节因子（EAF）修正对工作量的估算，从而使估算更合理。其公式如下：

$$E=a(L)^b EAF$$

其中，L 是软件产品的目标代码行，单位为千行代码；a、b 是常数，取值见表 9-2 所示。

表 9-2　中级 CoCoMo 模型参数

方式	a	b
组织型	3.2	1.05
半独立型	3.0	1.12
嵌入型	2.8	1.2

15 种影响软件工作量的因素分成 4 组，它们的取值分为很低、低、正常、很高、极高 6 级，表 9-3 给出了它们的具体的属性及对应的属性值。正常情况下 $F_i = 1$，当 15 个选定后，可得：

$$EAF = \prod_{i=1}^{15} F_i$$

表 9-3　15 种影响软件工作量的因素 F_i 的等级分类

工作量因素 F_i		很低	低	正常	高	很高	极高
产品因素	软件可靠性	0.75	0.88	1.00	1.15	1.40	
	数据库规模		0.94	1.00	1.08	1.16	
	产品复杂性	0.70	0.85	1.00	1.15	1.30	1.65
计算机因素	执行时间限制			1.00	1.11	1.30	1.66
	存储限制			1.00	1.06	1.21	1.56
	虚拟机易变性		0.87	1.00	1.15	1.30	
	环境周转时间		0.87	1.00	1.07	1.15	
人员因素	分析员能力		1.46	1.00	0.86		
	应用领域实际检验	1.29	1.13	1.00	0.91	0.71	
	程序员能力	1.42	1.17	1.00	0.86	0.82	
	虚拟机使用经验	1.21	1.10	1.00	0.90	0.70	
	程序语言使用经验	1.41	1.07	1.00	0.95		
项目因素	现代程序设计技术	1.24	1.10	1.00	0.91	0.82	
	软件工具的使用	1.24	1.10	1.00	0.91	0.83	
	开发进度限制	1.23	1.08	1.00	1.04	1.10	

③ 详细 CoCoMo 模型　详细 CoCoMo 模型的估算公式与中间 CoCoMo 模型相同。但分层、分阶段给出工作量因素分级表。针对每一个影响因素，按模块层、子系统层、系统层，有三张不同的工作量因素分级表，供不同层次的估算使用。每一张表中工作量因素又按开发各个不同阶段给出。

例如，关于软件可靠性要求的工作量因素分级表（子系统层），如表 9-4 所示。使用这些表格，可以比中间 CoCoMo 模型更方便、更准确地估算软件开发工作量。

表 9-4　软件可靠性工作量因素分级表（子系统层）

可靠性级别＼阶段	需求和产品设计	详细设计	编码及单元测试	集成及测试	综　合
非常低	0.80	0.80	0.80	0.60	0.75
低	0.90	0.90	0.90	0.80	0.88
正常	1.00	1.00	1.00	1.00	1.00
高	1.10	1.10	1.10	1.30	1.15
非常高	1.30	1.30	1.30	1.70	1.40

（4）Putnam 估算模型　Putnam 估算方法适用于工作量估算、工期估算。这是 1978 年 Putnam 提出的模型，是一种动态多变量模型。这种模型是依据在一些大型项目（总工作量达到或超过 30 个人年）中收集到的工作量分布情况而推导出来的，但也可以应用在一些较小的软件项目中。它是假定在软件开发的整个生存期中工作量有特定的分布，如图 9-1 所示。

图中的曲线与著名的 Rayleigh-norden 曲线相似。根据该曲线 Putnam 模型导出一个"软件方程"：

$$L = C_k E^{1/3} t_d^{4/3}$$

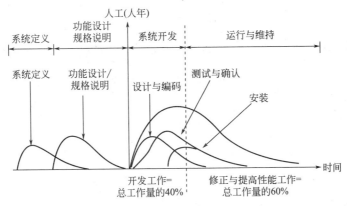

图 9-1　大型软件项目的工作量分布

其中，L 表示源程序代码行数（LOC）；t_d 表示开发持续的时间（年）；E 是包括软件开发和维护在整个生存期所花费的工作量（人年）；C_k 表示技术状态数，它反映出"妨碍程序员进展的限制"，并因开发环境而异。其典型值的选取如表 9-5 所示。

表 9-5　技术状态常数 C_k 的取值

C_k 的典型值	开发环境	开发环境举例
2000	差	没有系统的开发方法，缺乏文档和复审，批处理方式。
8000	好	有合适的系统开发方法、充分的文档和复审，交互执行方式。
11000	优	有自动开发工具和技术。

由上式，得到：

$$E = L^3 / (C_k^3 t_d^4)$$

该式表明，工作量 E 与开发时间 t_d 的 4 次方成反比。通过计算可知，如果想让开发时间缩短 10%，则工作量大约要增加 52%。

9.3　软件项目的计划管理

项目计划管理是指在规定的时间内，拟定出合理且经济的进度计划（包括多级管理的子计划），在执行该计划的过程中，经常要检查实际进度是否按计划要求进行，若出现偏差，需要及时找出原因，采取必要的措施或调整、修改原计划，直至项目完成。

9.3.1　软件项目计划的概念

任何计划都是解决三个方面的问题：一是确定组织目标，二是确定为达成目标而应采取的行动时序，三是确定行动所需资源比例。项目计划的目标是保证在正确的时间有正确的资源可用，避免不同的活动在相同的时间竞争相同的资源，为每个人员分配任务，使实际的进度可以有标准进行衡量，产生成本消耗计划，根据实际情况，调整项目，可行性研究，协调人员。

不论软件项目的规模多小，项目计划文档都是必需的。因为撰写项目计划的过程也是一个澄清模糊认识、整理思路的过程，只有文字记录下来的东西，才是明确的；文档能够作为同其他人的沟通渠道；项目计划文档可以作为数据基础和检查列表，通过定期回顾，项目经理能清楚项目所处的状态以及哪些环节需要重点进行更改和调整。

　　项目计划是一个渐进、迭代的过程。每次迭代，细节更丰富，也更准确。同时，每一次迭代的目的有所不同，如：可行性研究阶段，关注时间和成本估计；项目开始后，生成活动计划以保证资源分配和资金流；在项目进行中，需要不断监控和调整项目计划。

9.3.2　软件项目计划的内容

　　软件项目从制定项目计划开始，项目计划中需要指定以下几项内容。
　　① 软件项目的范围和实现的目标。
　　② 软件开发工作所需的资源配置。
　　③ 软件项目的规模、成本估算。
　　④ 软件项目的进度安排。
　　⑤ 项目活动结束标志——里程碑。
　　⑥ 用户各级人员的培训计划。

9.3.3　软件项目进度安排

　　每一个软件项目都要求制定一个进度安排，但不是所有进度都得一样安排。对于进度安排，需要考虑的是预先对进度如何计划？工作怎样就位？如何识别定义好的任务？管理人员对结束时间如何掌握，如何识别和控制关键路径以确保结束？对进展如何度量？以及如何建立分割任务的里程碑？软件项目的进度安排与任何一个工程项目的进度安排没有实质上的不同。首先识别一组项目任务，建立任务之间的相互关联，然后估算各个任务的工作量，分配人力和其他资源，指定进度时序。

　　（1）软件开发任务的分解与并行

　　若软件项目有多人参加，则多个开发者的活动将并行进行。典型软件开发任务的网络如图9-2所示。从图9-2中可以看出，在需求分析完成并进行复审后，概要设计和制定测试计划可以并行进行；各模块的详细设计、编码与单元测试可以并行进行等；在图中用＊表示软件工程项目的里程碑。由于软件工程活动的并行性，并行任务是异步进行的，为保证开发任务的顺利进行，制定开发进度计划和制定任务之间的依赖关系是十分重要的。项目经理必须了解处于关键路径上的任务进展的情况，如果这些任务能及时完成，则整个项目就可以按计划完成。

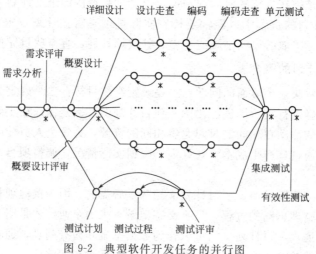

图 9-2　典型软件开发任务的并行图

（2）软件进度安排的方法

软件项目的进度计划和工作的实际进展情况，需要采用图示的方法描述，特别是表现各项任务之间进度的相互依赖关系。以下介绍几种有效的图示方法。在这几种图示方法中，有几个信息必须明确标明。

- 各个任务的计划开始时间，完成时间。
- 各个任务完成的标志（即○文档编写和△评审）。
- 各个任务与参与工作的人数，各个任务与工作量之间的衔接情况。
- 完成各个任务所需的物理资源和数据资源。

① 关键日期表　这是最简单的一种进度计划表，它只列出一些关键活动和进行的日期（如图 9-3 所示）。

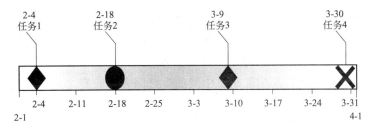

图 9-3　日期表样例

② 甘特图　也叫做线条图或横道图。横轴表示时间，纵轴表示要安排的活动，线条表示在整个期间上计划的和实际的活动完成情况。甘特图直观地表明任务计划在什么时候进行，以及实际进展与计划要求的对比（如图 9-4 所示）。甘特图的优点是简单、明了、直观，易于编制，因此到目前为止仍然是小型项目中常用的工具。即使在大型工程项目中，它也是高级管理层了解全局、基层安排进度时有用的工具。

ID	任务名称	开始时间	完成时间	持续时间	Feb 2008		Mar 2008	
					3-2		2-3 9-3 16-3 23-3	
1	任务1	2008-2-1	2008-2-14	2周	▭			
2	任务2	2008-2-7	2008-2-27	3周	▭			
3	任务3	2008-2-1	2008-2-21	3周	▭			
4	任务4	2008-2-14	2008-2-20	1周	▭			
5	任务5	2008-2-21	2008-3-19	4周			▭	
6	任务6	2008-2-28	2008-4-2	5周			▭	

图 9-4　甘特图样例

在甘特图上，可以看出各项活动的开始和结束时间。在绘制各项活动的起止时间时，也考虑它们的先后顺序。但各项活动之间的关系却没有表示出来，同时也没有指出影响项目生命周期的关键所在。因此，对于复杂的项目来说，甘特图就显得难以适应了。

③ 工程网络图　工程网络图是一种有向图，如图 9-5 所示，该图中用圆表示事件（事件表示一项子任务的开始与结束），有向弧或箭头表示子任务的进行，箭头上的数字称为权，该权表示此子任务的持续时间，箭头下面括号中的数字表示该任务的机动时间，图中的圆表示与某个子任务开始或结束事件的时间点。圆的左边部分中数字表示事件号，右上部分中的

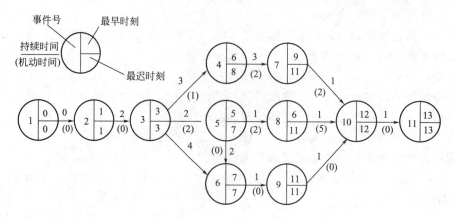

图 9-5　工程网络图示例

数字表示前一子任务结束或后一个子任务开始的最早时刻，右下部分中的数字则表示前一子任务结束或后一子任务开始的最迟时刻。对工程网络图只有一个开始点和一个终止点，开始点没有流入箭头，终止点没有流出箭头。中间的事件圆表示在它之前的子任务已经完成，在它之后的子任务可以开始。

可以通过对每个任务机动时间的计算来求出项目的关键路径，机动时间表示在不影响整个工期的情况下，完成该任务有多少机动余地。机动时间为零的任务（作业流）组成了整个工程的关键路径。组成关键路径的任务所需要的实际完成时间不能超过整个工程的预定时间。当确定了关键路径，就可以对关键路径进行调整和优化，从而使项目工期最短，使项目进度计划最优。

（3）进度跟踪和控制　软件项目管理一项重要工作就是在项目实施过程中进行跟踪和控制。

① 定期举行项目状态会议，由每位项目成员报告其进展和遇到的问题。

② 评价在软件工程过程中所产生的所有评审结果。

③ 确定正式的项目里程碑是否在预定时间内完成。

④ 比较在项目资源表中所列出的每一个项目任务的实际开始时间和计划开始时间。

⑤ 非正式地与开发人员交谈，获得他们对开发进展及刚出现的问题的客观评价。

⑥ 当问题出现的时候，项目管理人员必须实行控制以尽快地排解问题。

9.4　软件项目的风险管理

9.4.1　风险管理的重要性

软件项目风险是指在软件开发过程中遇到的预算和进度等方面的问题以及这些问题对软件项目的影响。软件项目风险会影响项目计划的实现，如果项目风险变成现实，就有可能影响项目的进度，增加项目的成本，甚至使软件项目不能实现。如果对项目进行风险管理，就可以最大限度地减少风险的发生。成功的项目管理一般都对项目风险进行了良好的管理。因此，任何一个系统开发项目都应将风险管理作为软件项目管理的重要内容。

风险管理在项目管理中占有非常重要的地位。首先，有效的风险管理可以提高项目的成功率。其次，风险管理可以增加团队的健壮性。与团队成员一起进行风险分析可以让大家对困难有充分估计，对各种意外有心理准备，大大提高组员的信心，从而稳定队伍。第三，有

效的风险管理可以帮助项目经理抓住工作重点，将主要精力集中于重大风险，将工作方式从
被动救火转变为主动防范。

9.4.2　风险管理的过程

项目风险管理是指为了最好的达到项目目标，识别、分配、应对项目生命周期内风险的
科学与艺术。项目风险管理的目标是使潜在机会或回报最大化，使潜在风险最小化。风险管
理涉及的主要过程包括风险识别、风险量化、风险应对计划制定和风险控制，如图 9-6 所
示。风险识别在项目的开始时就要进行，并在项目执行中不断进行。就是说，在项目的整个
生命周期内，风险识别是一个连续的过程。

风险识别：风险识别包括确定风险的来
源，风险产生的条件，描述其风险特征和确
定哪些风险事件有可能影响本项目。风险识
别不是一次就可以完成的事，应当在项目的
自始至终定期进行。

风险量化：涉及对风险及风险的相互作
用的评估，是衡量风险概率和风险对项目目
标影响程度的过程。风险量化的基本内容是
确定那些事件需要制定应对措施。

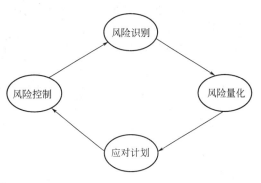

图 9-6　风险管理流程图

应对计划：针对风险量化的结果，为降
低项目风险的负面效应制定风险应对策略和技术手段的过程。风险应对计划依据风险管理计
划、风险排序、风险认知等依据，得出风险应对计划、剩余风险、次要风险以及为其它过程
提供得依据。

风险控制：涉及整个项目管理过程中的风险进行应对。该过程的输出包括应对风险的纠
正措施以及风险管理计划的更新。

9.4.3　风险辨识

识别风险是系统化地识别已知的和可预测的风险，在可能时避免这些风险，并且当必要
时控制这些风险。根据风险内容，可以将风险分为：

① 产品规模风险，与软件的总体规模相关的风险。

② 商业影响风险，商业风险影响到软件开发的生存能力。商业风险包含的五个主要的
风险是市场风险、策略风险、销售风险、管理风险、预算风险。

③ 客户特性风险，与客户的素质以及开发者和客户沟通能力相关的风险。

④ 过程定义风险，与软件过程定义相关的风险。

⑤ 开发环境风险，与开发工具的可用性及质量相关的风险。

⑥ 技术风险，技术风险是指在设计、实现、接口、验证、维护、规约的二义性、技术
的不确定性、陈旧的技术等方面存在的风险。技术风险威胁到软件开发的质量及交付的时
间，如果技术风险变成现实，则开发工作可能变得很困难或根本不可能。

⑦ 人员数目及经验带来的风险，与参与工作的软件工程师的总体技术水平及项目经验
相关的风险。

在进行具体的软件项目风险识别时，可以根据实际情况对风险分类。

9.4.4　风险分析

在进行了风险辨识后，就要进行风险分析，风险分析从以下几个方面评估风险清单中的

每一个风险：

　　① 建立一个尺度，以反映风险发生的可能性；

　　② 描述风险的后果；

　　③ 估算风险对项目及产品的影响；

　　④ 标注风险预测的整体精确度，以免产生误解。

　　对辨识出的风险进行进一步的确认后分析风险，即假设某一风险出现后，分析是否有其他风险出现，或是假设这一风险不出现，分析它将会产生什么情况，然后确定主要风险出现最坏情况后，如何将此风险的影响降低到最小，同时确定主要风险出现的个数及时间。进行风险分析时，最重要的是量化不确定性的程度和每个风险可能造成损失的程度。为了实现这一点，必须考虑风险的不同类型。

　　识别风险的一个方法是建立风险清单，清单上列举出在任何时候可能碰到的风险最重要的是要对清单的内容随时进行维护，更新风险清单，并向所有的成员公开，应鼓励项目团队的每个成员勇于发现问题并提出警告。建立风险清单的一个办法是将风险输入缺陷追踪系统中，建立风险追踪工具，缺失追踪系统一般能将风险项目标示为已解决或尚待处理状态，也能指定解决问题的项目团队成员，并安排处理顺序。风险清单给项目管理提供了一种简单的风险预测技术，表9-6是一个风险清单的例子。

表 9-6　风险清单样例

风险	类别	概率	影响
资金流失	商业风险	40%	1
技术不成熟	技术风险	30%	1
人员流动	人员风险	60%	3

　　在风险清单中，风险的概率值可以由项目组成员个别估算，然后加权平均，得到一个有代表性的值。也可以通过先做个别估算而后求出一个有代表性的值来完成。对风险产生的影响可以对影响评估的因素进行分析。

　　一旦完成了风险清单的内容，就要根据概率进行排序，高发生率、高影响的风险放在上方，依次类推。项目管理者对排序进行研究，并划分重要和次重要的风险，对次重要的风险再进行一次评估并排序。对重要的风险要进行管理。从管理的角度来考虑，风险的影响及概率是起着不同作用的，一个具有高影响且发生概率很低的风险因素不应该花太多的管理时间，而高影响且发生率从中到高的风险以及低影响且高概率的风险，应该首先列入管理考虑之中。

　　在这里需要强调的是如何评估风险的影响，如果风险真的发生了，它所产生的后果会对三个因素产生影响：风险的性质、范围及时间。项目组应该定期复查风险清单，评估每一个风险，以确定新的情况是否引起风险的概率及影响发生改变。这个活动可能会添加新的风险，删除一些不再有影响的风险，并改变风险的相对位置。

9.4.5　风险评估

　　风险评估活动通常采用下列形式的三元组：

$$[r_i, \ l_i, \ x_i]$$

　　其中，r_i表示风险，l_i表示风险发生的概率，x_i表示风险产生的影响。

　　要使风险评估发生作用，就要定义一个风险参考水平值。对于大多数项目而言，通过对每个风险因素（性能、成本、支持及进度）的分析，可以找出风险的参考水平值。当性能下降、成本超支、支持困难或进度延迟时会导致项目被迫终止。

通常风险评估过程可分为如下四个步骤。

① 定义项目的风险参考水平值。

② 建立每一组（r_i，l_i，x_i）与每一个参考水平值的关系。

③ 预测一组临界点以定义项目终止区域，该区域由一条曲线或不确定区域界定。

④ 预测什么样的风险组合会影响参考水平值。

9.4.6　风险应对

所有风险分析活动都只有一个目的——辅助项目组建立处理风险的策略。一个有效的策略必须考虑风险避免、风险监控和风险管理及意外事件计划这样三个问题。

（1）风险避免　对付风险的最好办法是主动地避免风险，即在风险发生前，分析引起风险的原因，然后采取措施，以避免风险的发生。

例如，对于开发人员离职的项目风险发生的概率为 70％，该风险产生的影响是第 2 级（严重的）。为了避免风险，可以采取如下策略。

① 开始时应做好人员流动的准备，采取一些措施确保人员一旦离开时项目仍能继续。

② 制定文档标准并建立一种机制保证文档及时产生。

③ 对每个关键性技术岗位要培养后备人员。

（2）风险监控　风险监控是跟踪项目的活动。它有三个主要目的。

① 评估一个被预测的风险是否真的发生了。

② 保证为风险而定义的缓解步骤被正确地实施。

③ 收集能够用于未来的风险分析信息。

（3）风险管理　如果项目采取积极风险管理的方式，就可以避免或降低许多风险，而这些风险如果没有处理好，就可能使项目陷入瘫痪中。因此在软件项目管理中还要进行风险跟踪。对辨识后的风险在系统开发过程中进行跟踪管理，确定还会有哪些变化，以便及时修正计划。具体内容如下。

① 实施对重要风险的跟踪。

② 每月对风险进行一次跟踪。

③ 风险跟踪应与项目管理中的整体跟踪管理相一致。

④ 风险项目应随着时间的不同而相应地变化。

通过风险跟踪，进一步对风险进行管理，从而保证项目计划的如期完成。

9.5　软件项目的人力资源管理

9.5.1　软件项目的人力资源

在考虑各种软件开发资源时，人是最重要的资源。软件开发人员一般分为项目负责人、系统分析员、高级程序员、程序员、初级程序员、资料员和其他辅助人员。根据项目规模的大小，有可能一人兼数职，但职责必须明确。不同职责的人，要求的素质不同。如项目负责人需要有组织能力、判断能力和对重大问题能做出决策的能力；系统分析员需要有概括能力、分析能力和社交活动能力；程序员需要有熟练的编程能力等。人员要少而精，选人要慎重。软件生存期各个阶段的活动既要有分工又要互相联系。因此，要求选择各类人员既能胜任工作，又要能相互很好地配合，没有一个和谐的工作环境很难完成一个复杂的软件项目。

计划人员根据范围估算，选择为完成开发工作所需要的技能。并在组织状况（如管理人员、高级软件工程师等）和专业（如通信、数据库、微机等）两方面做出安排。

在安排开发活动时必须考虑人员的技术水平、专业、人数以及在开发过程各阶段中对各种人员的需要。对于一些规模较小的项目（1个人年或者更少），只要向专家做些咨询，也许一个人就可以完成所有软件工程步骤。对一些规模较大的项目，在整个软件生存期中，各种人员的参与情况是不一样的。图9-7画出了各类不同的人员随开发工作的进展在软件工程各个阶段的参与情况的典型曲线。

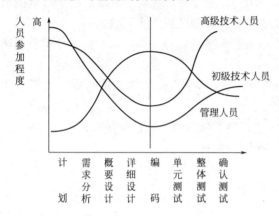

图 9-7　管理人员与技术人员的参与情况

一个软件项目所需要人数只能在对开发的工作量做出估算之后才能决定。

9.5.2　人力资源的组织建立

参加软件项目的人员组织起来，发挥最大的工作效率，对成功地完成软件项目极为重要。开发组织采用什么形式，要针对软件项目的特点来决定，同时也与参与人员的素质有关。人的因素是不容忽视的参数。

（1）组织原则　在建立项目组织时应注意到以下三条原则。

① 尽早落实责任。在软件项目开始组织时，要尽早指定专人负责，使他有权进行管理，并对任务的完成负全责。

② 减少接口。一个组织的生产率随完成任务中存在的通信路径数的增加而降低。因此，要有合理的人员分工、好的组织结构、有效的通信，减少不必要的生产率的损失。

③ 责权均衡。软件经理人员所负责任不应比委任给他的权力大。

（2）组织模式　根据项目的分解，通常有三种组织结构的模式可供选择。

① 按项目划分的模式。把软件开发人员按项目组成小组，项目组的成员共同完成该项目的所有开发任务，包括项目的定义、需求分析、设计、编码、测试、复审、文档编制、甚至包括维护在内的全过程。

② 按职能划分的模式。把参加开发项目的软件人员按任务的工作阶段划分成若干专业小组。如项目计划组、需求分析组、设计组、编码组、系统测试组、质量保证组、维护组等。各种文档按工序在各组之间传递。这种模式在小组之间的联系形成的接口较多，但便于软件人员熟悉小组的工作，进而变成这方面的专家。

③ 矩阵形模式。这种模式实际上是以上两种模式的复合。一方面，按工作性质，成立一些专门组，如开发组、业务组、测试组等；另一方面，每一个项目又有它的经理人员负责管理。每个软件人员属于某一个专门组，又参加某一项目的工作。图9-8给出了矩阵形模式的示例。

矩阵形结构的组织具有一些优点：参加专门组的成员可在组内交流在各项目中取得的经验，这更有利于发挥专业人员的作用。另一方面，各个项目有专人负责，有利于软件项目的完成。显然，矩阵形结构是一种比较好的形式。

（3）组织机构　组织机构不等于开发人员的简单集合，要求有好的组织结构；合理的人

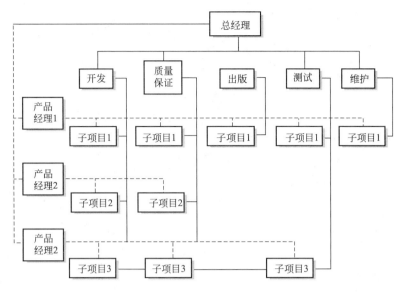

图 9-8　软件开发组织的矩阵形模式

员分工；有效的通讯。软件开发的组织机构没有统一的模式。通常有以下三种组织机构。

①　主程序员制小组。主程序员制小组由一名主程序员、若干名程序员、一位后援工程师和一名资料员组成。主程序员通常由高级工程师组成，负责小组的全部技术活动，进行任务的分配、技术的协调和组织评审。若干名程序员负责项目的具体分析与开发，以及文档资料的编写工作。后援工程师支持主程序员的工作，为主程序员提供咨询，也做部分分析、设计和实现的工作，并在必要时能代替主程序员工作。资料员非常重要，负责保管和维护所有的软件文档资料，帮助收集软件的数据，并在研究、分析和评价文档资料的准备方面进行协助工作。

主程序员制的开发小组突出了主程序员的领导，小组内的通信主要体现在主程序员与程序员之间，参看图 9-9(a)。这种集中领导的组织形式能否取得好的效果，很大程度上取决于主程序员的技术水平和管理才能。

②　民主制小组。在民主制小组中，遇到问题，组内成员之间可以平等地交换意见，参见图 9-9(b)。虽然也有一位成员当组长，但工作的讨论、成果的检验都公开进行。这种组织形式强调发挥小组每个成员的积极性，但组内通信路径比较多。有人认为这种组织形式适合于研制时间长、开发难度大的项目。

③　层次式小组。层次式小组的组织形式是一名组长领导若干名高级程序员，每名高级程序员领导若干名程序员。组长通常就是项目负责人，负责全组工作，包括任务分配、技术评审、掌握工作量和参加技术活动。每位高级程序员负责项目的一部分或一个子系统。这种组织结构只允许必要的人际通信。比较适用于项目本身就是层次结构的课题。参看图 9-9(c)。

以上三种组织形式可以根据实际情况，组合起来灵活运用。总之，软件开发小组的主要目的是发挥集体的力量进行软件研制。

9.5.3　人员配备

如何合理地配备人员，也是成功地完成软件项目的切实保证。所谓合理地配备人员应包括：按不同阶段适时任用人员，恰当掌握用人标准。

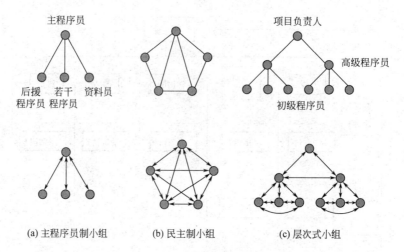

图 9-9 3 种不同的小组结构
（上排的三种为结构形式，下排的三种为通信路径）

（1）项目开发各阶段所需人员 一个软件项目完成的快慢，取决于参与开发人员的多少。在开发的整个过程中，多数软件项目是以恒定人力配备的。因此就会出现初期人员太多，中后期人员不足，导致进度延迟。图 9-10 就描述了这种情况。因此，恒定地配备人力，对人力资源是比较大的浪费。

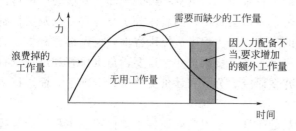

图 9-10 软件项目的恒定人力配备

（2）配备人员的原则 配备软件人员时，应注意以下三个主要原则。

① 重质量。软件项目是技术性很强的工作，任用少量有实践经验、有能力的人员去完成关键性的任务，常常要比使用较多的经验不足的人员更有效。

② 重培训。花力气培养所需技术人员和管理人员是有效解决人员问题的好方法。

③ 双阶梯提升。人员的提升应分别按技术职务和管理职务进行，不能混在一起。

（3）对项目经理的要求 项目经理是项目的组织者，其管理能力的强弱是项目成败的关键。称职的项目经理应具备以下能力。

① 获得充分资源的能力。

② 组建团队的能力。

③ 分解工作的能力。

④ 为项目组建提供良好环境的能力。

⑤ 应付危机，解决冲突的能力。

⑥ 谈判及广泛的沟通能力。

⑦ 技术综合能力。

⑧ 领导才能。

（4）对软件人员的素质要求 以下给出了对软件人员的素质要求。

① 牢固掌握计算机软件的基本知识和技能。

② 善于分析和综合问题，具有严密的逻辑思维能力。

③ 工作踏实、细致，不靠碰运气，遵循标准和规范，具有严格的科学作风。

④ 工作中表现出有耐心、有毅力、有责任心。

⑤ 善于听取别人的意见，善于与周围人员团结协作，建立良好的人际关系。

⑥ 具有良好的书面和口头表达能力。

9.6　软件配置管理

在软件建立时变更是不可避免的，而变更时由于没有进行变更控制，可能加剧了项目中的混乱。Babich 曾经这样说过："协调软件开发使得混乱减到最小的技术叫做配置管理。配置管理是一种标识、组织和控制修改的技术，目的是使错误达到最小并最有效地提高生产率"。

软件配置管理，简称 SCM（Software Configuration Management），它应用于整个软件生存期，是一组管理整个软件生存期各阶段中变更的活动。其主要目标是：标识变更；控制变更；确保变更正确地实现；报告有关变更。

软件配置管理与软件维护之间的区别是：维护是一组软件工程活动，它们发生于软件已交付给用户并已投入运行之后；软件配置管理是一组追踪和控制活动，它们开始于软件开发项目开始之时，结束于软件被淘汰之时。

9.6.1　基线（Baseline）

基线是软件生存期中各开发阶段末尾的特定点，它的作用是把各阶段工作的划分更加明确化，使本来连续的工作在这些点上断开，以便于检验和肯定阶段成果。例如，明确规定不允许跨越里程碑修改另一阶段的文档。如图 9-11 所示，是软件开发各阶段的基线。

一旦一个软件配置项成为基线，就把它存放到项目数据库（亦称项目信息库或软件仓库）中。当一位软件组织成员想要对基线配置项进行修改时，就把它从项目数据库中复制到该工程师的专用工作空间中，如图 9-12 所示。图中把一个标号为 B 的配置项从项目数据库复制到工程师的专用工作空间中。这个活动记录在一个记事文件中。工程师可以在 B'（B 的副本）上完成要求的变更，然后用 B' 来更新 B。有些系统中把这个基线配置项锁定，在变更完成、评审和批准之前，不许对它做任何操作。

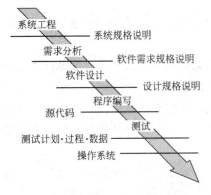

图 9-11　软件开发各阶段的基线

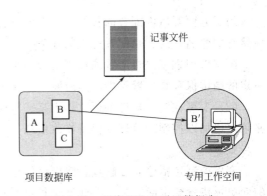

图 9-12　基线 SCI 和项目数据库

9.6.2　软件配置项

软件配置项（Software Configuration Item，简称 SCI）是软件工程中产生的信息项，它是配置管理的基本单位，对已成为基线的 SCI，虽然可以修改，但必须按照一个特殊的、正式的过程进行评估，确认每一处的修改。以下的 SCI 是 SCM 的对象，并可形成如下基线。

　　① 系统规格说明书。

　　② 软件项目实施计划。

　　③ 软件需求规格说明书。

　　④ 设计规格说明书［数据设计、体系结构设计、模块设计、接口设计和对象描述（使用面向对象技术时）］。

　　⑤ 源代码清单。

　　⑥ 测试计划和过程、测试用例和测试结果记录。

　　⑦ 操作和安装手册。

　　⑧ 可执行程序（可执行程序模块、连接模块）。

　　⑨ 数据库描述（模式和文件结构、初始内容）。

　　⑩ 用户手册。

　　⑪ 维护文档（软件问题报告、维护请求和工程变更次序）。

　　⑫ 软件工程标准。

　　⑬ 项目开发小结。

　　此外，许多软件工程组织把配置控制之下的软件工具，即编辑程序、编译程序和其他 CASE 工具的特定版本都作为软件配置的一部分列入其中。

9.6.3　软件配置管理的过程

　　软件配置管理除了担负控制变更的责任之外，它还要担负标识单个的软件配置项和软件各种版本、审查软件配置以保证开发得以正常进行，以及报告所有加在配置上的变更等任务。这些责任归结到软件配置管理的四个任务，即配置标识、变更控制、版本管理和配置报告。

　　(1) 配置项识别　软件配置实际上是一个动态的概念。一方面随着软件生存期的向前推进，软件配置项的数量在不断增多。另一方面又随时会有新的变更出现，形成新的版本。因此，整个软件生存期的软件配置就像一部不断演变的电影，而某一时刻的配置就是这部电影的一个片段。

　　为了方便对软件配置的各个片段，即软件配置项进行控制和管理，不致造成混乱，首先应给它们命名，这就是配置标识的任务。

　　配置项识别就是将配置项按规定统一编号，将其划分为基线配置项和非基线配置项，按一定的结构保存在配置库中，然后赋予不同人员不同的权限来使用它们。

　　(2) 变更控制　软件工程过程中某一阶段的变更，均要引起软件配置的变更，这种变更必须严格加以控制和管理，保持修改信息，并把精确、清晰的信息传递到软件工程过程的下一步骤。

　　变更控制包括建立控制点和建立报告与审查制度。对于一个大型的软件来说，不加控制的变更很快就会引起混乱，因此变更控制是一项最重要的软件配置任务。图 9-13 给出了变更控制的过程。"检出"和"登入"处理实现了两个重要的变更控制要素，即存取控制和同步控制。存取控制管理各用户存取或修改一个特定软件配置对象的权限；同步控制可用来确保由不同的用户所执行的并发变更不会产生混乱。

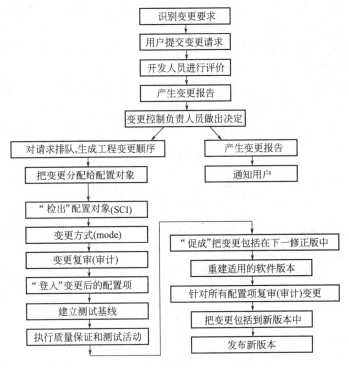

图 9-13　变更控制过程

（3）版本管理　这里的版本包括各种文件、技术文档和程序版本。这些配置项均属于版本管理的范畴。

版本管理的目的是按照一定的命名规则保存配置项的所有版本，避免发生版本丢失或混淆等现象，并确保能快速而准确地查找到配置项。

版本管理对存取软件资源采取加锁等控制策略，保证了多人同时开发时软件资源的内容一致性和正确性。

配置项的状态通常有三种："草稿"、"正式发布"、"正在修改"。配置项的不同状态由多种版本号所组成。随着状态流程的变迁，版本号发生变化，新的版本出现，版本管理就是对配置项各种版本的进行存储、登记、索引、权限分配等一系列管理活动。

（4）配置状态报告　根据配置库的记录情况，可以总结出不同角度的配置状态报告。它可以由 CASE 工具自动生成，如《配置项的状态》、《基线之间的差别描述》、《变更日志》、《变更结果记录》等。

通过配置状态报告，可以了解基线配置项的状态、当前的工作进度、变更对项目进展的影响等情况。从而为开发决策提供参考依据。

9.6.4　软件配置管理的特点

① 相对独立。配置管理相对独立于其他管理控制活动，它可以在其他活动都未开展或还不成熟的时候独立进行，是其他各项管理的基础。需求管理、需求变更、资源变更、系统维护、合同管理、计划管理、文档管理等都是在配置管理这个"平台"基础上进行的。

② 对项目产品单元进行统一的版本变更管理，统筹安排系统的修改、发布以及系统资源的使用，预防开发的进程混乱，保证系统版本的完整和一致。

③ 支持并行开发与维护。软件开发过程时常要求多个开发人员同时在同一个软件模块

或项目文档上工作，同时对同一个代码或文档部分做不同的修改，配置管理能满足这样的要求，同时使跨平台、跨地域的并行开发成为可能。

④ 使项目管理人员能掌握项目开发进度。配置管理系统可以提供配置状态报告，对每日变更完成的工作量、开发中存在的问题等会有详尽的反映。

⑤ 减少人员变动对项目带来的影响。项目的变更轨迹可跟踪，文档的增删、代码的修改、参数的改变、配置项的状态、基线之间的差异等都有案可查。参照变更的原因、内容描述等内容，便可对项目的开发进程有详细而完整的把握，从而避免对相关人员的过分依赖。

9.7 软件质量保证

软件工程项目管理是一个系统工程，软件工程项目管理的主要目标是保证项目在规定时间内高质量地完成。为了提高软件的质量，在软件开发的各个阶段都要注意提高软件质量。要给出软件质量的评价模型，从多个侧面对软件质量进行评价，还要建立相应的质量保证体系。软件质量与软件复杂性、软件可靠性有密切关系，要对软件复杂性和软件可靠性进行评价和度量，还要研究软件的容错技术，以便保证软件质量。

9.7.1 软件质量的定义

概括地说，软件质量就是"软件与明确地和隐含地定义的需求相一致的程度"。具体地说，软件质量是软件符合明确叙述的功能和性能需求、文档中明确描述的开发标准、以及所有专业开发的软件都应具有的隐含特征的程度。上述定义强调了以下三点。

① 软件需求是度量软件质量的基础，与需求不一致就是质量不高。

② 指定的标准定义了一组指导软件开发的准则，如果没有遵守这些准则，几乎肯定会导致质量不高。

③ 通常，有一组没有显式描述的隐含需求（如期望软件是容易维护的）。如果软件满足明确描述的需求，但却不满足隐含的需求，那么软件的质量仍然是值得怀疑的。

9.7.2 软件质量的评价

评价软件质量可从三个方面进行，即产品或中间产品、过程（软件生产所需的资源和活动）和项目。

对于产品或中间产品，从专家来看，可以通过一些技术分析手段（如复杂性分析、可靠性分析等）来评价软件质量；从用户来看，可直接通过对软件产品的几种特性的评估来确定软件质量，按 ISO/IEC9126—1991 标准的规定，评价可按如下三步进行。

（1）定义质量需求 质量需求包含两个方面：①问题规定或隐含的需求；②软件质量标准和其他技术信息。

（2）准备评价 首先选择质量度量，然后定义质量等级，再定义评估准则。

（3）评价过程 评价过程实际上是对软件产品就第（2）步中准备的评价内容进行实施。

对于过程或项目，主要通过考察软件企业的质量保证与质量管理的质量来评价软件产品的质量。就像人们购买商品时，通过品牌、厂商等来衡量商品质量的好坏一样。一般来说，好的质量保证与质量管理会带来高的产品质量。

影响软件质量的主要因素，这些因素是从管理角度对软件质量的度量。可划分为三组，分别反映用户在使用软件产品时的三种观点：正确性、健壮性、效率、完整性、可用性、风险（产品运行）；可理解性、可维修性、灵活性、可测试性（产品修改）；可移植性、可再用性、互运行性（产品转移）。

9.7.3　质量度量模型

软件的质量是由一系列质量要素组成的，每一个质量要素又由一些衡量标准构成，这些衡量标准是通过度量元加以刻画而得到的。

（1）McCall 质量度量模型　通过将软件质量要素进行分层定义，勃姆（Barry W. Boehm）在《软件风险管理》（Software Risk Management）中第一次提出了软件质量度量的层次模型，麦考尔（McCall）等人又进一步将软件质量分解到能够度量的程度，提出 FCM 模型（参见表 9-7），该模型指出几个最主要的比较高层的因素影响着软件的质量，分为软件质量要素（factor）、衡量标准（criteria）和量度标准（metrics）三个层次，这几个因素又是由一些比较低层的如模块化、数据通用性等标准决定的，实际的度量是针对这些标准而言的。该模型描述了因素和它们所依赖的标准之间的一致性。

表 9-7　软件质量度量 FCM 模型

层次	名称	内　容
第一层	质量要素：描述和评价软件质量的一组属性	功能性、可靠性、易用性、效率性、可维护性、可移植性等质量特性，以及质量特性细化产生的副特性
第二层	衡量标准：衡量标准的组合，反映某一软件质量要素	精确性、稳健性、安全性、通信有效性、处理有效性、设备有效性、可操作性、培训性、完备性、一致性、可追踪性、可见性、硬件系统无关性、软件系统无关性、可扩充性、公用性、模块性、清晰性、自描述性、简单性、结构性、文件完备性等
第三层	度量标准：可由各使用单位自定义	根据软件的需求分析、概要设计、详细设计、编码、测试、确认、维护与使用等阶段，针对每一个阶段制定问卷表，以此实现软件开发过程的质量度量

其中，可以简单地描述使用缺陷密度（缺陷数量/软件规模）、缺陷检出率（某阶段当时发现的缺陷/该阶段的全部缺陷）、发布前缺陷去除率（发布前发现的缺陷/软件运行的前 3 个月发现的缺陷）、潜在缺陷数（发布前缺陷去除率/缺陷密度）、平均失效时间（软件持续运行时间/缺陷数量）、平均修复时间（Σ缺陷修复时间/缺陷数量）等作为产品质量的指标。

（2）ISO 的软件质量评价模型　按照 ISO/TC97/SC7/WG3/1985-1-30/N382，软件质量度量模型由三层组成，如图 9-14 所示。

高层是软件质量需求评价准则（SQRC），中层是软件质量设计评价准则（SQDC），底层是软件质量度量评价准则（SQMC）。

ISO 人为，应对高层和中层建立国际标准，在国际范围内推广软件质量管理技术，而底层可由使用单位视实际情况制定。ISO 的三层模型来自 McCall 等人的模型，高层、中层和底层分别对应于 McCall 模型中的质量要素、衡量标准和度量标准。

9.7.4　软件复杂性

对于软件复杂性，至今尚无一种公认的经确定义。软件复杂性与质量属性有着密切的关系，从某些方面反映了软件的可维护性、可靠性等质量要素。软件复杂性度量的参数很多，主要有以下几项。

① 规模。即总共的指令数，或源程序行数。

② 难度。通常由程序中出现的操作数的数目所决定的量来表示。

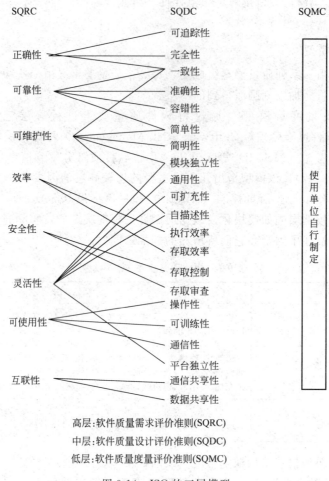

高层:软件质量需求评价准则(SQRC)

中层:软件质量设计评价准则(SQDC)

低层:软件质量度量评价准则(SQMC)

图 9-14　ISO 的三层模型

③ 结构。通常用于程序结构有关的度量来表示。

④ 智能度。即算法的难易程度。

软件复杂性主要表现在程序的复杂性。程序的复杂性主要指模块内程序的复杂性。它直接关联到软件开发费用的多少、开发周期长短和软件内部潜伏错误的多少。同时它也是软件可理解性的另一种度量。减少程序复杂性,可提高软件的简单性和可理解性,并使软件开发费用减少,开发周期缩短,软件内部潜藏错误减少。

9.7.5　软件可靠性

软件可靠性是指在给定的时间间隔内,按照规格说明书的规定成功地运行概率。软件可靠性表明了一个程序按照用户的要求和设计的目标,执行其功能的正确程度。一个可靠的程序应要求是正确的、完整的、一致的和健壮的现实中,一个程序要达到完全可靠是不实际的,要精确地度量它也不现实,在一般情况下只能通过程序的测试,去度量程序的可靠性。

人们常借用硬件可靠性的定量度量方法来度量软件的可靠性,比较常用的指标有平均失效等待时间 MTTF 和平均失效间隔时间 MTBF。

影响软件可靠性的因素主要如下。

① 需求分析定义错误。如用户提出的需求不完整,用户需求的变更未及时消化,软件开发者和用户对需求的理解不同等。

② 设计错误。如处理的结构和算法错误，缺乏对特殊情况和错误处理的考虑等。

③ 编码错误。如语法错误，变量初始化错误等。

④ 测试错误。如数据准备错误，测试用例错误等。

⑤ 文档错误。如文档不齐全，文档相关内容不一致，文档版本不一致，缺乏完整性等。

从上游到下游，错误的影响是发散的，所以要尽量把错误消除在开发前期阶段。错误引入软件的方式可归纳为两种特性：程序代码特性，开发过程特性。程序代码一个最直观的特性是长度，另外还有算法和语句结构等，程序代码越长，结构越复杂，其可靠性越难保证。开发过程特性包括采用的工程技术和使用的工具，也包括开发者个人的业务经历水平等。

若要使软件可靠性得到提高，便需要在认真实施软件工程的基础上，再采取一些特殊措施。但是这些增加的可靠性特殊措施一般需要很高的代价，例如，美国航天飞机飞行软件的开发费用比市售软件的成本高出百倍。因此如果没有特殊的可靠性需求，谁也不愿付出这种代价，更不会为这种特殊措施的基础技术准备进行相应的投入。提高软件可靠性必须在软件生存周期各阶段增加技术方面和管理方面的可靠性专门措施。如图 9-15 所示。

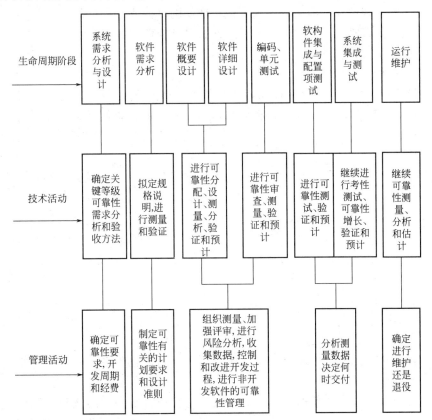

图 9-15 软件可靠性工程实施概要

9.7.6 软件评审

软件评审是对软件元素或者项目状态的一种评估手段，以确定其是否与计划的结果保持一致，并使其得到改进。对软件工程来说，软件评审是一个"过滤器"，在软件开发的各个阶段都要采用评审的方法，以发现软件中的缺陷，然后加以改正。通过软件评审希望达到如下目标：发现任何形式表现的软件功能、逻辑或实现方面的错误；通过评审验证软件的需求；保证软件按预先定义的标准表示；已获得的软件是以统一的方式开发的；使项目更容易管理。

目前的软件评审主要关注软件的设计质量和程序质量。

设计质量的评审内容一般有以下几项。

① 评价软件的规格说明是否合乎用户的要求，即总体设计思想和设计方针是否明确；需求规格说明是否得到了用户或单位上级机关的批准；需求规格说明与软件的概要设计规格说明是否一致等。

② 评审可靠性，即是否能避免输入异常（错误或超载等）、硬件失效及软件失效所产生的失效，一旦发生应能及时采取代替或恢复手段。

③ 评审保密措施实现情况，即是否提供对使用系统资格进行检查；对特定数据的使用资格、特殊功能的使用资格进行检查，在查出有违反使用资格情况后，能否向系统管理人员报告有关信息；是否提供对系统内重要数据加密的功能等。

④ 评审操作特性实施情况，即操作命令和操作信息的恰当性，输入数据与输入控制语句的恰当性；输出数据的恰当性；应答时间的恰当性等。

⑤ 评审性能实现情况，即是否达到所规定性能的目标值。

⑥ 评审软件是否具有可修改性、可扩充性、可互换性和可移植性。

⑦ 评审软件是否具有可测试性。

⑧ 评审软件是否具有复用性。

程序质量评审通常是从开发者的角度进行评审，直接与开发技术有关。它着眼于软件本身的结构、与运行环境的接口、变更带来的影响而进行的评审活动。程序质量的评审内容如下。

（1）软件的结构

① 功能结构。在软件的各种结构中，功能结构是用户唯一能见到的结构。需要检查的项目如下。

a. 数据结构：包括数据名和定义；构成该数据的数据项；数据与数据间的关系。

b. 功能结构：包括功能名和定义；构成该功能的子功能；功能与子功能之间的关系。

c. 数据结构和功能结构之间的对应关系：包括数据元素与功能元素之间的对应关系；数据结构与功能结构的一致性。

② 功能的通用性。

③ 模块的层次。

④ 模块结构。

a. 控制流结构：规定了处理模块与处理模块之间的流程关系。检查处理模块之间的控制转移关系与控制转移形式（调用方式）。

b. 数据流结构：规定了数据模块是如何被处理模块进行加工的流程关系。检查处理模块与数据模块之间的对应关系；处理模块与数据模块之间的存取关系，如建立、删除、查询、修改等。

c. 模块结构与功能结构之间的对应关系：包括功能结构与控制流结构的对应关系；功能结构与数据流结构的对应关系；每个模块的定义（包括功能、输入与输出数据）。

⑤ 处理过程的结构。处理过程是最基本的加工逻辑过程。

（2）与运行环境的接口

① 与硬件的接口。

② 与用户的接口。

随着软件运行环境的变更，软件的规格也在跟着不断地变更。运行环境变更时的影响范围，需要从以下三个方面来分析。

① 与运行环境的接口。

② 在每项设计工程规格内的影响。

③ 在设计工程相互间的影响。

9.7.7　软件容错技术

提高软件质量和可靠性的技术大致分为两类，一类是避开错误（fault-avoidance）技术，即在开发的过程中不让差错潜入软件的技术；另一类是容错（fault-tolerance）技术，即对某些无法避开的差错，使其影响减少至最小的技术。

（1）容错软件的定义

① 规定功能的软件，在一定程度上对自身错误的作用（软件错误）具有屏蔽能力，则称此软件为具有容错功能的软件，即容错软件。

② 规定功能的软件，在一定程度上能从错误状态自动恢复到正常状态，则称之为容错软件。

③ 规定功能的软件，在因错误而发生错误时，仍然能在一定程度上完成预期的功能，则把该软件称为容错软件。

④ 规定功能的软件，在一定程度上具有容错能力，则称之为容错软件。

（2）容错的方法　实现容错技术的主要手段是冗余，通常冗余技术分为四类。

① 结构冗余

a. 静态冗余。常用的有三模冗余 TMR（Triple Moduler Redundancy）和多模冗余。

b. 动态冗余。动态冗余的主要方式是多重模块待机储备，当系统检测到某工作模块出现错误时，就用一个备用的模块来顶替它并重新运行。

c. 合冗余。它兼有静态冗余和动态冗余的长处。

② 信息冗余　为检测或纠正信息在运算或传输中的错误须外加一部分信息，这种现象称为信息冗余。

③ 时间冗余　时间冗余是指以重复执行指令（指令复执）或程序（程序复算）来消除瞬时错误带来的影响。

④ 冗余附加技术　冗余附加技术是指实现上述冗余技术所需的资源和技术。

（3）冗错软件的设计过程　容错系统的设计过程包括以下设计步骤。

① 按设计任务要求进行常规设计，尽量保证设计的正确。

按常规设计得到非容错结构，它是容错系统构成的基础。在结构冗余中，不论是主模块还是备用模块的设计和实现，都要在费用许可的条件下，用调试的方法尽可能提高可靠性。

② 对可能出现的错误分类，确定实现容错的范围。

对可能发生的错误进行正确的判断和分类，例如，对于硬件的瞬时错误，可以采用指令复执和程序复算；对于永久错误，则需要采用备份替换或者系统重构。对于软件来说，只有最大限度地弄清错误和暴露的规律，才能正确地判断和分类，实现成功的容错。

③ 按照"成本—效率"最优原则，选用某种冗余手段（结构、信息、时间）来实现对各类错误的屏蔽。

④ 分析或验证上述冗余结构的容错效果。如果效果没有达到预期的程度，则应重新进行冗余结构设计。如此反复，直到有一个满意的结果为止。

9.8 能力成熟度模型（CMM）简介

能力成熟度模型（Capability Maturity Model）是美国卡内基·梅隆大学软件工程研究所（SEI）在美国国防部资助下于 20 世纪 80 年代末提出的一个综合模型，定义了当一个组织达到不同的过程成熟度时应该具有的软件工程能力。CMM 在建立和发展之初，主要目的是为了大型软件项目的招标活动提供一种全面而客观的评审依据，后来被越来越多的软件组织用于过程改进活动中，其有效性已经被大量实践所证实，并已成为对一个软件企业的生产能力和产品质量进行衡量的事实标准。它描述了软件过程从无序到有序、从特殊到一般、从定性管理到定量管理、最终到达可动态优化的成熟过程。

9.8.1 基本概念

CMM 的基本前提是：软件质量在很大程度上取决于开发软件的软件过程的质量和能力；软件过程是一个可管理、可度量并不断改进的过程；软件过程的质量受到用以支撑它的技术和设施的影响；软件开发组织在软件过程中所采用的技术层次应该适应于软件过程的成熟度。

CMM 强调的是软件组织能一致地、可预测地生产高质量软件产品的能力。软件过程能力是软件过程生成计划中产品的内在能力。在完全理解软件过程成熟度之前，需要先理解几个基本概念。

（1）软件过程 软件过程则可定义为企业设计、研制和维护软件产品及相关资料文档的全部生产活动和工程管理活动。

（2）软件过程能力 软件组织实施软件过程所能实现预期目标的程度。它可用于预测软件组织的软件过程水平。

（3）软件过程行为 软件组织在项目开发中遵循其软件过程所能得到的实际结果。软件过程行为能描述已得到的实际结果，而软件过程能力则描述最可能的预期结果。由于受到一个特定的软件项目的具体属性和执行该项目的环境限制，该项目实际的过程性能可能并没有充分反映其所在组织的整个过程能力。

（4）软件过程成熟度 软件过程行为可被定义、预测和控制并被持续性提高的程度。它主要用来表明不同项目所遵循的软件过程的一致性。

（5）软件过程成熟度等级 软件组织在由低到高成熟化演进过程中所普遍面临的具有一定成熟度标志特征的平台。每一个成熟度等级为其软件过程继续改进达到下一更高的等级提供基础。

9.8.2 CMM 框架

由于软件质量往往取决于软件过程的能力水平，软件组织在软件过程中所采用的各种技术应适合该过程的成熟度水平。软件过程是一个可度量的，可控制的，不断改进的流程。CMM 强调软件组织应对软件过程进行连续的改进，在这一改进过程中，分级结构将提供不同等级中的目标和核心领域来规范这一过程并为软件组织评论和改进自身生产能力提供客观标准。

CMM 成熟程度理论不可以被看作纯粹的关于软件生产技术的标准，也不可以被看作普通的管理理论，它实际上是对软件开发实践所设计的整个工程流程的规定和分析，它的体系既包括软件工程过程本身，也包括对这一过程的管理。

CMM 为企业软件能力提供了一个阶段式的五级进程。任何开始采纳 CMM 体系的机构都一并归入第一级的起点，即初始级（Initial level）。除第一级外，每一级都设定了各自的目标组。如果达到了这一目标，则可向下一级推进，由于每一个级别都必须建立在实现了低于它的全部级别的基础之上，CMM 等级的提高只能是一个渐进有序的过程。

CMM 的评估包括 5 个等级，共计 18 个核心过程域，52 个目标，300 多个核心实践，每一级别的评估由美国卡莱基.梅隆大学软件工程研究所授权的主评估师领导的评估小组进行。

CMM 五级标准（图 9-16）按由低到高的成熟度分别为：初始级（Initial level），可重复级（Repeatable level），定义级（Defined level），管理级（Managed level），优化级（Optimizing level）。

（1）初始级　此级是个人英雄主义的天下，绝无可重复性，也无甚积累，项目的执行是随意甚至混乱的，软件开发过程未经定义，即使有某些规范也并未严格执行，软件组织不具备稳定的软件开发与维护环境，面对开发中所遇的各类具体实施问题往往选择放弃原定计划仍由编程人员凭个人经验与主观感觉应对，对客户的承诺多数无法兑现，许诺客户的产品与服务质量并无客观的预测与监控体系保证实现。在此，能力只是个

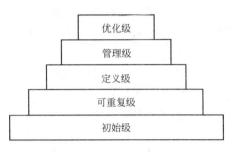

图 9-16　CMM 五级标准

人行为不是组织行为，一旦人员流动或变动，整个企业的开发能力也随之而去。整个企业没有稳定的过程规则可依据。现有的种种规章制度也互不协调或矛盾。开发人员的工作方式是救火式，哪里有漏洞就往哪里填补，很少收集关于开发过程的数据，新技术的引进也要冒极大风险。

本阶段改进重点包括：建立软件项目开发过程并进行有效管理；建立需求管理，明确客户要求；建立各类项目计划；建立完善的文档体系，严格执行质量监控；按 CMM 二级所规定的各项核心实践进行开发。

（2）可重复级　确定了基本的软件生产管理和控制，能针对特定软件项目制定开发过程及管理措施，能将以往项目开发经验用于类似的新项目，有一套不同的软件生产过程提供不同项目选择。软件生产成本和工期能得以客观预测并被有效追踪，过程标准在项目实施中能保证被遵循。项目的开发是有计划的、有控制的并可重复的行为，总原则是：一个可管理的过程是一个可重复的过程并能逐渐改进和成熟。

第二级的管理过程包括需求管理、项目计划、项目追踪和监控、子合同管理、质量保证与配置管理等六个方面。在该级的软件组织可以给客户较有保证的承诺，因为软件组织可在以往同类项目的成功经验上总结和建立起一整套过程准则来保证成功地重复。项目管理采用基准（Baseline）来标识进展并对成本和进度进行追踪，软件组织通过子合同管理同客户建立了有效的供求关系，面对开发缺陷有规则可以依据来纠正错误，个人英雄行为被稀释并分解到软件组织整体的规则和管理框架之中，文档的准备和项目数据的收集也相应完备。

本阶段改进重点包括：将各项目的过程经验总结为整个软件组织的标准过程，是整个软件组织的过程能力得以提高，注意，跨项目间的过程管理协调和支持，树立齐全组织的过程标准概念，建立软件工程过程小组（SEPG），对各项目的过程和质量进行评估和监控，使软件过程得以正确地调整。建立软件工程数据库和文档库，加强培训。

（3）定义级　过程在整个软件组织范围内得以确立。软件组织制定了一套软件过程规则对所有软件工程和管理行为给予指导。软件组织有了标准化的过程并可在所开发的项目中，依据具体项目的需要，将标准过程调整为合适的项目过程。软件组织内部设置了软件工程小组（SEPG）负责过程的制定、修改、调整和监督。这一小组直接向软件组织最高领导层汇报。软件组织还有培训机构专门对全软件组织员工进行过程培训。各项目组的开发经验可相互借鉴并支持，对项目成本、工期及质量均可最终控制。有关软件工程及管理工程的过程文件被编制并成为软件组织标准，所有项目都必须按照这些标准过程或经调整后的项目过程来实施，从而保障了每一次工程开发的投入和时间、项目计划、产品功能及软件质量得以控制。软件过程在此得到的稳定的、重复的和持续性的应用，使开发风险大为下降。各项目组人员参与软件过程的制定和修改，并引进符合项目过程的新的软件开发技术，在各项目开发过程中收集的数据被系统共享。总而言之，第三级的主要特点在于软件过程已被编制为各个标准化过程，并在软件组织范围内执行，从而使软件生产和管理更具可重复性、可控制性、稳定性和持续性。

本阶段改进重点：应准备对整个软件过程，包括生产和管理两方面的定量评测分析，以便尽可能将软件工程所涉及的定性因素转变为定量标准，从而对软件进行定量控制和预测。应使整个软件组织的软件能力在定量基础上可预测和控制。

（4）管理级　第四级的过程是量化的过程，所有项目和产品的质量都有明确的定量化衡量标准，软件也被置于这样一个度量体系中进行分析、比较和监控，所有定量指标都被尽可能地详细采集并描述，使之可具体用于软件产品的控制之中，软件开发真正成为一种工业化生产行为，由专门的软件过程数据库收集和分析软件过程中的各类数据并以此为对软件活动的质量评估的基准。企业所有项目的生产过程在定量化的基础上大大提高了可控制性和可预测性，生产过程中可能出现的偏差被控制在一定的量化范围内并被分析和解决，新技术的采纳也在量化基础上有控制的地进行，从而控制了风险。在此级中，所有的软件过程和产品都树立了定量的目标并被定量的管理，使软件组织的能力可以很好地预测。此阶段中所有定量标准都是明确定义并持续一致的，可以用于对软件过程和管理的评估与调节。所有修正和调节方法（包括对偏差及缺陷的校正分析）都是基于变化指标上，新的软件开发技术也在定量的基础上被评估。项目组成员对整个过程及其管理体系有高度一致的理解并已学会运用数据库等方法定量地看待和理解软件工程。本级主要特点是定量化、可预测化和高质量。

本阶段改进重点：注意采取必要措施与方案减少项目缺陷，尽量建立起缺陷防范的有效机制，引进技术变动管理以发挥新技术的功用，引进自动化工具以减少软件工程中的人为误差，实行过程管理，不断改进已有的过程体系。

（5）优化级　第五级的软件过程应是持续改进的过程，并且有一整套有效机制确保软件工程误差接近最小或零。每一个过程在具体项目的运用中，可根据周边和反馈信息来判断下一步实施所需的最佳过程，以持续改善过程使之最优化。因此，软件组织能不断调整软件生产过程，按优化方案改进并执行所需过程。这样，软件组织的精力集中于持续的过程改进之中。新技术的采用也被作为日常活动加以规划，各项目组已具备尽早和尽快识别工程缺陷并改正错误的手段。这需要完善的数据库和长期积累的量化指标来协助实现，新技术和自动化工具也使软件工程人员能够预防软件缺陷并找到其根源以防止错误再现，软件组织资源在第五级阶段被有效利用并节约。一般来讲，软件组织在优化级所遵循的持续改进措施既包括对已有过程的渐进改善，也包括应用新技术和工具所产生的革新式改进，整个软件组织的过程定义、分析、校正和处理能力也大大加强，这些都需建立在第四级的定量化标准之上。项目组都能主动找到产生软件问题的根源，也能对导致人力和时间浪费等低效率因素进行改进，防止浪费再发生。整个机构都有强烈的团队意识，每个人都致力于过程改进、缺陷防范和高品质的追求。本阶段总的特点是新技术的采用和过程的不断改进被作为软件组织的常规工作，以实现缺陷防范的目标。

CMM 描述的五个等级的软件过程反映了从混乱无序的软件生产到有纪律的开发过程，再到标准化、可管理和不断完善的开发过程的阶梯式结构。任何一个软件机构的项目生产都可以纳入其中，除第一级初始级外，每一级成熟度都由若干核心过程域构成，这些核心过程域分别针对软件开发过程的某一方面阐述了这一等级的软件过程在此方面应达到的目标组的核心实践。所有核心实践又可划分为五种共性：完成目标组所需的承诺、执行能力、执行活动、测量分析、实验验证。当然，任何一个级别的核心过程域都不仅包括本级所有的核心实践。例如，第四级管理级的实现必须完成第四级本身具备的两个核心过程以及第三级中的七个核心过程域和第二级中的六个核心过程域，共十五个核心过程域。

9.8.3 CMM 应用

基于 CMM 成熟度模型，包括中小企业在内的软件企业如何进行软件过程改造，如何在具体项目中引入并实施 CMM 的标准成为人们关注的重点。CMM 的实施核心焦点不在于软件的开发技术层面，而在于工程过程层面和工程管理层面。所谓工程过程层面是指将工程开发的整个过程所涉及的相关议题作为过程学的体系来研究和执行。过程学本身既不同于通常所说的软件工程技术（如编码，操作系统等），也不同于一般所言的工程管理学，软件过程既是对软件工程这一领域中所涉及的流程按其独特特性进行专门描述。事实上，任何企业在开发工程产品的实践中，都有开发过程产生，虽然很多企业并未对其进行记录或关注。按照工程过程学派的观点，没有正确的过程就不可能有正确的产品产生，因此对开发组织的过程需要规范和改进。

由于软件过程必然与工程管理相关，它不像具体的开发技术问题那样容易规划并着手实施，特别是国内广大的中小软件企业和部门，在采纳某一过程体系进行开发流程的改造时，应特别注意如下几方面的问题，将其作为过程实施开端的要领加以掌握。

① 不可急于求成和盲目乐观。任何新体系的采纳和改进都必然涉及对旧有体系的重组和调整，需要投入相当的决心和时间。如果企业在充分评估后决定了以 CMM 工程标准来规范建构自身的软件开发行为，则应该在次序改进的前提下尽早实施企业开发过程调整以便有充裕时间理解和评估前期改造的成效。

② 必须懂得 CMM 作为一套标准，它指明的是该作什么（What）而非怎样去做（How），同时 CMM 也代表了一种对软件生产过程进行理解和分析的独到观点（Philosophy）。CMM 着重于过程中的关键要素，而非面面俱到，它主要不是为了解决某个具体项目的问题，也不能保证在此框架下产品开发 100% 成功，CMM 所述的软件过程集合了工程过程和管理过程等方面，对它的过程改进要靠许多细小的阶段性的步骤而非一蹴而就的革新。

③ CMM1.1 版主要针对大型软件企业，这些企业的开发工作通常关涉软件生产过程的方方面面。对于 20 人以下的小型企业，1.1 版中的一些环节可能并不适用。

④ 企业在采纳 CMM 过程改进的同时，可以引入新技术与自动化工具帮助软件开发的实现，不过，对过程的改进要求企业全面投入并需较长周期，而技术引进则相对周期较短。但如果企业只是依靠技术改进而不注重过程改进，长远看来，企业可能收获甚少。

⑤ "知己知彼，百战不殆"。实施改进之前，企业应对自身当前所有的软件能力水平及过程状态有尽可能的客观、详尽的了解。在明了自身实际过程等级之后，企业应确定需要达

到的等级目标并找到主要差距所在。企业要想达到的等级目标包括它所特定的过程目标及核心过程域（KPA）。这一等级应符合企业自身开发水平与项目特征。在企业明了自身实际等级与目标等级之间的差距之后，应制定规划，决定改进次序及程度，可参考的决策因素包括：目标与能力的平衡，投入工期与质量的保证，企业总体发展与当前项目开发的平衡，员工素质条件，最薄弱环节与最急需改进环节，还有最易见效的环节等。

⑥ 如有可能，在企业内部成立专门的过程改进规划组，并配合企业外聘的咨询机构或顾问，拟订出详细的过程实施方案，同时注意在实施过程中对计划进行修正和调节。

CMM 模式即可用于描述软件机构实际具备的能力成熟度水平，也可用于指明软件企业改进软件工程所需着力之处，它说明了努力的方向，又允许企业自己选择恰当的方式去达到这一目的。实施 CMM 的经验告诉软件工程人员，在软件项目开发中，更多的问题和错误来源于工程安排的次序，工程规划和工程管理而不是技术上的 how to do。软件工程的过程学不断分析和改善已有工程经验，拟定出尽可能完善的开发过程，并按开发生命周期确定重点环节加以管理，最终达到以量化数据来建立能力成熟度等级的目标。良好的工程过程保证了有序的开发实施，避免了以往开发人员被动救火的方式，并将个人主观因素减低至最少。开发人员的个人创造性从独立任意的发挥消解并转移到如何创建性地运用和完善工程过程上来。

9.8.4　能力成熟度集成模型（CMMI）

能力成熟度集成模型 CMMI（Capacity Matu-rity Model Integrated）是 CMM 模型的最新版本。早期的 CMMI（CMMI-SE/SW/IPPD）1.02 版本是应用于软件业项目的管理方法，SEI 在部分国家和地区开始推广和试用。随着应用的推广与模型本身的发展，演绎成为一种被广泛应用的综合性模型。

2001 年 12 月，SEI（美国软件工程研究院）正式发布 CMMI 1.1 版本。与原有的能力成熟度相比，CMMI 涉及面更广，覆盖软件工程、系统工程、集成产品开发和系统采购。据美国国防部资料显示，运用 CMMI 模型管理的项目，不仅降低了项目的成本，而且提高了项目的质量与按期完成率。因此，美国在国防工程项目中全面地推广 CMMI 模型，规定在国防工程项目的招标中，达到 CMMI 一定等级才有参加竞标的资格。该模型包括了连续模型和阶段模型这两种表示方法，一个组织根据自己的过程改进要求可以自由选择合适的表示方法来使用。

CMMI 共分五个级别。

CMMI 一级，完成级。在完成级水平上，企业对项目的目标与要做的努力很清晰，项目的目标得以实现。但是由于任务的完成带有很大的偶然性，企业无法保证在实施同类项目的时候仍然能够完成任务。企业在一级上的项目实施对实施人员有很大的依赖性。

CMMI 二级，管理级。在管理级水平上，企业在项目实施上能够遵守既定的计划与流程，有资源准备，权责到人，对相关的项目实施人员有相应的培训，对整个流程有监测与控制，并与上级单位对项目与流程进行审查。企业在二级水平上体现了对项目的一系列的管理程序。这一系列的管理手段排除了企业在一级时完成任务的随机性，保证了企业的所有项目实施都会得到成功。

CMMI 三级，定义级。在定义级水平上，企业不仅能够对项目的实施有一整套的管理措施，并保障项目的完成；而且，企业能够根据自身的特殊情况以及自己的标准流程，将这套管理体系与流程予以制度化。这样，企业不仅能够在同类的项目上得到成功的实施，在不同类的项目上一样能够得到成功的实施。科学的管理成为企业的一种文化、企业的组织财富。

CMMI 四级，量化管理级。在量化管理级水平上，企业的项目管理不仅形成了一种制度，而且要实现数字化的管理。对管理流程要做到量化与数字化。通过量化技术来实现流程的稳定性，实现管理的精度，降低项目实施在质量上的波动。

CMMI 五级，优化级。在优化级水平上，企业的项目管理达到了最高的境界。企业不仅能够通过信息手段与数字化手段来实现对项目的管理，而且能够充分利用信息资料，对企业在项目实施的过程中可能出现的次品予以预防。能够主动地改善流程，运用新技术，实现流程的优化。

由上述的五个台阶我们可以看出，每一个台阶都是上面一阶台阶的基石。要上高层台阶必须首先踏上较低一层台阶。企业在实施 CMMI 的时候，路要一步一步地走。一般地讲，应该先从二级入手。在管理上下工夫。争取最终实现 CMMI 的第五级。

9.9　实验实训

在图书借阅管理系统中尝试用本章节内容中提到的技术做出项目管理。

小　　结

在软件开发中，应该强调管理的重要性。只有在科学管理的基础上，先进的方法、技术和工具才能发挥应有的作用。

对软件项目进行有效的管理依赖于对软件规模的预估，在此基础上可以进行项目开发计划。在软件开发过程中，涉及到的人员组织、软件配置、风险控制等管理活动都对开发的软件产品有重要的影响。

软件质量保证是在软件开发工程中的每一步都进行的活动。软件复杂性和软件可靠性与软件质量关系密切。为了提高软件质量，就要提高软件可靠性，减少软件的复杂性。软件评审和软件容错技术都是保证软件质量的重要方法。

能力成熟度模型是改进软件开发过程的有效策略，注重于软件开发过程的改进，明确定义了五个成熟度等级，为软件企业改良软件开发过程提供了方向。

习　题　九

一、选择题

1. 软件项目管理是（　　）一切活动的管理。

A. 需求分析 　　　　　　　　　　　　B. 软件设计过程

C. 模块设计 　　　　　　　　　　　　D. 软件生命周期

2. 变更控制是一项最重要的软件配置任务，其中"检出"和（　　）处理实现了两个重要的变更控制要素，即存取控制和同步控制。

A. 登入 　　　　　　　　　　　　　　B. 管理

C. 填写变更要求 　　　　　　　　　　D. 审查

3. 在软件工程项目中，不随参与人数的增加而使生产率成比例增加的主要问题是（　　）。

A. 工作阶段的等待时间 　　　　　　　B. 产生原型的复杂性

C. 参与人员所需的工作站数目 　　　　D. 参与人员之间的通信困难

4. 项目计划是软件开发的早期和重要阶段，此阶段要求交互和配合的是（　　）。

A. 设计人员和用户 　　　　　　　　　B. 分析人员和用户

C. 分析人员和设计人员　　　　　　　　D. 编码人员和用户

5. 为使软件项目开发获得成功，必须对（　　）的工作范围、可能遇到的风险、需要的资源、要实现的任务、经历的里程碑、花费的工作量以及进度的安排等做到心中有数。

A. 需求分析　　　　　　　　　　　　　B. 概要设计

C. 软件开发项目　　　　　　　　　　　D. 软件开发进度

6. 软件开发规范的体现和指南是（　　）。

A. 文档　　　　　B. 程序　　　　　C. 需求分析　　　　　D. 详细设计

7. 任何项目都必须做好项目管理工作，最常用的计划管理工具是（　　）。

A. 数据流程图　　　　　　　　　　　　B. 程序结构图

C. 因果图　　　　　　　　　　　　　　D. PERT 图

8. 软件管理比其他工程管理更为（　　）。

A. 容易　　　　　B. 困难　　　　　C. 迅速　　　　　D. 迟缓

9. 只有高水平的软件工程能力才能生产出高质量的软件产品。因此，须在软件开发环境软件工具箱的支持下，运用先进的开发技术、工具和管理方法来提高（　　）能力。

A. 组织软件　　　　　　　　　　　　　B. 软件质量

C. 设计软件　　　　　　　　　　　　　D. 开发软件

10. 按照软件配置管理的原始指导思想，手控制的对象应是（　　）。

A. 软件元素　　　　　　　　　　　　　B. 软件配置项

C. 软件项目　　　　　　　　　　　　　D. 软件过程

11. 在软件项目管理过程中一个关键的活动是（　　），它是软件开发工作的第一步。

A. 编写规格说明书　　　　　　　　　　B. 制定测试计划

C. 编写需求说明书　　　　　　　　　　D. 制定项目计划

12. 以下不属于软件项目进度安排的主要方法的是（　　）。

A. 工程网络图　　　B. CANTT 图　　　C. 任务资源列表　　　D. IFD 图

13. 软件质量保证即为了确定、达到和（　　）需要的软件质量而进行的所有有计划、有系统的管理活动。

A. 测试　　　　　B. 维护　　　　　C. 质量　　　　　D. 效率

14. 软件可靠性表明了一个程序按照用户的要求和设计的目标，执行其功能的正确程度。即软件可靠性是软件在给定的时间间隔及给定的设计要求下，成功地运行程序的（　　）。

A. 可靠性　　　　　B. 适应性　　　　　C. 概率　　　　　D. 可移植性

15. 提高软件质量和可靠性的技术大致可分为两类：其中一类是避开错误技术，但避开错误技术无法做到完美无缺和绝无错误，这就需要（　　）技术。

A. 消除错误　　　　B. 检测错误　　　　C. 避开错误　　　　D. 容错

16. 人们常用（　　）方法来度量软件的可靠性。

A. 硬件可靠性的定量度量　　　　　　　B. 软件可靠性的定量指标

C. 系统的定量度量　　　　　　　　　　D. 可靠性的度量

17. （　　）是以提高软件质量为目的的技术活动。

A. 技术创新　　　　B. 测试　　　　　C. 技术改造　　　　D. 技术评审

18. 软件需求是度量软件质量的基础，不符合需求的软件就不具备（　　）。

A. 软件特点　　　　B. 质量　　　　　C. 软件产品　　　　D. 功能

19. 软件可移植性是用来衡量软件的（　　）重要尺度之一。

A. 通用性　　　　　B. 效率　　　　　C. 质量　　　　　D. 人机界面

20. 在软件危机中表现出来的软件质量差的问题，其主要原因是（　　）。

A. 用户经常干预软件系统的开发工作

B. 没有软件质量标准

C. 软件开发人员不愿意遵守软件质量标准

D. 软件开发人员素质太差

二、名词解释

1. 功能点

2. 项目计划

3. 甘特图

4. 软件项目风险

5. 软件配置项

6. 基线

7. 软件质量

8. 软件质量度量

9. 软件复杂性

10. 软件可靠性

11. 容错软件

12. 能力成熟度模型

三、简答题

1. 软件项目管理具有哪些特殊性？

2. 制定项目计划包括哪些内容？

3. 进度计划方法都有哪些？它们各有什么特点？在采用某种计划方法时，应考虑哪些因素？

4. 假设自己被指派为一个软件公司的项目负责人，任务是开发一个技术上具有创新性的产品，该产品把虚拟现实硬件和最先进的软件结合在一起。由于家庭娱乐市场的竞争非常激烈，这项工作的压力很大。应选择哪种项目组结构？为什么？打算采用哪种软件过程模型？为什么？

5. 假设自己被指派作为一个大型软件产品公司的项目负责人，工作是管理该公司已广泛应用的字处理软件的新版本开发。由于市场竞争激烈，公司规定了严格的完成期限并对外公布了。应选择哪种项目组结构？为什么？打算采用哪种软件过程模型？为什么？

6. 请问软件项目开发中常见的风险有哪些？

7. 试简述软件项目风险管理的过程。

8. 为什么要建立基线？

9. 请叙述软件工程过程中版本控制与变更控制处理过程。

10. 说明 ISO 的软件质量评价模型。

11. 软件质量保证的主要功能是什么？

12. 请叙述能力成熟度模型的五级结构。

13. CMMI 与 CMM 有什么区别？

第 10 章　软件工程环境

软件工程环境是软件工程学的组成部分，也是实现软件生产工程化的重要基础。"工欲善其事，必先利其器"，在软件开发中，无论技术活动与管理活动，都离不开环境（包括工具）的支持。随着人们对软件功能需求的提高，软件开发的复杂度也越来越大，因此，高效率的软件开发工具和良好的软件工程环境将为软件生产率的提高和软件质量的改进提供重要保证。

软件工程环境是指支持软件产品开发、维护和管理的软件系统，它在统一的集成机制下由一系列软件工具组成。这些工具对与软件开发相关的过程、活动和任务提供全面的支持，从而大大提高软件产品的生产效率和软件产品的质量，降低软件开发、维护和管理的成本。这类环境通常都有一套包括数据集成、控制集成和界面集成的集成机制，让各个工具使用统一的规范存取环境信息库，采用统一的用户界面，同时为各个工具或开发活动之间的通信、切换、调度和协同工作提供支持。

软件工程环境的发展经历了由单一功能的软件工具阶段向集成的计算机辅助软件工程（CASE）方向发展的历程。

10.1　软件工具

软件工具是软件工程环境中最主要的组成部分，软件工程环境的主要目标是提高软件开发的生产率、改善软件质量和降低软件成本。而这些目标的实现，只能直接依靠软件工具的广泛使用，所以对软件工具开发、设计和使用的研究是十分重要的。

10.1.1　软件工具的基本概念

软件工具是指为支持计算机软件的开发、维护、模拟、移植或管理而研制的程序系统。它的目的是为了提高软件生产效率和改进软件质量，为软件开发活动提供自动化的开发工具和环境。

软件工具通常由工具、工具接口和工具用户接口三部分构成。工具通过工具接口与其他工具、操作系统或网络操作系统，以及通信接口、环境信息库接口等进行交互作用。当工具需要与用户进行交互作用时则通过工具的用户接口。

目前有两种层次的软件工具，一种是孤立的单个软件工具用于支持软件开发过程中的某一项特定活动，这些零散的工具有不同的用户界面、不同的数据存储格式，它们之间彼此独立，不能或很难进行通信和数据的共享与交换。显然这种没有集成的软件开发工具难以有效支持软件开发的全部过程，在软件开发的不同阶段，开发人员需要使用不同的工具，而这些工具之间又不能无缝的衔接，这种状况极大地限制了这些软件开发工具效能的发挥。另外一种层次的软件工具是集成化的 CASE 环境，它将在软件开发过程的不同阶段使用的工具进行集成，使其有着一致的用户界面和可以共享的信息数据库。

10.1.2　软件工具的分类

软件工具的种类繁多，很难有一种统一的分类方法，通常从不同的观点来进行分类。因为大多数软件工具仅支持软件生存周期过程中的某些特定的活动，所以通常可以按软件开发过程的活动来进行分类。这样的分类并不是绝对的，某些软件开发工具可能属于两种或两种以上的不同类型。

（1）软件开发工具　对应于软件开发过程的各种活动，软件开发工具通常有需求分析工具、设计工具、编程工具、测试工具等。

① 需求分析工具。用以辅助软件需求分析活动的软件称为需求分析工具，它辅助系统分析员从需求定义出发，生成完整的、清晰的、一致的功能规范。功能规范是软件所要完成功能的准确而完整的陈述，它描述该软件要什么及做什么。按照需求定义的方法可将需求分析工具分为基于自然语言或图形描述的工具和基于形式化需求定义语言的工具。

② 设计工具。用以辅助软件设计活动的软件称为设计工具，它辅助设计人员从软件功能规范出发，得到相应的设计规范（design specification）。对应于概要设计活动和详细设计活动，概要设计工具用以辅助设计人员设计目标软件的体系结构、控制结构和数据结构，详细设计工具用以辅助设计人员设计模块的算法和内部实现细节。除此之外，还有基于形化描述的设计工具和面向对象分析与设计工具。

③ 编程工具。编程工具主要包括编辑程序、汇编程序、编译程序和调试程序等。这些编程工具既可能是一个集成的程序开发环境，其中集成了源代码的编辑程序、生成可执行代码的编译程序和连接程序、用于源代码排错的调试程序以及用于产生可供发布的发布程序。这些集成的程序开发环境的典型例子有 MicroSoft 公司的 VisualC＋＋、Visual Basic 和 Borland 公司的 Delphi、C＋＋ Builder。另一种类型的编程工具并非一个集成的程序开发环境，其中的编辑、编译、链接等功能是由彼此独立的应用程序提供的，这些工具并没有被集成为一个统一的开发环境和用户界面。这方面的典型例子有 Sun 公司的 JDK 开发工具。

④ 测试工具。严格的软件测试是提高软件产品的质量和可靠性的重要保证。软件测试工具正是支持这一过程的软件工具，其中包括测试数据的获取工具、程序的静态测试工具（不执行被测试的软件产品的测试活动）、程序的动态测试工具（在执行过程中进行测试的活动）、硬件仿真测试工具、测试管理工具以及交叉管理工具。

（2）软件维护工具　这类工具用于对软件产品进行维护。软件产品在完成投入用户使用以后经常可能出现一些运行过程中的错误或者用户会对软件提出功能上的修改。每当出现这些问题时，使用软件维护工具可以帮助软件开发人员非常方便地确定软件中不完善的地方，进而对其进行修改和完善。软件维护工具主要有版本控制工具、文档分析工具、开发信息工具、逆向工程工具和再工程工具。

① 版本控制工具。通常一个软件在开发过程中会形成许多不同的版本。开发中经常需要恢复到过去曾经出现的某个软件版本。版本控制工具就是用来帮助软件开发人员存储、更新、恢复和管理一个软件的多个不同版本。版本控制工具一般要首先完整存储软件的第一个版本的内容，而对于后续版本只存储它们之间的不同之处。这样通过存储的信息可以非常容易的恢复到以前出现的任何一个版本。

② 文档分析工具。文档分析工具用来对软件开发过程中形成的文档进行分析，给软件维护活动所需的维护信息。例如，基于数据流图的需求文档分析工具可给出对数据流图的某个成分（如加工）进行维护时的影响范围及被影响范围，以便在该成分修改的时候考虑其影响范围内的其他成分是否也要修改。除此之外，文档分析工具还可以得到分析文档的有关信息，如文档各种成分的个数、定义及引用情况等。

③ 开发信息库工具。开发信息库工具用来维护软件项目的开发信息，包括对象、模型等。它记录每个对象的修改信息（已确定的错误及重要改动）和其他变形（如抽象数据的多

种实现），还必须维护对象和与有关信息之间的关系。

④ 逆向工程工具。逆向工程工具辅助软件人员将某种形式表示的软件（源程序）转换到更高抽象形式表示的软件。这种工具力图恢复源程序的设计信息，使软件变得更容易理解。逆向工程工具分为静态的和动态的两种。

⑤ 再工程工具。再工程工具用来支持重构一个功能和性能更为完善的软件系统。目前的再工程工具主要集中在代码重构、程序结构重构和数据结构重构等方面。

（3）软件管理和软件支持工具　软件管理和软件支持工具用来辅助管理人员和软件支持人员的管理活动和支持以确保软件高质量的完成。辅助软件管理和软件支持的工具很多，其中常用的工具有项目管理工具、配置管理工具和软件评价工具。

① 项目管理工具。该类型的工具用于对软件开发项目的进度和计划进行控制和管理，其中包括对软件项目的进度、成本、工作量、开发效率和产品质量进行估计、跟踪和管理。

② 配置管理工具。该工具用以帮助完成软件配置管理的五个主要任务，包括软件配置项目的标识、版本控制、修改控制、审计和状态统计。

③ 软件评价工具。该类型的工具是用以辅助管理人员进行软件质量保证的有关活动的工具。它通常可以按某个软件质量模型对被评价的软件进行度量，然后得到相关的软件评价报告。软件评价工具有助于软件的质量控制，对确保软件的质量具有重要的作用。

10.2　计算机辅助软件工程（CASE）集成环境

上一节中所介绍到的各种软件开发工具都在软件产品的某个开发阶段具有重要的作用，但是它们彼此之间是相互独立的，有着不同的用户界面、不同的数据存储格式，不能够有效地进行相互通信和数据共享，这些缺陷极大地限制了这些软件工具最大效能的发挥。因此，集成这些孤立的软件工具，为软件开发人员提供有着统一标准、统一数据存储方式和集中数据库的集成化的软件工程环境，对于提高这些软件开发的质量和效率是十分必要的。

10.2.1　CASE 的优势

① 软件开发过程中的所有信息都采用统一的存储格式，集中统一存储在共享的中心数据库中，使得在软件工具之间、开发人员之间、开发活动的各个过程之间可以方便、高效地进行数据的共享和交换。

② 集成化的 CASE 环境由于采用了统一的用户界面，为软件开发人员提供了更为方便的使用平台，并且提高了开发人员之间的协调能力。

③ 集成化的 CASE 环境的使用可以贯穿软件开发的各个阶段，包括分析、设计、编码、测试、维护和配置，这使得软件开发活动和相关的开发信息可以很流畅地由一个开发阶段过渡到下一个开发阶段。

④ 集成化的 CASE 环境也具有更好的可移植性，使其可以适用于不同的硬件平台和操作系统。

10.2.2　CASE 的组成

建立一个集成化的 CASE 环境需要满足以下的一组需求：提供一种机制，使环境中的所有工具可以共享软件工程信息；使每一个信息项的改变，可以追踪到其他相关信息项；对所有软件工程信息提供版本控制和配置管理；允许对环境中的任何工具，进行直接的、非顺序的访问；在标准的工作分解结构中提供工具和数据的自动支持；使每个工具的用户，能在人机界面方面享用相同的功能；收集能够改善过程和产品的管理和技术的度量；支持软件工程师们之间的通信。

为了达到上述对 CASE 环境的需求，组成 CASE 环境的构件可以归纳为六种成分、三个层次，如图 10-1 所示。

由硬件平台和操作系统组成的体系结构，是 CASE 环境的基础层（底层）。集成化框架由一组专用程序组成，用于建立单个工具之间的通信，建立环境信息库，

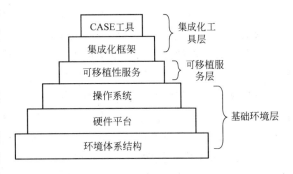

图 10-1　集成化 CASE 环境的组成构件

以及向软件开发者提供一致的外观和交互界面。它们将 CASE 工具集成在一起，构成 CASE 环境的顶层，即集成化工具层。中间一层是为可移植性提供服务的机构，介于集成化工具层和环境基础层之间，使集成后的工具无需做重大的修改即可与环境的软、硬件平台相适应。

10.2.3　CASE 的体系结构

可以将集成化的 CASE 开发环境的体系结构划分为这样几个层次。

（1）平台的集成　平台是指 CASE 工具运行所处计算机硬件和操作系统环境。在计算机长期的发展过程中出现了许多不同类型的计算机硬件体系结构和操作系统，它们在现在和将来会长期并存。在一个组织机构内部经常会同时使用这些有着显著差异的计算机硬件和操作系统，这时候为了实现运行在不同平台之上的 CASE 工具之间的互操作和数据共享，基于平台的集成就成为了一个急需解决的问题。

（2）界面的集成　界面集成是指集成化的 CASE 环境中的各种软件开发工具都采用统一的用户交互界面和方式，以达到减少用户学习和使用这些工具的难度和复杂度的目的。界面集成可以分为以下三个层次。

① 窗口集成。被集成的不同的软件工具采用相同的窗口外观，包括相同风格的菜单、对话框、工具栏等外观特征。

② 命令集成。不同的软件工具对相似的功能采用相似的命令。许多软件开发工具中的许多操作往往都可以通过命令行或者命令的快捷方式来完成。命令的集成是指完成相似命令的语法和参数在不同软件开发工具之间应该是相同或相似的。

③ 交互集成。不同的软件开发工具对相同的功能采用统一的交互方式。

（3）数据的集成　为了实现不同的 CASE 工具之间的数据交换与共享，数据的集成是集成化的 CASE 开发环境需要解决的一个核心问题。

目前有着三种不同类型的数据集成，它们采用了不同的数据存储方式。

① 共享文件。被集成的各种 CASE 工具约定采用统一的文件格式来存储各种软件开发信息。借助于操作系统所提供的文件共享功能实现不同 CASE 工具之间对数据的共享和交换。这种数据集成方式所采用的文件格式常用的是纯文本文件，因为其中不包含与格式有关的信息，所以它可以提供一种非常原始和简单的数据共享的媒介。另外一种文件格式就是 XML（扩展标示语言）文件。XML 是一种与软硬件平台无关、与应用无关的结构中立的标示语言，因此它为不同平台之间、不同应用程序之间的信息的交换与共享提供了一种良好的数据格式。并且，XML 还具有很好的可扩充性，它的标示不是固定不变的，可以根据实际需要定义新的标示。在集成化的 CASE 环境中，只要不同的软件开发工具之间约定采用统一类型的 XML 文档，那么它们之间的数据集成就可以得到解决。

② 共享数据结构。这里所说数据结构是指包含软件开发信息的实体关系图、数据流图等相关数据实体。集成的 CASE 环境中的不同软件开发工具之间共享这些相关的数据结构以实现对数据的集成。这种方式的数据集成可以提供对开发信息一致、灵活的存储和表示，但是它的开放性和适应性有一定的缺陷。主要原因是这些共享的数据结构比较复杂，并且它的内部格式一般都是软件工具的生产厂商私有的，第三方的开发商很难知道其中的细节，因此他所开发的新的软件工具不能加入到已有的集成 CASE 环境中。所以这种基于共享数据结构的 CASE 环境具有一定的封闭性，很难在其基础上进行二次开发或者加入新的软件开发工具。

③ 共享数据库。围绕共享的数据库管理系统的集成是灵活性最好、适应性最强的数据集成方式。为了实现数据的集成，需要对软件开发过程中产生的各类信息进行抽象，采用面向对象的方法可以把所有软件开发信息都抽象为一个对象。由一个公共的对象管理系统（OMS）来统一管理这些信息对象和软件开发工具之间的操作和联系。各种软件开发工具通过统一的接口访问数据库中的软件开发信息，以实现不同软件开发工具之间的数据集成。

10.3　实用 CASE 工具

本节仅对两种主流的 CASE 工具做简单介绍，有兴趣的读者可进一步查阅相关技术资料。

10.3.1　Rational Rose 简介

Rational Rose 是由美国 Rational 公司推出的目前最好的面向对象建模工具。利用这个工具，可以建立用 UML（统一建模语言）描述的软件系统的模型，而且可以自动生成和维护 C++、Java、VB、Oracle 等语言和系统的代码。

Rational Rose 是一个完全的，具有能满足所有建模环境（Web 开发、数据建模、Visual Studio 和 C++）需求能力和灵活性的一套解决方案。Rational Rose 允许开发人员、项目经理、系统工程师和分析人员在软件开发周期内将需求和系统的体系架构转换成代码，消除浪费在编写代码的时间消耗，对需求和系统的体系架构进行可视化的理解和精练。

Rational Rose 为软件开发人员提供了一整套可视化建模工具，可以用来开发客户/服务器，分布式企业以及实时系统环境下的稳健、高效率的解决方案以满足实际的商业需求。Rational Rose 产品采用一个公共的统一标准化建模语言，这种建模语言可以提供给非程序员来对商业过程建模，也可以提供给程序员来对程序逻辑进行建模。

所谓建模是人类对客观世界和抽象事物之间联系的具体描述。在过去的软件开发中，程序员利用手工建模，既耗费了大量的时间和精力，又无法对整个复杂系统全面准确的描述，以致直接影响应用系统的开发质量和速度。Rose 吸取众多建模工具的优点，排除其不足，采用面向对象的成熟技术和双向工程的技巧，为提高软件开发的效率，保证软件开发的质量和可维护性做出了巨大的贡献。RationalRose 建模工具的出现。使程序员从手工建模的工作中解脱出来。并使大型开发项目的分析、建模、设计更加规范化。Rose 模型是所建系统的图形，包括所有 UML 框图、角色、使用案例、对象、类、组件和部署节点。它详细描述系统的内容和工作方法，开发人员可以用模型作为所建系统的蓝图。

10.3.2　Power Designer 简介

Power Designer 是 Sybase 公司推出的图形化建模工具，提供了一个完整的建模解决方案。它为系统分析人员、设计人员、数据库管理员和开发人员分析复杂的应用环境提供了一个灵活、便捷的工具。Power Designer 提供了直观的符号表示使数据库的创建更加容易，并使项目组内的交流和通讯标准化，同时能更加简单地向非技术人员展示数据库和应用的设计。

　　Power Designer 不仅加速了开发的过程，也向最终用户提供了管理和访问项目的信息的一个有效的结构。它允许设计人员不仅创建和管理数据的结构，而且开发和利用数据的结构针对领先的开发工具环境快速地生成应用对象和数据敏感的组件。开发人员可以使用同样的物理数据模型查看数据库的结构和整理文档，以及生成应用对象和在开发过程中使用的组件。应用对象生成有助于在整个开发生命周期提供更多的控制和更高的生产率。

　　Power Designer 是一个功能强大而使用简单的工具集，提供了一个复杂的交互环境，支持开发生命周期的所有阶段，从处理流程建模到对象和组件的生成。Power Designer 产生的模型和应用可以不断地增长，适应并随着软件开发组织的变化而变化。

　　Power Designer 包含六个紧密集成的模块，这六个模块如下所示。

　　（1）Power Designer Process Analyst　用于数据分析或"数据发现"。Process Analyst 模型易于建立和维护，并可用在应用开发周期中确保所有参与人员之间顺畅的通讯。这个工具使用户能够描述复杂的处理模型以反映他们的数据库模型。通过表示这些在系统中的处理和描述它们交换的数据，使用 Process Analyst 可以以一种更加自然的方式描述数据项。

　　（2）Power Designer Data Architect　用于两层的即概念层和物理层数据库设计和数据库构造。DataArchitect 提供概念数据模型设计，自动的物理数据模型生成，非规范化的物理设计，针对多种数据库管理系统（DBMS）的数据库生成，开发工具的支持和高质量的文档特性。使用其逆向工程能力，设计人员可以得到一个数据库结构的"蓝图"可用于文档和维护数据库或移植到一个不同的 DBMS。

　　（3）Power Designer App Modeler　用于物理数据库的设计和应用对象及数据敏感组件的生成。通过提供完整的物理建模能力和利用那些模型进行开发的能力，App Modeler 允许开发人员针对领先的开发环境，包括 Power Builder，Visual Basic，Delphi 2.0 和 Power++，快速地生成对象和组件。此外，App Modeler 还可以生成用于创建数据驱动的 Web 站点的组件，使开发人员和设计人员同样可以从一个 DBMS 发布"动态"的数据。另外，App Modeler 提供了针对超过 30 个 DBMS 和桌面数据库的物理数据库生成、维护和文档生成。

　　（4）Power Designer Meta Works　这个模块提供了所有模型对象的一个全局的层次结构的浏览视图，以确保贯穿整个开发周期的一致性和稳定性。Meta Works 提供了用户和组的说明定义以及访问权限的管理，包括模型锁定安全机制。它还包含 Meta Browser——一个灵活的字典浏览器，用以浏览，创建和更新跨项目的所有模型信息和 Powersoft Object Cycle——一个版本控制系统。

　　（5）Power Designer Warehouse Architect　用于数据仓库和数据集市的建模和实现。Warehouse Architect 提供了对传统的 DBMS 和数据仓库特定的 DBMS 平台的支持，同时支持三维建模特性和高性能索引模式。Warehouse Architect 允许用户从众多的运行数据库引入（逆向工程）源信息。Warehouse Architect 维护源和目标信息之间的链接追踪，用于第三方数据抽取和查询及分析工具。Warehouse Architect 提供了针对所有主要传统 DBMS，诸如 Sybase，Oracle，Informix，DB2，以及数据仓库特定的 DBMS 如 Red Brick Warehouse 和 ASIQ 的完全的仓库处理支持。

　　（6）Power Designer Viewer　用于以只读的、图形化的方式访问建模和元数据信息。Viewer 提供了对 Power Designer 所有模型信息的只读访问，包括处理、概念、物理和仓库模型。此外，它还提供了一个图形化的查看模型信息的视图，Viewer 提供了完全的跨所有模型的报表和文档功能。

10.4 实验实训

1. 实训目的

① 通过实训使学生加深理解和巩固软件工程环境的相关知识。

② 培养学生调查研究、查阅文献资料的能力，提高学生独立分析问题和解决问题的能力。

③ 通过实际题目，锻炼学生对具体软件工程环境的应用。

2. 实训内容

① 通过对本书中"医院门诊收费系统"中业务流程的需求分析，用 Rational Rose 建立相应的用例图、顺序图和类图。

② 用 Power Dersinger 实现"图书借阅管理系统"中的数据库的分析与设计。

3. 实训要求

① 熟悉两种实用 CASE 工具。

② 体会软件开发工具的优劣。

小　结

软件工程环境是为了支持软件的开发而提供的一组工具软件系统。软件工具是软件工程环境中主要的组成部分。软件工具种类繁多，可分为开发工具、分析工具、设计工具、管理工具以及维护工具等。计算机辅助软件工程发展很快，是一组工具和方法的集合，具有一定的组成构件，可以按照平台、界面以及数据等不同的层次体系进行集成。最后，简单介绍了目前主流的 CASE 系统：Rational ROSE 和 Power Designer。

习　题　十

一、选择题

1. (　　) 不是一种软件开发工具。

A. 需求分析工具　　　　B. 编程工具　　　　C. 再工程工具　　　　D. 测试工具

2. (　　) 不是一种软件管理工具和支持工具。

A. 逆向工程工具　　　　B. 软件评价工具　　　　C. 项目管理工具　　　　D. 配置管理工具

3. 组成集成化 CASE 环境的构件不包括 (　　)。

A. 操作系统　　　　B. 数据库管理系统　　　　C. 可移植性服务　　　　D. 工具

4. 界面集成可以使各种软件开发工具都采用统一的用户交互界面，以下属于界面集成范畴的是 (　　)。

A. 文件共享　　　　B. 工具集成　　　　C. 命令集成　　　　D. 数据集成

5. 下列选项中，(　　) 是软件工程环境系统。

A. Rose　　　　B. Office　　　　C. Linux　　　　D. Gopher

二、名词解释

1. 软件工程环境

2. 软件工具

3. CASE

三、简答题

1. 试将软件工具按软件开发过程进行分类。

2. 简述集成化 CASE 的环境的优点。

3. 集成化 CASE 环境有哪几种不同类型的数据集成？

4. 简述 PowerDesigner 六大模块的功能。

参 考 文 献

［1］ ［英］Ian Sommerville. Software Engineering (6th Edition). 北京：机械工业出版社，2003.

［2］ ［丹］Soren Lauesen. 软件需求. 刘晓晖译. 北京：电子工业出版社，2002.

［3］ ［美］Roger S. Pressman. 软件工程：实践者的研究方法（第五版）. 黄柏素，梅宏译. 北京：机械工业出版社，1999.

［4］ 齐治昌，谭庆平，宁洪. 软件工程. 第二版. 北京：高等教育出版社，2004.

［5］ 覃征等. 软件工程与管理. 北京：清华大学出版社，2002.

［6］ 杨文龙，姚淑珍，吴芸. 软件工程. 北京：电子工业出版社，1999.

［7］ 史济民，顾春华等. 软件工程-原理、方法与应用. 第二版. 北京：高等教育出版社，2002.

［8］ 周苏，王文. 软件工程学教程. 北京：科学出版社，2002.

［9］ 张海藩. 软件工程导论. 第四版. 北京：清华大学出版社，2003.

［10］ 张海藩. 软件工程导论学习辅导. 北京：清华大学出版社，2004.

［11］ 耿建敏，吴文国. 软件工程. 北京：清华大学出版社，2009.

［12］ 庄晋林，杨志宏. 实用软件工程学. 北京：中国水利水电出版社，2009.

［13］ 郑人杰. 实用软件工程. 第二版. 北京：清华大学出版社，2008.

［14］ ［美］多切蒂. 面向对象分析与设计（UML2.0）. 俞志翔译. 北京：清华大学出版社，2006.

［15］ ［美］Jason T. Roff. UML 基础教程. 张瑜，杨继萍等译. 北京：清华大学出版社，2003.

［16］ ［美］Wendy Boggs，Michael Boggs. UML 与 Rational Rose 2002 从入门到精通. 邱仲潘译. 北京：电子工业出版社，2002.